智能制造与装备制造业转型升级丛书

可生物降解聚合物及其纳米复合材料

张玉霞　编著

机械工业出版社

本书介绍了可生物降解聚合物的种类及其生产与应用状况，重点介绍了聚乳酸、聚羟基烷酸酯、聚丁二酸丁二醇酯、聚己内酯、聚对苯二甲酸-己二酸-丁二醇酯、聚乙烯醇等可生物降解聚合物的化学结构、合成工艺、物理性能与力学性能；同时还介绍了其改性方法，包括共混改性及其与纳米材料的复配方法，重点介绍了可生物降解聚合物与纳米层状硅酸盐（纳米黏土、蒙脱土等）复合材料的制备工艺（包括原位聚合插层法、熔融插层法和溶液插层法等）、相态结构、熔融行为与结晶性能、力学性能、流变性能等。本书涵盖了可生物降解聚合物的六大品种及其与层状硅酸盐的纳米复合材料，系统全面，实用性强。

本书适合于从事聚合物生产和研究的技术人员使用，也可供相关专业在校师生参考。

图书在版编目（CIP）数据

可生物降解聚合物及其纳米复合材料/张玉霞编著 . —北京：机械工业出版社，2017.1（2024.1 重印）
（智能制造与装备制造业转型升级丛书）
ISBN 978-7-111-55521-6

Ⅰ.①可… Ⅱ.①张… Ⅲ.①生物降解—聚合物②纳米材料—复合材料 Ⅳ.①TQ31②TB383

中国版本图书馆 CIP 数据核字（2016）第 287400 号

机械工业出版社（北京市百万庄大街22号　邮政编码100037）
策划编辑：陈保华　责任编辑：陈保华　王　良　崔滋恩
责任校对：杜雨霏　责任印制：单爱军
北京虎彩文化传播有限公司印刷
2024 年 1 月第 1 版第 3 次印刷
169mm × 239mm・19 印张・365 千字
标准书号：ISBN 978-7-111-55521-6
定价：89.00 元

凡购本书，如有缺页、倒页、脱页，由本社发行部调换
电话服务　　　　　　　　　　　网络服务
服务咨询热线：010-88361066
读者购书热线：010-68326294　　机 工 官 网：www.cmpbook.com
　　　　　　　010-88379203　　机 工 官 博：weibo.com/cmp1952
策 划 编 辑：010-88379734　　金 书 　网：www.golden-book.com
封面无防伪标均为盗版　　　　　　教育服务网：www.cmpedu.com

前　言

▶▶▶▶▶▶

　　传统塑料的广泛应用，在消耗大量石油和资源的同时，由于不能自然降解以及回收的不利，燃烧时又释放出大量的二氧化碳，因此造成一定的环境污染和温室效应。国家统计局数据显示，2014 年，我国 7257 个企业的塑料制品产量为 7387 万 t，塑料表观消费量达 9325 万 t；据估测 2014 年塑料回收再生利用量达到 2825 万 t。尽管部分塑料得到了回收和再利用，但是大多数的废旧塑料都需要采用填埋、焚烧等方法来处理，尤其是生活垃圾中的塑料包装废弃物。20 世纪的最后 10 年，塑料制品应用快速增长的领域是包装。目前，塑料总产量中 41% 用于包装工业，而其中又有 47% 用于食品包装。塑料包装常用材料，如聚烯烃等几乎全都是石油基产物，消费后弃于环境中，最终成为无法自然降解的废弃物，如何处理这些塑料废弃物已成为一个全球性难题。由此迫切需要开发绿色聚合物材料，在其制备过程中不使用有毒、有害物质，而且使用后能够在自然环境中分解。随着公众环保意识的提高和对环境关注度的加大，以及石油资源的日趋紧缺，近年来可生物降解塑料的研究与开发引起了广泛的关注和重视。可生物降解聚合物一方面解决了长期以来困扰人们的塑料废弃物对环境污染的问题，另一方面还缓解了石油资源紧张的矛盾。

　　近年来，世界上很多国家，尤其是发达国家十分重视可生物降解聚合物的研究和生产，开发成功的品种已有几十种。主要有聚羟基烷酸酯（PHA）、聚乳酸（PLA）、聚己内酯（PCL）、聚丁二酸丁二醇酯（PBS）、聚乙烯醇（PVA）等。我国也对可生物降解聚合物进行了大量的研究工作，以期开发出可工业化生产并大量使用的品种和产品。

　　但是，可生物降解塑料的一些性能缺陷，如性脆、耐热性差、熔体强度低等限制了其广泛应用，因此需要对其进行改性。研究表明，用无机填料制备复合材料是改善可生物降解聚合物某些性能的有效途径。目前正在开发的各种纳米聚合物增强材料中，研究最多、最深入的聚合物基纳米复合材料是用层状硅酸盐纳米矿物（黏土、蒙脱土等）作增强相，因为其来源广泛，成本相对较低，而且更为重要的是其环境友好。通过采取适当的加工方法，添加适量黏土的聚合物/纳米黏土复合材料，其一些性能，如力学性能、热稳定性、结晶性能、阻透性能、阻燃性能等可以得到不同程度的改善。蒙脱土（黏土）是制备聚合物/层状硅酸盐纳米复合材料最为常用的层状硅酸盐之一。在可生物降解塑料中研究与应用得最多的无机填料也是纳米黏土，通过溶液插层、熔融插层和原位聚合插层等方法可制得不同的可生物降解塑料/层状硅酸盐（黏土、蒙脱土等）纳米复合材料，如 PLA/黏土纳米复合材料、PHA/黏土纳米复合材料、PBS/黏土纳米复合材料、PCL/黏土纳米复合材料、PBAT/黏土纳米复合材料、PVA/黏土纳米复合材料等，其性能在不同方面都有不同程度的改进。

可生物降解塑料种类很多，本书在大量文献研究的基础上，重点介绍 6 种生产量较大、研究较多的 PLA、PHA、PBS、PCL、PBAT 和 PVA 可生物降解塑料及其相对应的黏土纳米复合材料的制备方法和加工工艺，阐述其化学结构、微观结构、物理性能与力学性能、熔融行为与结晶性能、流变性能、阻透性能、阻燃性能等。由于多糖类、脂类、蛋白质类等天然可生物降解聚合物的黏土纳米复合材料研究和应用相对较少，本书未涉及。二氧化碳共聚物——聚碳酸亚丙酯（PPC）目前的生产量较少，其与纳米黏土的复合材料研究也很有限，也未进行阐述。

由于合成技术及性能、价格等方面的原因，相较于石油基的热塑性塑料，如聚乙烯、聚丙烯等，可生物降解聚合物的生产量相对较少，目前仍是研究较热，但实际应用量还有限。希望广大学生和研究人员关注其制备和改性技术，以促使其大量应用，在一定程度上解决传统塑料对环境造成的污染问题。

在本书的编写过程中，翁云宣、杨涛、项爱民、王向东、周洪福、刘伟等提供了宝贵资料，在此表示感谢。

感谢江苏宜兴光辉包装材料有限公司与作者开展的 PLA 项目研究工作，启动了本书的资料收集与整理工作。

在本书的编写过程中，参考了国内外出版的许多相关书籍及公开发表的学术与研究论文（全都在相应章节的参考文献中列出），在此对相关参考文献的作者表示衷心的感谢。

本书的出版得到了北京工商大学的资助，在此也表示诚挚的感谢。

由于作者水平所限，尽管做了努力，对本书编写时所拟定的宗旨一定会有未完全体现之处。书中错误、疏漏和不当之处在所难免，祈望读者和同行批评指正。

张玉霞

目 录

第 1 章

概　　述

1.1　简介

热塑性塑料所具有的许多性能，如轻质、加工温度低（与金属和玻璃相比）、不同的阻透性能、优异的印刷性能与热封性能等，都使其非常适合于包装等行业的应用。而且热塑性塑料易于加工成各种不同形式的制品，应用十分广泛。

20 世纪的最后 10 年，塑料制品应用快速增长的领域是包装行业。方便、安全、物美价廉是决定塑料用于包装领域快速增长的最重要因素。目前，塑料总产量中 41% 用于包装工业，而这其中又有 47% 用于食品包装。塑料包装常用材料，如聚烯烃（如 PP 和 PE 等）、聚苯乙烯（PS）、聚氯乙烯（PVC）等几乎全都是石油基产物，消费后弃于环境中，最终成为无法自然降解的废弃物。也就是说，有 40% 的包装废弃物实际上是消失不掉的，如何处理这些塑料废弃物成了一个全球性难题。

有两种途径可以处理塑料废弃物。一种途径是填埋场填埋。这种途径处理能力有限，因为由于社会发展非常快，合格的填埋场很有限。而且，填埋场填埋的塑料废弃物也是一颗定时炸弹，只是将今天的问题转移给了未来数代人罢了。另外一种途径是将其利用，这是一种非常好的途径。其具体方法分为两类，焚烧和回收。塑料废弃物的焚烧会产生大量的 CO_2，导致全球变暖，而且有时还会产生有毒气体，这又会产生全球性的污染问题。尽管回收再利用需要耗费大量的人力和能量将塑料废弃物运输、分类、清洗、干燥、造粒直至再加工成最终制品，但是回收仍然能够在一定程度上解决塑料废弃物问题。

尽管部分塑料得到了回收和再利用，但是大多数的废旧塑料由于无法回收再利用而被填埋。基于上述原因，迫切需要开发绿色聚合物材料，在其制备过程中不使用有毒、有害物质，而且使用后能够在自然环境中分解。随着公众环保意识的提高和对环境关注度的加大，以及石油资源的日趋紧缺，可生物降解塑料的研究与开发引起了广泛的关注和重视。可生物降解塑料一方面解决了长期以来困扰人们的塑料废弃物对环境造成的污染问题，同时还缓解了石油资源紧张的矛盾。

近年来，世界上很多国家，尤其是发达国家十分重视可生物降解塑料的研究和生产，开发成功的品种已达几十种，主要有聚羟基烷酸酯（PHA）、聚乳酸（PLA）、聚己内酯（PCL）、聚丁二酸丁二醇酯（PBS）、聚乙烯醇（PVA）等。我国也对可生物降解塑料进行了大量的研究工作，以期开发出可工业化生产并大量使用的品种和产品。

但是可生物降解塑料的一些性能缺陷，如性脆、耐热性差、加工时熔体强度低、加工窗口窄等限制了其广泛应用，因此需要对其进行改性。研究表明，用无机填料制备复合材料是改善可生物降解塑料某些性能的有效途径。热稳定性、气体阻透性、力学性能、熔体强度、生物降解速率等都是可以通过多相体系改善的一些性能。可生物降解塑料的纳米增强技术在设计环境友好绿色纳米复合材料的应用中前景十分看好（增强材料的尺寸是纳米尺度的即为纳米复合材料）。纳米复合材料之所以重要，是因为其中的增强材料是纳米尺度分散，即使是在纳米填料添加量很低［质量分数≤5%（质量分数）］的情况下，其增强效应也相当于传统填料含量高达40%～50%的复合材料，这是其高的径厚比和比表面积所致。将纳米增强材料添加到环境友好型聚合物中制备具有理想性能的绿色聚合物基复合材料的技术具有非常广阔的发展前景。目前已经出现了一种极为先进的复合材料，其中的增强材料尺寸为纳米尺度（至少一维尺度在1～100nm）。纳米复合材料所用纳米填料，包括黏土（蒙脱土、层状硅酸盐等）、碳纳米管、氧化钛、二氧化硅、纳米碳酸钙、羟磷灰石和纳米纤维素晶体等，这类复合材料被称为生物纳米复合材料。目前正在开发的各种纳米聚合物增强材料中，研究最多、最深入的聚合物基纳米复合材料是用层状硅酸盐纳米矿物作增强相的，因为其来源广泛，成本相对较低，而且更为重要的是其环境友好。

层状硅酸盐（MLS）纳米颗粒具有厚度为1nm、宽度为100nm左右、初始层间距为1nm左右的片层所组成的"堆栈"结构，径厚比大（在几十到几千之间），使其具有很强的纳米尺寸效应和吸附能力。

通过不同的制备方法和加工工艺，聚合物分子链可以插到层状硅酸盐片层之间，形成黏土颗粒尺寸达纳米级（一维尺寸在100nm以下）、黏土片层层间距增大的所谓"插层型结构"或"剥离型结构"以及插层与剥离混合型结构。在聚合物/黏土纳米复合材料中均匀分散的纳米级黏土颗粒以及这种插层型结构或剥离型结构为其性能的改善带来了契机。目前的研究表明，通过适当的加工方法，添加适量黏土的聚合物/黏土纳米复合材料的熔体强度、力学性能、热性能、阻燃性能、气体阻透性能等均可以得到不同程度的改善。蒙脱土（黏土）是制备聚合物/层状硅酸盐纳米复合材料最为常用的层状硅酸盐之一。

1.2　可生物降解聚合物的定义和分类

1.2.1　可降解聚合物

1. 可降解塑料的定义

在规定环境条件下，经过一定时间、经过一个或多个步骤后，化学结构发生显著变化而损失某些性能（如相对分子质量下降、形态结构变化、力学性能下降等）及外观变化（如破碎等）的聚合物称为可降解聚合物。由于实际应用的可降解聚合物中大都添加了助剂等，因此一般称为可降解塑料。

2. 可降解塑料的分类

根据降解途径，可降解塑料可以分为可光降解塑料、可热氧降解塑料、可生物降解塑料等。按照原材料来源，可以分为可石化基降解塑料和可生物基降解塑料。

3. 可光降解塑料与可热氧降解塑料

可光降解塑料是在自然光的作用下发生降解的塑料；可热氧降解塑料是在热和/或氧化作用下发生降解的塑料。这两类降解塑料在应用中的最大问题是受降解条件的限制，降解不完全，因此应用受到限制。

4. 可生物降解塑料

可生物降解塑料是指在自然（如土壤和/或沙土等）条件下，和/或在特定条件（如堆肥化条件或厌氧消化条件或水性培养液中）下，由自然界存在的微生物作用引起降解，并最终完全降解变成二氧化碳（CO_2）或/和甲烷（CH_4）、水（H_2O）及其所含元素的矿化无机盐以及新的生物质的塑料。其诱人之处是在堆肥条件下短期内就可以完全分解，回归自然，绿色环保。

1.2.2　可生物降解塑料的分类

目前还没有可生物降解塑料的明确分类方法，通常可以根据其化学组成、合成方法、工艺过程、经济价值及应用领域等进行分类，但每种分类方法都能从不同的方面反映材料的应用价值。按照原料来源和合成方式可以将其分为两大类，利用石化资源合成得到的石化基可生物降解塑料和来源于天然原料的天然可生物降解塑料。

1. 石化基可生物降解塑料

石化基生物可降解塑料是指主要以石化产品为单体、通过化学合成得到的可生物降解聚合物。可细分为以下三大类：

1）脂肪族聚酯，如聚己内酯（PCL）、聚丁二酸丁二醇酯（PBS）、聚羟基乙酸（PGH）等。

2）芳香族聚酯，如己二酸-对苯二甲酸-丁二醇酯共聚物（PBAT）、聚丁二酸丁二醇-对苯二甲酸丁二酯共聚物（PBST）等。

3）聚乙烯醇（PVA）等。

2. 天然可生物降解塑料

根据化学组成，可以将天然可生物降解塑料分为以下六大类：

1）多糖类，如淀粉、纤维素、木质素和甲壳素等。

2）蛋白类，如明胶、酪蛋白、丝、羊毛等。

3）脂类，如植物油、动物脂肪等。

4）由细菌等合成的聚酯类，如聚羟基烷酸酯类（PHA，包括PHB、PHBV等）。

5）通过微生物发酵得到乳酸等单体，再通过化学合成的聚酯类，如聚乳酸（PLA）等。

6）CO_2共聚物——聚碳酸亚丙酯（PPC），以CO_2为原料，与环氧丙烷或环氧乙烷催化合成得到的聚合物。

六大类中，前五类是天然生物质基可生物降解塑料，包含在可生物降解塑料中。需要指出的是，可生物降解塑料是从塑料使用后能否被微生物分解成水和CO_2等小分子这一角度来说的，有的可生物降解塑料是石化基的，有的则是生物基的。生物基可降解塑料主要是从原料来源角度来说的，是以生物质材料为主要原材料制成的一类塑料。常用的生物质材料是指自然界中生长的天然高分子材料，主要包括谷物、豆科、棉花、秸秆及木质纤维素等。

可降解塑料分类如图1-1所示。

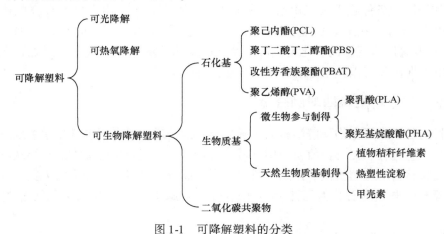

图1-1　可降解塑料的分类

1.3　可生物降解聚合物的性能

表1-1对典型可生物降解聚合物与传统聚合物的性能进行了比较。从表1-1中可以看出，可生物降解聚合物的性能可以与传统的聚合物相媲美，有的能在室温下

使用，且与 PE 有相似的韧性；有的有与 PS 相似的刚性；还有的能在高温下使用且与 PET 有相似的刚性。因此，可以说，大多数可生物降解聚合物都具有优异的性能，可与很多石油基塑料相比拟，而且易于降解，因此有可能与通用塑料竞争。所以，可生物降解聚合物用作可降解塑料具有巨大的商用价值，可以应用于工业、家庭包装、纤维织物、农用地膜、餐具或快餐用品、玩具、休闲品，以及医药、卫生和化妆品包装等领域。

表 1-1 典型可生物降解聚合物与聚烯烃的性能比较

种 类	玻璃化转变温度/℃	熔融温度/℃	拉伸强度/MPa	弹性模量/MPa	断裂伸长率（%）
聚乳酸（PLA）	40～70	130～180	48～53	3500	20～240
聚羟基丁酸酯（PHB）	0	140～180	25～40	3500	3～8
聚羟基烷酸酯（PHA）	-30～10	70～170	18～24	700～1800	3～25
聚羟基丁酸酯-聚羟基戊酸酯（PHB-PHV）	0～30	100～190	25～30	600～1000	7～15
聚己内酯（PCL）	-60	59～65	4～28	390～470	700～1000
聚丁二酸丁二醇酯（PBS）	-32	114	40～60	500	170～250
聚己二酸-对苯二甲酸-丁二醇酯（PBAT）	-30	110～115	34～40		500～800
聚乙烯醇（PVA）	58～85	180～230	28～46	380～530	—
聚乙二醇酸（PGA）	30～40	225～230	890	7000～8400	30
聚己二酸-对苯二甲酸丁四醇酯（PTMAT）	-30	108～110	22	100	700
聚己二酸乙二酯（PEA）	-20	125～190	25	180～220	400
淀粉	—	110～115	35～80	600～850	580～820
纤维素	—	—	55～120	3000～5000	18～55
醋酸纤维素		115	10	460	13～15
低密度聚乙烯（LDPE）	-100	98～115	8～20	300～500	100～1000
聚苯乙烯（PS）	70～115	100	34～50	2300～3300	1.2～1.3
聚对苯二甲酸乙二醇酯（PET）	73～80	245～265	48～72	2800～8400	30

1.4 可生物降解聚合物的生产与应用

近年来，由于人们环保意识的不断提高，可生物降解塑料的需求量增长加快，根据美国 BCC 公司的研究报告，全球可生物降解塑料的年均增长率为 17.3%。

目前，除了多糖类、脂类和蛋白类等天然可生物降解塑料外，全球研发与生产的石化基可生物降解塑料和合成的天然可生物降解塑料品种已有几十种，主要包括聚丁二酸丁二醇酯（PBS）、聚己内酯（PCL）、聚乙烯醇（PVA）、己二酸-对苯二甲酸-丁二醇酯共聚物（PBAT）、聚乳酸（PLA）、聚羟基烷酸酯（PHA）、聚二氧化碳（PPC）等。

1.4.1 合成的天然可生物降解塑料

1. PLA

在合成的天然可生物降解塑料中，PLA 是产量最大的，而且已经实现了工业化生产。产能最大的是美国 NatureWorks 公司，其装置产能为 140000t/a；美国 Cereplast 公司于 2006 年将 12300t/a 的 PLA 生产线扩能至 18100t/a。

国内对 PLA 的生产技术研究起步较晚，但发展较快。2008 年，由浙江海正集团与中科院长春应用化学研究所合作建成了 5000t/a 的 PLA 生产线，并实现了批量生产。另外，光华伟业、南通九鼎和长江化纤等公司已经进入了 PLA 中试生产阶段。截至 2010 年 4 月，国内 PLA 的产能已达到 12000t/a。目前，全球 PLA 的总产能约为 150000t/a，预计 2015 年底产能将达到 290000t/a。主要生产企业及产能见表 1-2。

表 1-2 全球 PLA 主要生产企业及产能

生 产 企 业	产品用途	2008 年产能/（t/a）	2013～2015 年产能[①]/（t/a）	所 在 国 家
NatureWorks	包装、纤维	70000	140000	美国
帝人	汽车内饰	1000	1200	日本
Tate&Lyle	包装	1000	1000	荷兰
Futerro	包装	300	1500	比利时
Pyramid	包装	300	60000	德国
Sybra	发泡	300	50000	荷兰
浙江海正集团	包装	5000	30000	中国
湖北光华伟业	纤维包装	800	800	中国
南通九鼎	纤维包装	400	1000	中国
飘安集团	纤维包装	300	1000	中国
同杰良	包装	300	1000	中国
三江国德	包装	300	1000	中国
云南富集	包装	100	1000	中国
合计		80100	289500	—

① 估计数据。

2. 微生物合成聚酯

微生物合成聚酯是一类细胞体内的可生物降解聚合物，是利用特定细菌合成的一些聚酯，它们以代谢物的形式存在，同时也是细菌储存能量的一种方式。一些细菌可以聚集达到其自身干重80%的聚酯，包括聚羟基烷酸酯（PHA）、聚羟基丁酸酯（PHB）、聚羟基丁酸-戊酸酯（PHBV）等。微生物合成聚酯是1925年被微生物学家Maurice Lemoigne发现的，可以由各种细菌所合成，如产碱杆菌等。微生物合成聚酯主要包括PHB、PHBV、3-羟基丁酸与3-羧基己酸酯共聚物（PBHH）、3-羟基丁酸与4-羟基丁酸酯共聚物（P34HB）等。微生物合成聚酯的分类及其结构见表1-3。

表1-3　微生物合成聚酯的分类及其结构

聚合物/树脂	侧基取代基
聚羟基烷酸酯（PHA）	—
聚羟基丁酸酯（PHB）	—CH_3
聚羟基戊酸酯（PHBV）	—CH_2—CH_3
聚羟基丁酸—co—己酸共聚酯（PHBHx, Kaneda®）	—CH_2—CH_2—CH_3
聚羟基丁酸—co—辛酸共聚酯（PHBO, Nodax®）	—（CH_2）$_4$—CH_3或/和—CH_3
聚羟基丁酸—co—十八烷酸共聚酯（PHBOd, Nodax®）	—（CH_2）$_{14}$—CH_3或/和—CH_3

微生物合成聚酯全球主要生产企业及产能见表1-4。

表1-4　微生物合成聚酯全球主要生产企业及产能

生产企业	产品种类	产能/（t/a）	所在国家
Biomers	PHB	1000	德国
ICI（Zeneca）	PHBV	350	英国
宁波天安生物材料	PHBV	2000	中国
P&G	PHBHH	5000	美国
天津国韵生物科技	P34HB	10000	中国
深圳意可曼生物科技	P34HB	5000	中国
合计	—	23350	—

3. PPC

PPC是一种绿色环保材料，是由CO_2和环氧丙烷开环加成聚合所得，其在生产过程中会消耗CO_2，降解又能减少"白色污染"。其拉伸强度小于10MPa，但材质柔软，断裂伸长率高于200%，韧性好。PPC分子式见图1-2。

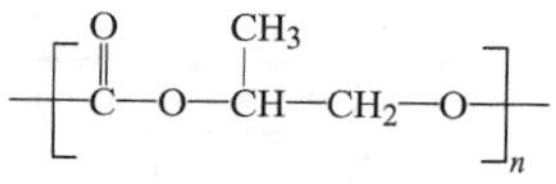

图1-2　PPC分子式

目前国内开展PPC研究工作的单位有中科院广州化学研究所、中科院长春应用化学研究所、中山大学、天津大学等。它们已取得了一些有价值的成果，其中有些成果已经进入产业化实施阶段。国内生产PPC的企业有蒙西高新技术集团公司、中国石油吉林油田集团公司、中国海洋石油总公司、河南省南阳天冠集团等。中国石油吉林油田集团公司CO_2基聚合物生产线的设计生产能力为50000t/a；中国海洋石油总公司的设计生产能力为3000t/a。河南省南阳天冠集团采用中山大学技术于2009年建成了5000t/a的CO_2全降解生物塑料生产线。内蒙古蒙西集团公司采用长春应用化学研究所技术,已建成年产3000t/a CO_2/环氧化合物共聚物的装置,产品主要应用在包装和医用材料上。

1.4.2 石化基可生物降解塑料

1. PBS

PBS是由丁二酸丁二醇缩聚而成的,具有较高的熔点和力学性能,结晶度高达40%~60%,断裂伸长率为300%左右,生物分解速度较低。通过共聚改性,可望降低其结晶度,提高其生物分解速度和断裂伸长率。PBS的分子结构式如图1-3所示。

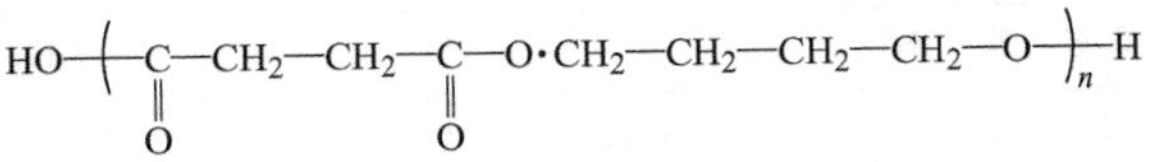

图1-3 PBS的分子结构式

PBS相关产品已经商品化,产业较为成熟。日本昭和高分子公司拥有产能为50000t/a的生产线。美国伊士曼公司和杜邦公司的产能均为15000t/a,德国巴斯夫公司的产能为14000t/a,成本约为5万~6万元/t,较多的用于吹塑薄膜。另外,还有日本的三菱公司、韩国的S.K.工业公司、Ire化学公司等均可生产PBS。

我国的PBS产业化起步较晚,但发展较快。目前中国科学院理化技术研究所与杭州鑫富药业联合形成了20000t/a的生产规模。清华大学与安庆和兴化工有限公司合作开发建设10000t/a的PBS生产装置。2007年由中国科学院理化技术研究所与扬州邗江佳美高分子材料有限公司合作建设了20000t/a的PBS生产装置。目前,国内外PBS产能总量已经突破120000t/a,全球主要生产企业及产能见表1-5。

表1-5 PBS全球主要生产企业及产能

生产企业	产品商标	产品类别	产能/(t/a)	所在国家
昭和高分子	Bionolle®	PBS、PBA	6000	日本
三菱	Gs-Pla®	PBS	3000	日本
杜邦	Biomax®	聚酯	15000	美国
伊士曼	Esterbio®	聚酯	15000	美国
巴斯夫	Ecoflex®	聚酯	14000	德国
S.K.工业公司	Skygreen®	PBS	20000	韩国
Ire化学公司	Enpol®	PBS	1500	韩国
扬州邗江	—	PBS	20000	中国
安庆和兴化工	—	PBS	10000	中国
杭州鑫富药业	—	PBS	20000	中国
广州金发科技	—	PBSA	300	中国
合计			124800	—

2. PCL

PCL 是 ε-己内酯开环聚合所得到的高相对分子质量聚合物，其熔点较低，只有 60℃，所以很少单独使用。但是其与很多树脂的相容性都很好，可以作为改性剂和其他生物分解性聚酯的共混物使用。PCL 具有良好的生物分解性，分解它的微生物广泛分布在喜气或厌气条件下。作为可生物降解材料可将其与淀粉、纤维素等混合在一起，或与乳酸聚合使用。现在应用较多的有地膜、堆肥袋、缓冲材料、钓鱼丝和渔网等。

Solvay 生产了多个品牌的 PCL 产品，其中 CAPA650 可以通过挤出和注射成型加工；CAPA680 可以通过吹塑成型加工。这两个牌号 PCL 的熔融温度（T_m）均约为 60~62℃，玻璃化转变温度（T_g）为 -60℃。

目前全球 PCL 的产能约 52000t/a，主要分布在欧、美、日等地区和国家。目前国内 PCL 产业尚属起步阶段。全球主要 PCL 生产企业及产能见表1-6。

表1-6 全球主要 PCL 生产企业及产能

生产企业	产品商标	产能/（t/a）	所在国家
Perstorp	CAPA	20000	英国
U.C.C	Tone Ploymer	5000	美国
Daicel	Gelgreen-PH	10000	日本
Biotec	Bcoplast®	5000	美国
Novonmont	Mater-bi®	10000	意大利
光华伟业	—	2000	中国
合计	—	52000	—

3. PBAT

PBAT 是对苯二甲酸、己二酸和丁二醇的共聚酯，其在天然酶存在的条件下数周内就能够生物降解。PBAT 是热塑性聚合物，性能类似于 LDPE，但力学性能高。由于其具有优异的韧性（断裂伸长率 > 700%）和生物降解性，具有良好的加工性能，可制成各种薄膜、餐盒等。薄膜的性能类似 LDPE，且有弹性，可在生产 LDPE 的设备上加工。目前全球 PBAT 的生产能力为 140000t/a，国外 PBAT 的主要厂家见表1-7。

表1-7 国外 PBAT 主要生产厂家

国 家	生产厂家	商品名	生产能力/（t/a）	计划规模/（t/a）
德国	BASF	Ecoflex®	14000	30000
美国	Dupont	Biomax®	—	90000
日本	Teijin	GreenEcopet®	—	—
意大利	Chemitec（Novamont）	Easerbio®	15000	—
韩国	Ire Chemical	Enpol®	8000	50000

4. PVA

PVA 是由聚醋酸乙烯酯水解得到的，是主链为 C—C 键的高分子中唯一具有生物分解性的，是水溶性的高分子材料。聚合度的高低决定了其相对分子质量大小和黏度高低，水解的程度也反映了由聚醋酸乙烯酯到 PVA 的转变程度。部分水解得到的 PVA 的 T_g 为 58℃，T_m 为 180℃；完全水解得到的 PVA 的 T_g 和 T_m 则分别为 85℃和 230℃。PVA 可以用在包装、医疗等领域。

2012 年，我国 PVA 的生产能力为 1231000t，表观消费量约为 656000t，预计 2017 年的生产能力将达到 2000kt。目前国外工业化生产 PVA 的主要厂家见表 1-8。2012 年我国 PVA 的主要生产厂家见表 1-9。

表 1-8 目前国外工业化生产 PVA 的主要厂家

国　家	生产厂家	商品名	生产能力/（t/a）
日本	Kuraray	PVAL	
日本	NihonGose Kagaku	Gosenol®	200000
日本	Aicello Chemical	DolonVA®	
德国	Boehringer Ingelheim KG	Resomer®	
	Airproducts	Vinex®	80000

表 1-9 2012 年我国 PVA 的主要生产厂家

生产厂家名称	产能/（万 t/a）	生产工艺
安徽皖维高新材料股份有限公司	10.0	电石乙炔法
山西三维集团股份有限公司	10.0	电石乙炔法
中石化集团四川维尼纶厂	16.5	天然气乙炔法
中石化上海石化股份有限公司	4.6	石油乙烯法
湖南湘维有限公司	9.5	电石乙炔法
福建纺织化纤集团有限公司	6.0	电石乙炔法
上海宝旺（集团）江西江维高科技股份有限公司	4.0	电石乙炔法
贵州水品有机化工集团公司	5.0	电石乙炔法
云南云维股份有限公司	3.0	电石乙炔法
兰州新西部维尼纶有限公司	5.5	电石乙炔法
北京东方石油化工有限公司有机化工厂	3.5	石油乙烯法
石家庄化工化纤公司	2.0	电石乙炔法
长春化工（江苏）有限公司	4.0	石油乙烯法
内蒙古蒙维科技有限责任公司（皖维所有）	10.0	电石乙炔法
宁夏大地化工有限公司	10.0	电石乙炔法
内蒙古双欣环保材料有限公司	11.0	电石乙炔法
广西广维化工有限公司（皖维所有）	8.5	电石乙炔法 3 万 t 生物质工艺 5 万 t
合计	123.1	—

1.4.3　可生物降解聚合物的加工

可生物降解聚合物几乎可以采用现有的各种成型方法进行加工。一些对聚合物的某些性能有特殊要求的成型方法，通过共混等手段改性后也可采用。

1.4.4　可生物降解聚合物的应用

1. PLA

从历史上看，PLA 的应用主要是在医药领域，如植入性装置、组织骨架、内缝合线等，这主要是因为其具有可以生物吸收的特性，而且相对分子质量受到限制等造成的。在过去 10 年中，一方面，新的合成技术考虑了高相对分子质量 PLA 生产的经济性，因此使其应用范围在不断扩大；另一方面，PLA 的毒性低，而且环境友好，因此是食品包装和其他消费品的一种理想材料。此外，公众的环保意识不断提高，扩大了其在消费品领域和包装领域的应用。由于 PLA 可堆肥，而且原料来源于可再生资源，因此被认为是缓解固体废弃物问题和减轻包装材料对石油基塑料依赖的主要材料之一，是一种非常有发展前景的高分子材料。

2. PHA

PHA 聚合度高，因而结晶性高，全同立构，不溶于水，与传统的 PP 类似；随着脂肪链长的缩短，其 T_m 和 T_g 也有所降低，可以用传统设备进行加工；此外，其还具有生物相容性、可再生性和完全降解性，可在环境中完全降解为水和 CO_2，因此在医药领域如药物释放和组织工程等中应用潜力巨大。PHB 是最常见的生物聚酯，是短链的 PHA，包括 PHBV，是目前大规模生产的生物聚酯。

3. PPC

聚碳酸亚丙酯（PPC）具有较好的生物相容性，优异的冲击韧性、透明性和无毒性，是可完全降解的高分子材料。由于 PPC 的原料中有 CO_2，其生产过程中会消耗 CO_2，而其降解又能减少白色污染，非常有利于环境的保护，所以说 PPC 制品是一种绿色的环保材料。这也使得 PPC 成为各国科学家研究的焦点，目前其应用主要集中在医药和包装上。

4. PBS

PBS 具有与 PET 类似的性能，结晶度为 35% ~ 45%，T_g 为 114 ~ 115℃。此外，PBS 还具有较好的生物降解性。PBS 可采用吹塑、挤出和注塑等传统工艺进行加工，用途极为广泛，可用于包装袋、餐具、化妆品瓶、药品瓶、一次性医疗用品、农用薄膜、医用高分子材料等领域。

此外，将丁二醇、琥珀酸和己二酸缩合，可以制备丁二酸-丁二醇酯-己二酸共聚物（PBSA）。PBSA 一般为线形或支化结构，结晶度为 20% ~ 35%，T_g 为 −45℃，T_m 为 93 ~ 95℃，其性能与 LDPE 相似。

5. PCL

PCL 是 ε-己内酯开环聚合所得到的高相对分子质量聚合物，具有良好的生物降解性、生物相容性、形状记忆特性、低温柔韧性等诸多优点，广泛应用于医用领域，包括体内体外矫形固定材料、手术缝合线、药物载体等。也常用于可生物降解农用薄膜、一次性餐具、可生物降解塑料袋等。

6. PVA

PVA 是一种可水溶、可水解降解、高阻隔、无静电、不吸尘的环境友好型高分子材料。大量的氢键及高密度堆砌单斜晶体的存在使得 PVA 具有优良的化学稳定性、生物适应性、高阻隔性、良好的光泽度和高的力学性能。尤其是作为薄膜使用时，具有极高的透明度、无静电、不吸尘、对气体有非常高的阻隔性，对氧气的阻隔性约为常用 PE 薄膜的 1000 倍，PP 薄膜的 300 倍，有望成为新一代环境友好型塑料包装薄膜。

7. PBAT

PBAT 的 T_g 为 $-30℃$，柔软，断裂伸长率为 $500\% \sim 800\%$，T_m 为 $110 \sim 115℃$，在低于 230℃ 时加工熔体稳定性好，能够制得厚度为 $10\mu m$ 薄膜，薄膜的拉伸性能优异，对氧气和水蒸气有良好的阻隔性能，可用作包装材料等。

1.5 聚合物/层状硅酸盐纳米复合材料

可生物降解塑料具有优异的性能，但是其中一些可生物降解塑料，如 PLA、PHB 等的某些性能较差，如性脆、耐热性差、熔体强度低、加工窗口窄等，限制了其广泛应用，因此需要对其进行改性。改性方法有多种，包括共聚、共混、复配、添加助剂等，研究证明，采用聚合物的纳米增强技术制备纳米复合材料是能同时提高上述性能的一种有效途径。所以，制备可生物降解聚合物基纳米复合材料（绿色纳米复合材料）是可生物降解塑料未来发展的方向之一。

纳米增强材料的定义是尺寸至少为一个维度小于 100nm 的填料。过去几年间，研究人员为了制备先进生物纳米复合材料，不断探索纳米填料较之常规填料所具有的优点，如单位体积颗粒的界面面积大、单位颗粒体积的颗粒数量密度大、低用量时颗粒与颗粒间的相互作用强等。

近期，利用无机纳米粒子作添加剂可以增强聚合物的性能已经得到明确。目前正在开发的增强材料有纳米黏土（层状硅酸盐）、纤维素纳米晶、超细层状碳酸盐和碳纳米管、石墨烯、二氧化硅、羟磷灰石、纳米晶须等。其中引起特别关注的是聚合物与有机改性的层状硅酸盐（OMLS）纳米复合材料，因为与未改性的聚合物相比，这种纳米复合材料的性能，如阻隔性能、阻燃性能、热性能和环境稳定性以及可生物降解塑料的生物降解速率等提高显著。而且，与传统填料填充的聚合物基复合材料相比，一般在层状硅酸盐用量较低（质量分数≤5%）时就能实现性能的改善。因此，聚合物/OMLS 纳米复合材料要比传统复合材料轻得多，因而使其在某些特定应用领域里能够与其他材料相竞争。此外，其纳米尺度的结构使人们有可能构建包括整个界面的模型，利用传统的宏观表征技术，如 DSC、流变、NMR 和各种光谱方法等研究受限分子链的结构和动力学。

1.5.1　层状硅酸盐的结构及其表面处理

制备聚合物/层状硅酸盐纳米复合材料常用的层状硅酸盐都属于同一类——2∶1 层状硅酸盐。其晶体是由层片组成的，层片是由一片铝氧八面体夹在两片硅氧四面体之间，靠共用氧原子而形成层状结构。层片厚在 1nm 左右，横向尺寸一般为 30nm 到数微米，甚至更大，取决于使用的层状硅酸盐。蒙脱土、蒙脱石和皂石是最常用的层状硅酸盐。层状硅酸盐有两种结构：四面体替代的和八面体替代的。如果是四面体替代的层状硅酸盐，负电荷在硅酸盐表面，这样，与八面体替代的相比，聚合物基体会很容易与四面体替代的反应。这种层状硅酸盐的结构见图 1-4。常用的 2∶1 层状硅酸盐的化学结构式和特征参数见表 1-10。

表 1-10　常用的 2∶1 层状硅酸盐的化学结构式和特征参数

2∶1 层状硅酸盐	化学结构式	CEC/（毫当量/100g）	颗粒长度/nm
蒙脱土	$M_x(Al_{4-x}Mg_x)Si_8O_{20}(OH)_4$	110	100~150
水辉石	$M_x(Mg_{6-x}Li_x)Si_8O_{20}(OH)_4$	120	200~300
蒙皂石	$M_xMg_6(Si_{8-x}Al_x)Si_8O_{20}(OH)_4$	86.6	50~60

注：x 为同构替代的程度（0.5~1.3）。表面电荷被称为阳离子交换容量（CEC），一般表示为毫当量/100g（mequiv/100g）。

层状硅酸盐有两个特殊性能，在制备聚合物基纳米复合材料时一般都要考虑，一个是硅酸盐颗粒分散到各个层中的能力，另一个是通过有机与无机离子间的离子交换反应进行表面化学改性的能力。这两个特性是相互关联的，因为层状硅酸盐在某一聚合物基体中的分散程度取决于层间电荷。

未经处理的层状硅酸盐一般含有水合 Na^+ 或者是 K^+ 离子。很显然，未经处理时，层状硅酸盐只与亲水性聚合物相容，如聚氧乙烯（PEO）、PVA 等。为了使层状硅酸盐与可生物降解聚合物基体相容，必须将通常的亲水性硅酸盐表面变成亲油性的，进而使大量的可生物降解聚合物进行插层。一般来说，通过与阳离子表面活性剂，如一元、二元、三元和四元烷基铵、烷基磷离子等进行离子交换反应就能做到。有机硅酸盐中的烷基铵离子或者是烷基磷离子能降低无机硅酸盐的表面能，提高聚合物基体的润湿性。此外，它们还有与聚合物基体反应的功能性基团，有时能引发单体聚合，改善无机材料与聚合物基体之间的黏结性。表 1-11、1-12 给出了一些黏土及其不同处理方法和表面改性剂的物理性能。表 1-13 给出了黏土所用表面改性剂的化学结构。

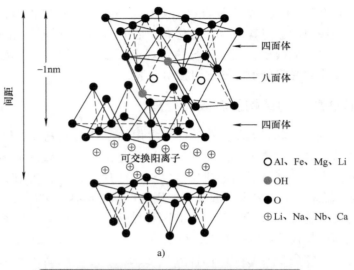

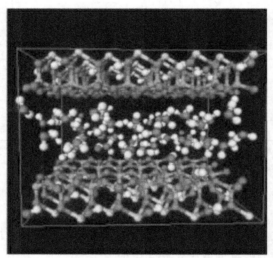

b)

图 1-4　层状硅酸盐的结构

a) 2∶1 结构的层状硅酸盐　b) MMT 的三维晶体图像

表 1-11　商业化有机改性层状硅酸盐的物理性能

商　　标	有机改性剂	改性剂用量/ （毫当量/100g）	$d_{(001)}$ 间距/nm	燃烧时质量损失 （%）
Cloisite®Na （CNa） （MMT-Na⁺）	未改性	CEC = 92.6	1.17	7
Cloisite®30B （C30B）	甲基牛脂双—2—羟乙基 季铵盐	90	1.85	30

（续）

商　标	有机改性剂	改性剂用量/（毫当量/100g）	$d_{(001)}$间距/nm	燃烧时质量损失（％）
Cloisite®10A（C10A）	二甲基苄基氢化牛脂季铵盐	125	1.92	39
Cloisite®25A（C25A）	二甲基氢化牛脂2—乙基己酯季铵盐	95	1.86	34
Cloisite®93A（C93A）	甲基二氢化牛脂铵	90	2.36	40
Cloisite®20A（C20A）	二甲基双氢化牛脂季铵盐	95	2.42	38
Cloisite®15A（C15A）	二甲基双氢化牛脂季铵盐	125	3.15	43
Cloisite®6A（C6A）	二甲基双氢化牛脂季铵盐	140	3.59	47

注：来源于美国 Southern Clay Products 公司。

表1-12　商业化有机改性层状硅酸盐

商　标	有机改性剂	改性剂用量/（毫当量/100g）	适用基体
MMT	—	CEC＝145	—
1.24TL	十二烷基酸铵	—	聚酰胺6聚合
1.28E	十八烷基三甲基铵	25～30	环氧树脂、聚氨酯
1.30E	十八烷基铵	25～30	环氧树脂、聚氨酯
RheospanAS	二甲基双氢化牛脂铵	—	不饱和聚酯、乙烯酯
1.34TCN	十八烷基双-2-羟乙基铵	—	聚酰胺、PET
1.30P	十八烷基铵	25～30	聚烯烃
1.44PA	双-甲基2-氢化牛脂铵	—	聚烯烃

注：来源于美国 Nanocor 公司。

表1-13　黏土改性常用表面改性剂的化学结构

制备方法	结构式	缩写
甲基牛脂双-2 羟乙基季铵盐	$CH_3 - \overset{\overset{\displaystyle CH_2CH_2OH}{\textstyle \vert}}{\underset{\underset{\displaystyle CH_2CH_2OH}{\textstyle \vert}}{N^+}} - T$	MT2EtOH
二甲基二氢化牛脂季铵盐	$H_3C - \overset{\overset{\displaystyle CH_3}{\textstyle \vert}}{\underset{\underset{\displaystyle HT}{\textstyle \vert}}{N^+}} - HT$	2M2HT

（续）

制备方法	结构式	缩写
二甲基氢化牛脂2-乙基己基季铵盐	$H_3C-\overset{\overset{\displaystyle CH_3}{\vert}}{\underset{\underset{\displaystyle HT}{\vert}}{N^+}}$—（支链己基）	2MHTL8
二甲基苄基氢化牛脂季铵盐	$CH_3-\overset{\overset{\displaystyle CH_3}{\vert}}{\underset{\underset{\displaystyle HT}{\vert}}{N^+}}-CH_2-Ph$	2MBHT
二甲基烷基（牛脂，用T表示）铵	$CH_3-\overset{\overset{\displaystyle T}{\vert}}{\underset{\underset{\displaystyle CH_3}{\vert}}{N^+}}-T$	2M2T
三辛基甲基铵	$CH_3-\overset{\overset{\displaystyle C_8H_{17}}{\vert}}{\underset{\underset{\displaystyle C_8H_{17}}{\vert}}{N^+}}-C_8H_{17}$	30M
二聚氧乙烯烷基（COCO）甲基铵	$CH_3-\overset{\overset{\displaystyle R(coco)}{\vert}}{\underset{\underset{\displaystyle (CH_2CH_2O)_yH}{\vert}}{N^+}}-(CH_2CH_2O)_xH$ $x+y=2$	MEE
聚氧丙烯甲基二乙基铵	$CH_3-\overset{\overset{\displaystyle C_2H_5}{\vert}}{\underset{\underset{\displaystyle C_2H_5}{\vert}}{N^+}}-(CH_2CHO)_{25}H\quad CH_3$	—
十八烷基铵	$CH_3(CH_2)_{16}CH_2NH_2$	ODA
二甲基十八烷基铵	$CH_3(CH_2)_{16}CH_2-\overset{\overset{\displaystyle H}{\vert}}{\underset{\underset{\displaystyle CH_3}{\vert}}{N^+}}-CH_3$	2MODA
十六烷基三甲基铵	$CH_3(CH_2)_{14}CH_2-\overset{\overset{\displaystyle CH_3}{\vert}}{\underset{\underset{\displaystyle CH_3}{\vert}}{N^+}}-CH_3$	3MODA
十二烷基三苯基磷	$Ph-\overset{\overset{\displaystyle Ph}{\vert}}{\underset{\underset{\displaystyle Ph}{\vert}}{P^+}}-CH_2(CH_2)_{10}CH_3$	3PDDP
十六烷基三丁基磷	$CH_3(CH_2)_{14}CH_2-\overset{\overset{\displaystyle C_4H_9}{\vert}}{\underset{\underset{\displaystyle C_4H_9}{\vert}}{P^+}}-C_4H_9$	BtC16P

（续）

制 备 方 法	结 构 式	缩 写
十二烷基三甲基磷	$CH_3(CH_2)_{10}CH_2\overset{\displaystyle CH_3}{\underset{\displaystyle CH_3}{-P^+-}}CH_3$	BtC10P

1.5.2　聚合物/纳米复合材料的结构

与传统复合材料相比，聚合物/层状硅酸盐纳米复合材料性能改善的主要原因是聚合物基体与 OMLS 之间强烈的界面相互作用。层状硅酸盐的层厚一般在 1nm 左右，而且径厚比很大（如 10～1000）。百分之几的 OMLS 很好地分散在聚合物基体中就能产生比传统复合材料大得多的聚合物与填料间相互作用表面。由于聚合物/OMLS 相互作用强，从结构上看，热力学上能得到两种不同类型的纳米复合材料（图 1-5）：一是插层结构的纳米复合材料，聚合物分子链插层到层状硅酸盐结构中，以晶体结构形式出现，不论聚合物与 OMLS 之间的比例是多少，重复出现的距离为几个纳米；二是剥离结构的纳米复合材料，一片片层状硅酸盐分散在聚合物基体中，平均间距完全取决于 OMLS 的含量。

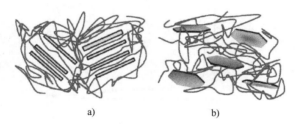

　　　　　　　a)　　　　　　　　　　　　　b)

图 1-5　热力学上可以得到的两种不同类型的聚合物/层状硅酸盐纳米复合材料的示意图

a）插层结构　b）剥离结构

实际制得的聚合物/层状硅酸盐纳米复合材料的结构如图 1-6、1-7 所示。

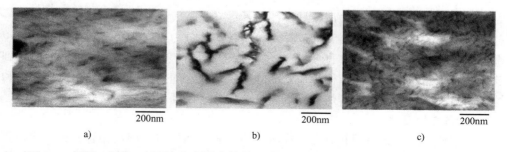

　200nm　　　　　　　　200nm　　　　　　　　200nm

　　a)　　　　　　　　　　b)　　　　　　　　　　c)

图 1-6　插层、剥离、插层与絮凝共存结构的聚合物/层状硅酸盐纳米复合材料的 TEM

a）插层结构　b）插层与絮凝结构　c）剥离结构

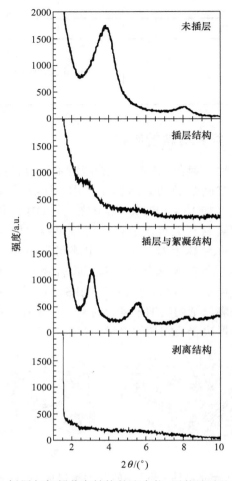

图 1-7　插层、剥离、插层与絮凝共存结构的聚合物/层状硅酸盐纳米复合材料的 XRD

1.5.3　聚合物/纳米复合材料制备技术

聚合物在层状材料，如层状硅酸盐中的插层是合成聚合物基纳米复合材料的一种成功手段。根据起始材料和加工技术，制备方法分为三大类，溶液插层法、原位聚合插层法和熔融插层法（图 1-8）。原位聚合插层法就是将聚合物分子链插层到硅酸盐层片间，将适宜的单体插层到硅酸盐层片间，随后进行聚合。溶液插层法和熔融插层法就是由溶剂或者熔体直接将聚合物分子链插层到硅酸盐层间。

1. 溶液插层法

溶液插层法是先将层状硅酸盐在溶剂中溶胀，然后将与溶剂相容的聚合物与其混合，聚合物分子链插入层状硅酸盐中，同时将溶剂排出。去除溶剂后，插层结构得以保留，得到聚合物/层状硅酸盐纳米复合材料。

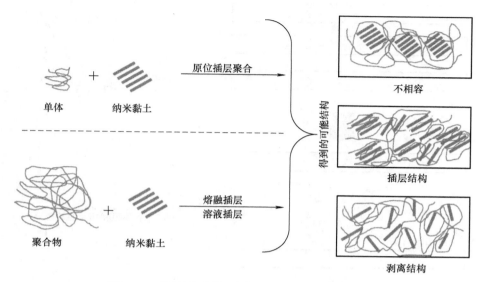

图 1-8 不同的聚合物/黏土纳米复合材料制备工艺

采用溶液插层法进行聚合物插层时，大量的溶剂分子必须从硅酸盐层间排出，以容纳进来的聚合物分子链。溶液法插层时聚合物插层到层状硅酸盐之间的驱动力是溶剂分子脱吸产生的熵增补偿受限的插层分子链产生的熵降。采用这种方法时，插层只能出现在一些特定的聚合物/溶剂中。这种方法适用于极性很小甚至没有极性的聚合物的插层。从工业的角度看，这种方法要大量使用溶剂，对环境一般都不友好，也不经济。

2. 原位聚合插层法

原位聚合插层法就是将层状硅酸盐在液态聚合物单体或者单体的溶液中溶胀，使单体在层状硅酸盐层间聚合，得到聚合物。聚合可以在溶胀之间，由下述诸多条件之一引发：热、辐射或者是适宜引发剂的分散、有机引发剂或催化剂在层间的离子交换等。

原位聚合插层法的本质是插层和原位聚合的结合。中科院化学研究所漆宗能研究小组用层状硅酸盐蒙脱土作为无机分散相，采用插层法成功地制备了聚酰胺 6/黏土纳米复合材料，所得到的复合材料显示出强度高、模量高、耐热性好、加工性能良好等特性，如图 1-9 和图 1-10 所示。

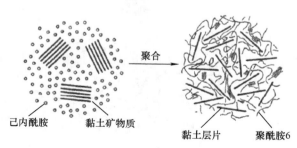

图 1-9 聚酰胺 6/黏土原位聚合插层示意图

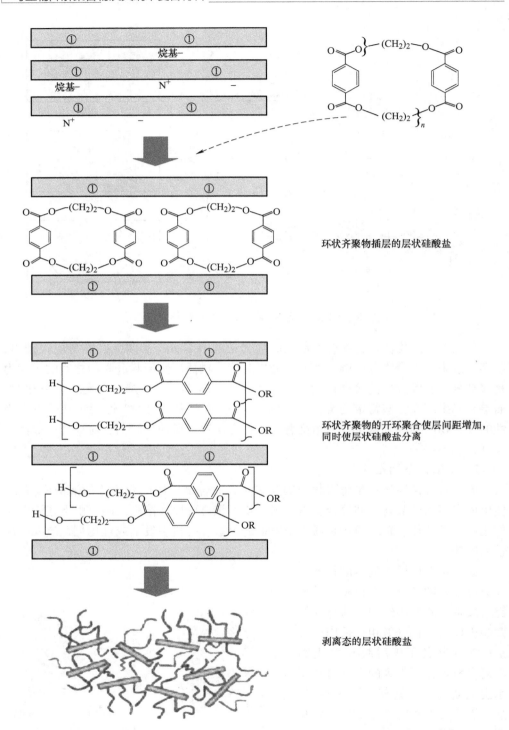

图 1-10　环状齐聚物在层状硅酸盐层间开环聚合得到剥离结构的聚合物/层状硅酸盐纳米复合材料

3. 熔融插层法

近年来，熔融插层法已经成为制备聚合物/OMLS 纳米复合材料的主要技术，因为其与当代工业技术十分匹配。在溶液插层法制备聚合物插层过程中，大量的溶剂分子要从层状硅酸盐中排出，以容纳聚合物分子链。因此，与溶液插层法相比，直接熔融插层法有很多优点。例如，直接熔融插层特别适用于聚合物，能够得到以前无法得到的新型复合材料。此外，不用溶剂使熔融插层法更环保，从废弃物的角度看，熔融插层法是工业上更为经济、可行的方法。

熔融插层法就是在静态或者是剪切条件下将熔融的聚合物与层状硅酸盐混合，聚合物分子链扩散插入层状硅酸盐层间，得到插层型、剥离型以及插层与剥离混合型聚合物/层状硅酸盐纳米复合材料，具体结构取决于聚合物分子链渗入到硅酸盐层间的程度。实验结果表明，聚合物插层的结果主要取决于层状硅酸盐的官能化和成分间的相互作用。研究表明，表面处理剂分子链单位分子上的数量及其大小决定着 OMLS 的最佳层间结构；聚合物插层取决于 OMLS 与聚合物基体之间极性相互作用。

在熔融共混中，纳米黏土与熔融聚合物混合。工艺流程就是将纳米颗粒与聚合物混合，混合物在静态或剪切条件下加热到聚合物软化点之上。与原位聚合插层或溶液插层技术相比，熔融共混工艺制备黏土纳米复合材料有很多优点。首先，这种方法不使用有机溶剂，比较环保；其次，熔融共混与当前业界工艺一致，如挤出和注射成型。熔融插层法适用于不适合原位聚合的聚合物。用熔融插层法制备纳米复合材料取决于聚合物和纳米颗粒之间的热-机械作用。对黏土而言，插层还取决于分子链从基体熔体进入硅酸盐内层的传输或扩散。聚合物需要与纳米颗粒表面充分相容，确保均匀分散。

近年来，许多研究都探讨了纳米复合材料的制备工艺，因为与纯聚合物或其共混物相比，制备工艺对最终的纳米复合材料结构和性能变化有着明显的影响。两个主要因素决定了熔融共混过程中纳米颗粒在聚合物基体中的分散程度：聚合物和纳米颗粒之间的熔作用及加工条件。恰当的熔体配混需要在聚合物和纳米颗粒之间产生有力的熔作用，否则，纳米颗粒难以在聚合物基体中分散，仅能得到微米复合材料。优化加工条件也同等重要。据 Hunter 等人报道，黏土纳米复合材料的插层/剥离机理更多的是剪切过程，成千上万个含有 $8 \sim 10 \mu m$ 颗粒的层片被机械力和化学力分离，将其减小成更小的层片。这一过程与常规理论有些不同。根据常规理论，聚合物分子链逐步进入黏土间层，层间距开始增大，直到克服范德华力为止，颗粒不再联结在一起。然而，Hunter 等人认为，单一层片硅酸盐是从较小的堆叠层剥离完成剥离过程的。

就生物纳米复合材料而言，熔融共混有一个缺点，即某些生物聚合物会在机械剪切或加工时的高温下分解。例如，PLA 在熔融共混过程中就经历了加工不稳定性，即加工过程中可能发生热分解、氧化分解和水解，导致聚合物分子链断裂，相对分子质量下降。有机改性黏土可能引发聚合物分解，纳米复合材料甚至会降解得更为严重。黏土纳米复合材料进行熔融共混时，需要长时间保持高剪切作用来剥离片层。但是如此高的剪切作用并且长时间滞留于熔融共混机械中（无论是挤出机还是密炼机）都会导致某些聚合物分解。对于某些纳米颗粒而言（如 CNTs），尽管高剪切作用和长时间混合有助于纳米颗粒的分散，但也会导致纳米颗粒断裂，反而破坏了其结构完整性。同样，高温下加工也会降低聚合物的黏度。如果颗粒间（尤其是黏土）存在有利的熔作用，那么聚合物有望从熔体相加快扩散进硅酸盐层间，但聚合物对硅酸盐的剪切作用也同时减小。因此，大部分热敏性生物聚合物需要认真优化加工参数。

熔融共混时必须考虑好每一步骤，最大限度地利于团聚体/层片分离，使颗粒得到纳米尺度分散。加工温度和压力的优化对于避免生物聚合物分解很重要。

对于上述三种技术而言，纳米颗粒的均匀分散是加工过程中要实现的目标。例如，就黏土而言，堆叠的硅酸盐层片剥离成单一层片均匀分散于聚合物基体中是终极目标。

1.5.4　纳米复合材料的表征技术

纳米粒子的分散和剥离一般都是通过 X 射线衍射仪（XRD）和透射电子显微镜（TEM）来表征的。由于易于使用及实验室常备，因此 XRD 是研究纳米复合材料结构最为常用的手段，有时也用来研究聚合物熔融插层动力学。通过观察分散硅酸盐层片产生的基准反射的位置、形状和强度，就有可能分辨出纳米复合材料结构（插层、剥离）。例如，在剥离型纳米复合材料中，聚合物基体中硅酸盐层片剥离产生的大量层片分离导致分散的硅酸盐层产生的相干衍射逐渐消失。另外，对于插层型纳米复合材料，聚合物插层产生的有限层片胀大会产生一个新的基准反射，对应的是层间距更大。

尽管 XRD 为确定原始层状硅酸盐和插层纳米复合材料中的硅酸盐层间距（1～4nm）提供了一种便捷的工具，但是它不能确定纳米复合材料中硅酸盐的空间分布情况和结构非均匀性。此外，一些层状硅酸盐一开始时并没有表现出很清晰的基准反射，因此峰变宽，强度下降，很难进行系统性研究。所以，单纯依靠 XRD 谱图来得出纳米复合材料形成机理及其结构只是实验性的。另一方面，TEM 能够对聚合物基体内纳米粒子的内部结构、空间分布和分散进行定性分析，直观地观察缺陷结构。但是，对试样代表性断面必须仔细加以保护。

TEM 和 XRD 都是分析纳米复合材料结构所必需的工具。但是，TEM 耗时，而且基本上仅能给出试样的定性信息，而 XRD 谱图上广角峰考虑了层间距的量变。一般来说，在插层型纳米复合材料的层间距超过 6～7nm 时或者是在剥离型纳米复合材料中层间比较混乱时，相关的 XRD 特征就变弱，不能再用了。但是，新开发的同步小角 XRD 散射（SAXS）和 XRD 研究得到了一些纳米复合材料中纳米结构和结晶结构的定量特征。

对生物纳米材料而言，TEM 已经成为研究纳米颗粒在生物聚合物基体中分散程度的一项不可缺少的技术，因为这一技术便于定性理解内层结构、不同相的层间分布，并能通过直接观察发现结构缺陷。尽管 TEM 是一项广泛使用的技术，但它将 3D 物体投影成了 2D 平面，因此试样的厚度方向信息值是一个累积值，实际上得到的纳米颗粒（尤其是硅酸盐层）在聚合物基体中的分散程度是不确切的。为了得到硅酸盐层片在生物聚合物中分散程度的准确信息，已经使用了电子 X 射线断层技术（也称 3D TEM 技术）。

扫描电子显微镜（SEM）也已用来研究生物纳米复合材料的表面形态。然而，大多数情况下，它很难描绘出纳米颗粒在聚合物基体中的分散程度，因为大部分 SEM 本身分辨率约为 1nm。但是，SEM 对于研究生物纳米复合材料的断裂表面形态非常有价值。近年来，人们将 SEM 与能量分散 X 射线光谱学结合起来，用来研究纳米颗粒在生物纳米复合材料断裂表面的分散程度。

1.6 可生物降解聚合物基纳米复合材料

通过不同的制备方法和加工工艺，可生物降解聚合物，如 PLA 等的分子链可以插入层状硅酸盐层片之间，形成黏土颗粒尺寸达纳米级（一维尺寸在 100nm 以下）的可生物降解聚合物基黏土纳米复合材料，其中均匀分散的纳米级黏土颗粒以及得到的插层型结构或剥离型结构为其性能等的改善带来了契机。目前的研究表明，通过适当的加工方法，添加适量黏土的可生物降解聚合物，如 PLA 的黏土纳米复合材料的熔体强度、力学性能、热性能、阻燃性能、气体阻透性能等均可以得到不同程度的改善。

目前正在开发的纳米材料有很多，其中研究得最多的是纳米黏土（层状硅酸盐），在可生物降解塑料中研究与应用得最多的也是纳米黏土，如 PLA/黏土纳米复合材料、PHA/黏土纳米复合材料、PBS/黏土纳米复合材料、PCL/黏土纳米复合材料、PBAT/黏土纳米复合材料、PVA/黏土纳米复合材料等，研究涉及了可生物降解塑料/黏土纳米复合材料的制备方法及其结构、熔融与结晶行为、物理与力学性能、流变性能、加工性能等。

参 考 文 献

[1] L T Lim，R Auras，M Rubino. Processing Technologies for Poly（lactic acid）［J］. Progress in Polymer Science，2008，33：820-852.

[2] Suprakas Sinha Ray，Mosto Bousmina. Biodegradable polymers and their layered silicate nanocomposites：In greening the 21st century materials world［J］. Progress in Materials Science，2005，

50：962-1079.

［3］ 张玉霞，刘学，刘本刚，等. 可生物降解聚合物的发泡技术研究进展［J］. 中国塑料，2012（4）：4-12.

［4］ Vincent Ojijo, Suprakas Sinha Ray. Processing strategies in bionanocomposites［J］. Progress in Polymer Science, 2013, 38：1543-1589.

［5］ Sinha Ray S, Okamoto M. Polymer/layered silicate nanocomposites：a review from preparation to processing［J］. Prog Polym Sci, 2003, 28：1539-1641.

［6］ Christopher Thellen, Caitlin Orroth, Danielle Froio, et al. Influence of montmorillonite layered silicate on plasticized poly（L-lactide）blown films［J］. Polymer, 2005, 46：11716-11727.

［7］ 翁云宣. 生物分解塑料与生物基塑料［M］. 北京：化学工业出版社，2010：7-8；184-186；124；125.

［8］ Ray Smith. 生物降解聚合物及其在工农业中的应用［M］. 戈进杰，王国伟，译. 北京：机械工业出版社，2011：2，20，16，11，19.

［9］ 杨斌. 绿色塑料聚乳酸［M］. 北京：化学工业出版社，2007，7-8.

［10］ 钱伯章. 生物塑料全球增长［J］. 国外塑料，2011，29（5）：32-37.

［11］ 周爱军，李长存. 生物降解塑料产能现状［J］. 广州化工，2013，41（4）：41-42.

［12］ 京明. 我国 PVA 生产技术进展及市场分析［J］. 乙醛醋酸化工，2014（1）：7-11.

［13］ Mohanty AK, Misra A, Drzal LT. Sustainable bio-composites from renewable resources：opportunities and challanges in the green materials world［J］. Journal of Polymers and the Environment, 2002, 10：19-26.

［14］ Kotek J, Kubies D, Baldrian J, et al. Biodegradable polyester nanocomposites：the effect of structure on mechanical and degradation behavior［J］. European Polymer Journal, 2011, 47.

［15］ Armentano I, Dottori M, Fortunati E, et al. Biodegradable polymer matrix nanocomposites for tissue engineering：a review［J］. Polymer Degradation and Stability, 2010, 95：2126-2146.

［16］ Hule RAP, Pochan D J. Polymer nanocomposites for biomedical applications［J］. Materials Research Society Bulletin, 2007, 32：354-358.

［17］ Ahmed J, Varshney S K. Polylactides—chemistry, properties and green packaging technology：a review［J］. International Journal of Food Properties, 2010, 14：37-58.

［18］ Doi Y, Fukuda K. Biodegradable plastics and polymers（Studies in Polymer Science, 12）［M］. Amsterdam：Elsevier Science, 1994：627.

［19］ Fortunati E, Armentano I, Zhou Q, et al. Microstructure and nonisothermal cold crystallization of PLA composites based on silver nanoparticles and nanocrystalline cellulose［J］. Polymer Degradation and Stability, 2012, 97：2027-2036.

［20］ Fortunati E, Armentano I, Zhou Q, et al. Multifunctional bionanocomposite films of poly（lactic acid），cellulose nanocrystals and silver nanoparticles［J］. Carbohydrate Polymers, 2012, 87：1596-1605.

［21］ Darder M, Aranda P, Ruiz-Hitzky E. Bionanocomposites：a new concept of ecological, bioinspired and functional hybrid materials［J］. Advanced Materials, 2007, 19：1309-1319.

［22］ Sinha Ray S. Visualisation of nanoclay dispersion in polymer matrix by high-resolution electron microscopy combined with electron tomography [J]. Macromolecular Materials and Engineering, 2009, 294: 281-286.

[23] Urbanczyk L, Ngoundjo F, Alexandre M, et al. Synthesis of polylactide/clay nanocomposites by in situ intercalative polymerization in supercritical carbon dioxide [J]. European Polymer Journal, 2009, 45: 643-648.

[24] Jiang G, Huang H X, Chen Z K. Microstructure and thermal behavior of polylactide/clay nano-composites melt compounded under supercritical CO_2 [J]. Advances in Polymer Technology, 2011, 30: 174-182.

[25] Huang J W, Chang H Y, Wen Y L, et al. Polylactide/nano and microscale silica composite films. I. Preparation and characterization [J]. Journal of Applied Polymer Science, 2009, 112: 1688-1694.

[26] Yan S, Yin J, Yang J, et al. Structural characteristics and thermal properties of plasticized poly (l-lactide) -silica nanocomposites synthesized by sol-gel method [J]. Materials Letters, 2007, 61: 2683-2686.

[27] Wang H, Qiu Z. Crystallization kinetics and morphology of biodegradable poly (l-lactic acid) / grapheneoxide nanocomposites: influences of grapheneoxide loading and crystallization temperature [J]. Thermochimica Acta, 2012, 527: 40-46.

[28] Wang H, Qiu Z. Crystallization behaviors of biodegradable poly (l-lactic acid) /grapheneoxide nanocomposites from the amorphous state [J]. Thermochimica Acta, 2011, 526: 229-536.

[29] Mahboobeh E, Yunus WMZW, Hussein Z, et al. Flexibility improvement of poly (lactic acid) by stearate-modified layered double hydroxide [J]. Journal of Applied Polymer Science, 2010, 118: 1077-1083.

[30] Zeng Q H, Yu A B, Lu G Q, et al. Molecular dynamic simulation of organic-norganic nanocom-posites: layering behavior and interlayer structure of organoclay [J]. Chem Mater, 2003, 15: 4732-4738.

[31] Lagaly G. Interaction of alkylamines with different types of layered compounds [J]. Solid State Ionics, 1986, 22: 43-51.

[32] Vaia R A, Teukolsky R K, Giannelis E P. Interlayer structure and molecular environment of alky-lammonium layered silicates [J]. Chem Mater, 1994, 6: 1017-1022.

[33] Wang L Q, Liu J, Exharos K Y, et al. Conformation heterogeneity and mobility of surfactant mole-cules in intercalated clay minerals studied by solid-state NMR [J]. J Phys Chem B, 2000, 104: 2810-2816.

[34] Chen J S, Poliks M D, Ober C K, et al. Study of the interlayer expansion mechanism and ther-mal-mechanical properties of surface-initiated epoxy nanocomposites [J]. Polymer, 2002, 43: 4895-4904.

[35] Murali M Reddy, Singaravelu Vivekanandhan, Manjusri Misra, et al. Biobased plastics and bio-nanocomposites: Current status and future opportunities [J]. Progress in Polymer Science, 2013, 38 (10-11): 1653-1689.

[36] Vaia R A, Giannelis E P. Lattice model of polymer melt intercalation in organically-modified lay-

ered silicates [J]. Macromolecules, 1997, 30: 7990-7999.

[37] Vaia RA, Giannelis EP. Polymer melt intercalation in organically modified layered silicates: model predictions and experiment [J]. Macromolecules, 1997, 30: 8000-8009.

[38] Hunter DL, KamenaKW, Paul DR. Processing and properties of polymers modified with clays [J]. MRS Bulletin, 2007, 32: 323-327.

[39] Yu J, Qiu Z. Effect of low octavinyl-polyhedral oligomericsilses quioxanes loadings on the melt crystallization and morphology of biodegradable poly (l-lactide) [J]. Thermochimica Acta, 2011, 519: 90-95.

[40] Zhang X, Sun J, Fang S, et al. Thermal, crystalline, and mechanical properties of octa (3-chloropropylsilsesquioxane) /poly (l-lactic acid) hybrid films [J]. Journal of Applied Polymer Science, 2011, 122: 296-303.

[41] S Pavlidou, C D Papaspyrides. A review on polymer-layered silicate nanocomposites [J]. Progress in Polymer Science, 2008, 33: 1119-1198.

[42] Lee J, Jeong Y. Preparation and crystallization behavior of polylactide nanocomposites reinforced with POSS-modified montmorillonite [J]. Fibers and Polymers, 2011, 12: 180-189.

[43] Wen X, Lin Y, Han C, et al. Thermomechanical and optical properties of biodegradable poly (l-lactide) /silica nanocomposites by melt compounding [J]. Journal of Applied Polymer Science, 2009, 114: 3379-3388.

第2章

▶▶▶▶▶▶

聚乳酸及其纳米复合材料

2.1 概述

随着公众环保意识的提高和对环境关注度的加大，以及石油资源的日趋紧缺，近年来可生物降解塑料的研究与开发引起了广泛的关注和重视，同时包括聚合在内的制备技术的进步也使一些可生物降解聚合物从实验室规模扩大到工业生产规模。据估计，2020 年生物基塑料的年产量将达到 300 万 t。其中，尤以聚乳酸（PLA）最具代表性，它是目前研究最多、产量最大、商业化最为成功的可生物降解聚合物之一。

PLA 属于脂族聚酯，为线形脂肪族热塑性聚酯，源于 2-羟（基）酸，分子结构如图 2-1 所示。其构成单元 2-羟（基）丙酸有 D-和 L-旋光光学异构对映体两种。旋光异构对映体所占比例不同，得到的 PLA 性能也不同。这样就可以制备性能各异的 PLA，以满足不同的应用要求。与已有的石油基塑料相比，PLA 具有非常好的光学性能、物理与力学性能以

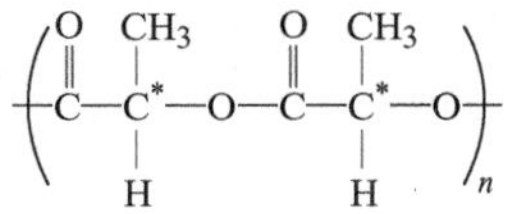

图 2-1 PLA 的分子结构图

及阻透性能。例如，其对 CO_2、O_2、N_2 和 H_2O 的渗透系数低于 PS，但高于 PET。PLA 对乙酸乙酯和 D-柠檬烯等有机物的阻透性能与 PET 相当。从力学性能上看，未经拉伸的 PLA 很脆，但是强度和刚度很好。PLA 的拉伸性能好于 PS，但与 PET 相当。其拉伸和弯曲模量高于 HDPE、PP 和 PS，但是 Izod 冲击强度和断裂伸长率低于这些聚合物。总的来说，PLA 具有所需的力学性能和阻透性能，是一些应用的理想材料，可以与已有的石油基热塑性聚合物竞争。

已商业化的 PLA 是聚 L-丙交酯与内消旋丙交酯或 D-丙交酯的共聚物。D-对映异构体的量影响 PLA 的性能，如熔点、结晶度等。PLA 具有良好的力学性能、热塑性和生物降解性，而且易于加工，因此是一种可广泛应用、前景光明的聚合物。将 PLA 燃烧，也不会产生氧化氮气体，而且产生的燃烧热只有聚烯烃的三分之一，

不会对焚化炉造成破坏，节能巨大。所以应增加对 PLA 各种性能的认识，掌握如何提高这些性能使其能够采用热塑性塑料技术加工满足最终要求，以提高人们对 PLA 的商业化兴趣。

2.2 PLA 的合成

PLA 的基本构成单元——乳酸可以通过淀粉或糖类发酵，或者采用化学合成方法制得。目前，大多数的乳酸都是通过发酵制得的。近期 PLA 应用不断扩大的一个主要驱动因素是高相对分子质量 PLA（高于 10000Da，Da 为道尔顿，质量单位，为一个氧原子的 1/16）的经济生产，其制备工艺有数种，包括恒脱水聚合、直接缩聚和/或先形成丙交酯再聚合等（图 2-2）。一般来说，商用高相对分子质量 PLA 都是采用丙交酯开环聚合工艺生产的。

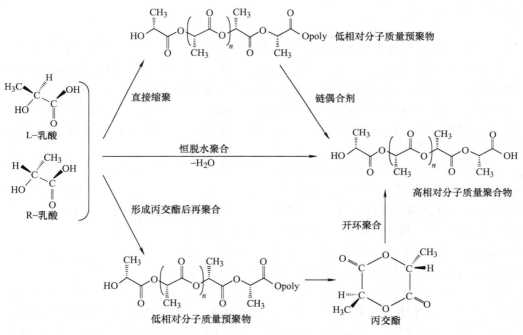

图 2-2　L-和 D-乳酸合成 PLA 工艺路线

近年来，Cargill-Dow 公司采用一种无溶剂和新的蒸馏工艺生产出了一系列 PLA 聚合物。这种工艺创新的关键是能够从乳酸转化为低相对分子质量的聚乳酸，之后通过可控解聚得到环状二聚物，通常称为丙交酯。这种丙交酯为液态，通过蒸馏纯化，丙交酯中间体催化开环聚合得到相对分子质量可控的 PLA。反应过程持续进行，不需分离中间体丙交酯。图 2-3a 所示为 Cargill-Dow 制备 PLA 的工艺流程图。相比之下，Mitsui Toatsu（现在的 Mitsui Chemicals）利用的则是溶剂基技术，直接缩聚制备高相对分子质量 PLA，再通过恒沸蒸馏持续不断地蒸馏掉缩聚产生的水。图 2-3b 所示为上述两步法工艺的示意图。

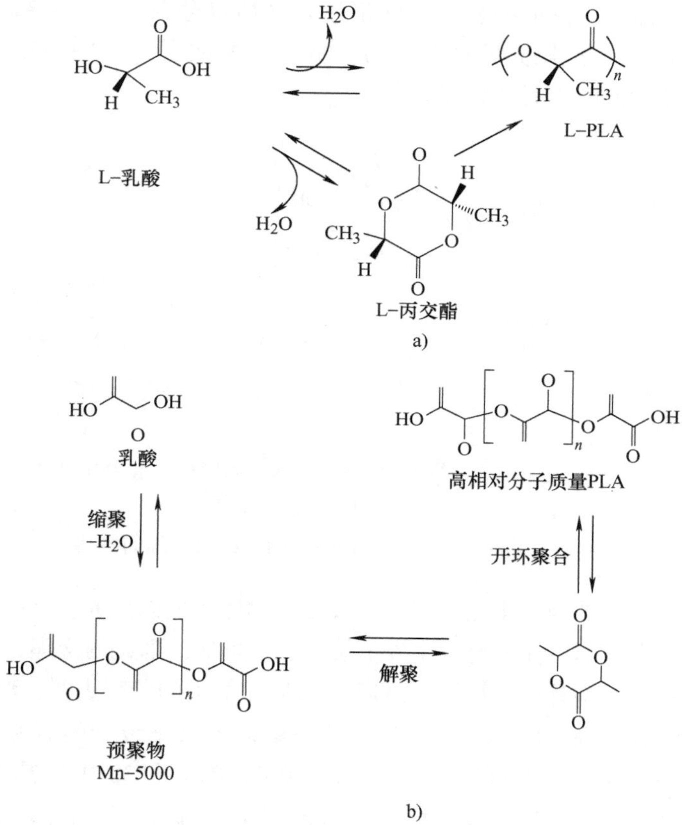

L-乳酸

L-PLA

L-丙交酯

a)

乳酸

高相对分子质量 PLA

缩聚
−H₂O

开环聚合

解聚

预聚物
Mn−5000

b)

图 2-3　不同 PLA 制备工艺
a) PLA 聚合工艺　b) 通过预聚物和丙交酯制备 PLA

　　不同类型丙交酯的化学结构如图 2-4 所示。商用 PLA 是聚 L-乳酸（PLLA）和聚 D,L-乳酸（PDLLA）的共聚物，二者分别由 L-丙交酯和 D,L-丙交酯制备。L-同分异构体是可再生资源制备的 PLA 的主要构成成分，因为生物资源中的乳酸主要是 L-同分异构体。根据 L-和 D,L-旋光光学异构对映体的构成，PLA 有三种形式的结晶（α 晶、β 晶和 γ 晶）。其中 α 晶最稳定，T_m 为 185℃；而 β 晶的 T_m 为 175℃。PLA 的光学纯度对其结构、熔融与结晶性能、阻透性能和力学性能等有着十分重要的影响。L-乳酸的质量分数大于 90% 的 PLA 是结晶性聚合物，而纯度低的为无定形聚合物。不过，T_m、T_g 和结晶度都随着 L-同分异构体的减少而降低。Tsuji 等人的研究表明，PLLA 薄膜的光学异构体的质量分数为 0～50% 时对其水蒸气透过率的影响不大，但是结晶度在 0～20% 的范围内时，水蒸气透过率随着薄膜结晶度的增加而降低。因此，选择合适的 PLA 树脂牌号与之加工工艺相匹配非常重要。一般来说，要求具有耐热性能的 PLA 制品可以选用 D-同分异构体不足 1%（质量分数）的 PLA 注射成型。此外，还可以添加成核剂在较短的成型周期内提高其结晶度。相对而言，D-同分异构体含量较高（质量分数为 4% ~8%）的 PLA 树脂更适合于热成型、挤出成型和吹塑成型制品（如注射成型中空成型用的瓶坯）生产，因为结晶度低时更易于加工。

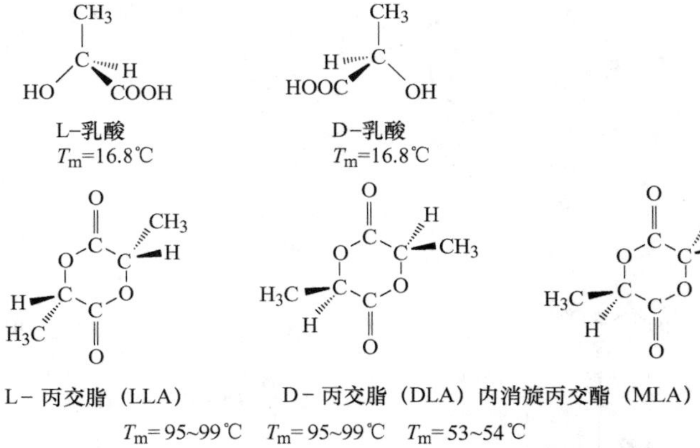

图 2-4　D-乳酸、L-乳酸、L-丙交酯、D-丙交酯的结构式

在高温下，PLA 就会发生热分解，形成交酯单体。人们认为，这一特性可以用于其回收。但是，丙交酯单体容易发生外消旋作用，形成内消旋丙交酯，这样就会影响其光学纯度，进而影响其最终性能。最近，Tsukegi 等人的研究表明，温度低于 200℃时，PLLA 转化为内消旋（meso）-丙交酯和齐聚物的量是最少的。但是，温度高于200℃后，产生的内消旋-丙交酯的量很大（分别在 200℃ 和 300℃ 加热 120min 后，形成的内消旋-丙交酯质量占比分别为 4.5% 和 38.7%）。据报道，温度高于 230℃ 时就会形成齐聚物。在 MgO 存在的条件下，齐聚物化作用发生得非常快，在单体和齐聚物之间达到平衡；在 300℃ 下，加热 120min 后，L，L：meso：D，D 丙交酯的比例为1：1.22：0.99（质量比）。Fan 等人的研究表明，在 250 ~300℃ 时，在 PLLA 中加入 CaO 可以控制外消旋作用，而且更为重要的是，可以形成 L，L-丙交酯。

2.3　PLA 的结构与性能

2.3.1　熔融性能

与大多数的热塑性塑料类似，半结晶的 PLA 也有 T_g 和 T_m。温度高于 T_g（约58℃），PLA 为橡胶态；而低于 T_g，就变成玻璃态，在冷却到 β 转变温度（约在−45℃）以前仍然能蠕变。低于 β 转变温度，PLA 就很脆。图 2-5 比较了 PLA 与其他几种聚合物的 T_g 和 T_m，可以发现，与其他热塑性塑料相比，PLA 的 T_g 较高，而

T_m 较低。

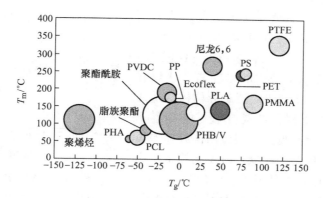

图 2-5　PLA 与其他几种热塑性塑料的 T_g 和 T_m

PLA 的 T_g 与其相对分子质量和光学纯度有关（图 2-6）。PLA 中的 L-立体异构体含量在 100%、80% 和 50% 时，在相对分子质量达到无限大时，其 T_g 分别为 60.2℃、56.4℃ 和 54.6℃。此外，L-丙交酯含量高的 PLA 的 T_g 高于相同含量 D-丙交酯时的 PLA。不同 PLA 的 T_g 与 T_m 见表 2-1。

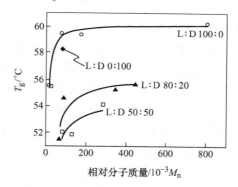

图 2-6　不同 L-丙交酯含量时的 PLA 的 T_g 与相对分子质量的关系

表 2-1　不同 PLA 的 T_g 与 T_m

共聚物比例	T_g/℃	T_m/℃
100/0（L/D,L）-PLA	63	178
95/5（L/D,L）-PLA	59	164
90/10（L/D,L）-PLA	56	150
85/15（L/D, L）-PLA	56	140
80/20（L/D,L）-PLA	56	125

PLA 的玻璃化转变行为还与其热历史有关。将 PLA 以较高的冷却速率冷却（大于 500℃/min，如注射成型）将得到非结晶性很高的制品。结晶度低的 PLA 在

环境条件下几天就会迅速老化，这是使 PLA 脆化的主要原因。

PLA 的 T_m 也与其光学纯度有关。纯 L-丙交酯聚合而成的 PLLA 的平衡熔点为 207℃，T_g 为 60℃，立构化学上纯的 PLA （D-或 L-）所得到的最大实际 T_m 为 180℃ 左右，热熔在 40～50 J/g。引入 D 型或内消旋异构体会造成 PLA 分子规整性下降，结晶变慢，结晶度下降，进而导致熔点降低。D 型或内消旋异构体含量越高，PLA 的熔点越低。PLA 结构中的内消旋-丙交酯的存在可使其 T_m 下降多达 50℃，具体下降程度取决于其中的 D-丙交酯的量。图 2-7 所示为 PLA 的 T_m （峰值）随其中内消旋-丙交酯含量的变化情况。

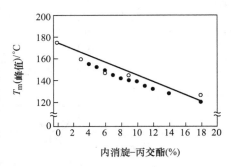

图 2-7　PLA 的 T_m （峰值）随其中内消旋-丙交酯含量的变化

典型 PLA 的 T_m 在 130～160℃。内消旋-丙交酯的 T_m 抑制作用有助于扩大加工窗口，减轻热分解和水解分解，减少丙交酯的形成。

2.3.2　结晶性能

PLA 为半结晶性聚合物，其热历史将会影响其物理性能，也可以调控其晶区与非晶区的比例。此外，各种物理老化过程也会影响到其玻璃化无定形相。由热处理诱导的 PLA 的结晶能力很大程度上取决于其相对分子质量，通过 DMTA 和 DSC 可以清晰地观察到其结晶过程。PLA 的平衡熔融温度和 T_g 分别为 215℃ 和 55℃。在温度低于 114℃ 时，其具有较高的晶核密度，很难测量到球晶半结晶的生长速率。利用 Avrami 动力学模型也可以合理地解释 PLA 的等温熔融结晶现象。在较高的温度下，利用自诱导产生晶核的方法可以解决晶体生长测量中存在的难题。通常，PLA 的结晶速率在初始阶段先增加，在达到最大值之后，结晶速率就会随着温度的增加而降低。此外，PLA 晶体的生长速率还随着相对分子质量的降低而增加。

在过冷条件下，PLA 可以形成规则的球晶结构。随着过冷程度的减弱，球晶逐渐变得不规则、粗糙。随着等温退火时间的增加，PLA 的 T_m 升高，熔融热也有所增加（表 2-2）。这一现象表明，PLA 中的短链和长链分别充分形成了无定形区和结晶区，进而导致了片晶的厚度增加，晶体结构趋于完整。在退火过程中，PLA 的熔融和晶片厚度的增加同时发生，表观熔融活化能为 828kJ/mol。Yasuniwa 等通过 DSC 研究了各种冷却速率下 PLA （$M_w = 3 \times 10^5$）由 210℃ 开始所发生的熔融和结晶行为。结果表明，随着冷却速率的增加，由 DSC 曲线得到的结晶温度峰值和结晶放热量线性降低。将 PLA 通过低冷却速率降温后再进行较高速率的升温，在 DSC 曲线的高温区和低温区分别可以观察到放热峰。随着升温速率的增加，低温峰值增加，而高温峰值逐渐降低；随着升温速率对数值的增加，高温区和低温区熔融峰值温度线性降低（图2-8）。随着冷却速率的增加，低温峰值降低，而高温峰值增加；高温和低温区熔融峰值温度随着冷却速率对数值的增加而线性降低。

表2-2 80℃和145℃时经等温处理的PLA样品的熔融数据

时间/h	T_m/℃	熔融峰值温度/℃	ΔH_f/（J/g）
0	148	185	63.1
0.5	124	—	—
1.0	118	186.5	70.3
1.5	121	—	—
2.0	123	—	—
2.5	125	—	—
5.0	—	190.5	81.3
8.0	—	192.5	89.97

PLA的熔融温度很大程度上受到等温处理条件的影响。在刚开始的60min内，PLA的熔点有所降低，表明在加热过程中伴随着分解的发生，起始阶段熔点的降低是多重因素的作用所致。在60min后，PLA的T_m随着加热时间的延长而升高，这可能是由于PLA分子链上酯键数目的降低使其刚性增加所致，也有可能是其结晶度的提高所致。当温度高于190℃，或者温度较低时，伴随着其热水解、解聚和环化齐聚物、分子间或分子内的酯交换反应等链断裂反应的发生，也将导致PLA相对分子质量的大幅度降低。

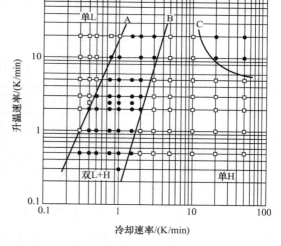

图2-8 含有双熔融峰值的CRHR图
注：●为双熔融峰值；□为单熔融峰值。

因此，为了避免PLA在加工和退火过程中发生热裂解，首先需要找到最佳的工艺条件。同时，PLA在加工（如熔融纺丝成型）过程中会由于热裂解而发生分解。PLA的热分解动力学符合Avrimi-Erofeev方程，并可以通过TG测定。

$$[-\ln(1-\alpha)]^{1/\eta} = kt \tag{2-1}$$

式中　α——质量损失分数；
　　　η——指数；
　　　k——比值常数；

t——时间。

通过该方程可以判断，PLA 的分解主要是由于固体中分解位点的增长和成核化作用所致。在空气中，PLA 主要发生热氧化分解，乳酸是分解产物。在等温条件下，PLA 的降解符合一级方程，其热氧化活化能为 105～126kJ/mol。PDLLA 和 PLLA 的热分解活化能分别为 119kJ/mol 和 79～103kJ/mol。PLA 典型的熔融与结晶性能和物理性能见表 2-3。

表 2-3　PLA 典型的熔融与结晶性能和物理性能

性　　能	PLA 的种类	数　　值
结晶度（%）	PDLA	半结晶
	PLLA	0～37
	PDLA	无定形
密度/（g/cm³）	P（L-co-DL）LA	1.248
	无定形	1.290
	单晶	146
熔融热/（kJ/mol）	完全结晶的 PLLA	146
	挤出成型的 PLLA 纤维	2.5
	热拉成型的 PLLA 纤维	6.4
比热容/[J/（g·K）]	$M_v = 5300$ 的 PLLA	0.60
	$M_v = (0.2～6.9) \times 10^5$ 的 PLLA	0.54
T_g/K	各种相对分子质量的 PLLA	326～337
	各种相对分子质量的 PDLLA	323～330
熔融温度/K	注射成型的 PDLA（$M_v = 21000$）	444.4 418～459
分解温度/K	$M_w = (0.5～3) \times 10^5$ 的 PLLA	508～528
	$M_w = (0.21～5.5) \times 10^5$ 的 PDLLA	528

端基在 PLA 分解过程中有重要的影响，它会促进 PLA 在热分解过程中形成低相对分子质量的环状单体或齐聚物。通过对 PLA 端羟基的乙酰化和脱除 PLA 中的其他成分可以提高其热稳定性，一些减活催化剂等的加入也可以成功提高 PLA 熔体的稳定性。此外，通过添加 PLA 彼此的异构体也可以提高其热稳定性。L/D-PLA 膜的 ΔE_{td} 值为 205～297kJ/mol，该值要比 L-PLA 或 D-PLA 膜高 82～110 kJ/mol。

聚合物的结晶特征和二次熔融行为可以分别认为是由于其较低的结晶速率和重结晶所致。在 $M_v = (0.2～6.9) \times 10^5$ 的 PDLLA 存在时，PLA 可以由熔体结晶并形成球晶。无论 PDLLA 的相对分子质量为多少，其都可以与 PLLA 互容。随着相对分子质量的增加，PLA 链缠结程度也增加，进而导致晶体的生长速率、PLLA 球晶的规整性和结晶度降低。为了抑制结晶过程中的收缩，对 PLLA 熔体进行部分空间的限制，其 T_g 随着结晶度的增加或结晶温度的升高而升高，而未受限制的 PLA 的

T_g 则随着结晶度的增加或结晶温度的升高而增加。这是逐渐增加的晶体区具有比无定形区更高的密度，进而使得无定形区的密度有所降低且使无定形区产生较大的净体积所致。

PLA 的物理与力学性能及阻透性能取决于其固态结构和结晶度。PLA 有无定形态和结晶态两种，取决于其立构化学结构和热历史。测量 PLA 结晶度最常用的方法是 DSC 技术。通过测量熔融热 ΔH_m 和结晶热 ΔH_c，根据式（2-2）计算出结晶度。

$$结晶度 = \frac{\Delta H_m - \Delta H_c}{93.1} \times 100\%　　　　(2-2)$$

式中，常数 93.1 是 100% 结晶的 PLLA 或 PDLA 均聚物的 ΔH_m（单位为 J/g）。

将光学纯的 PLA 从熔融态冷却（如注射成型过程），得到的 PLA 就是近乎全无定形的。如图 2-9 所示，在再加工过程中，以很高的冷却速率将 PLA 冷却，在 DSC 曲线上得到了放热结晶峰，而冷却速率很低时得到的 PLA 的结晶度就较高，结晶焓低得多。再加热时，PLA 结晶的能力还取决于加热速率和 PLA 的光学纯度。D-同分异构体大于 8% 的 PLA 聚合物在 145℃下等温处理 15h 后仍然为非晶态。而相比之下，D-同分异构体为 15% 时，尽管冷却试样的结晶度最低，但是在 145℃等温处理后在 450K 时仍然有一个大的吸热熔融峰。总的来说，PLA 中内消旋-丙交酯每增加 1wt%，其半结晶时间就增加 40% 左右，这主要取决于共聚物的熔点降低。

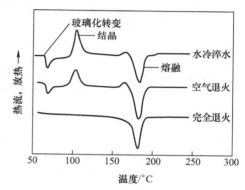

图 2-9　水冷、空气退火（在 5min 内从 220℃冷却到室温）、完全退火（在 105min 内从 220℃冷却到室温）的 PLLA 试样
注：加热速率为 10℃/min。

Kishore 和 Vasanthakumari 采用 DSC 和显微技术研究了等温和非等温条件下 PLLA 结晶成核参数。其研究表明，晶体半径的增长速率随着相对分子质量的增加而下降，这与其他许多聚合物中观察的一样。成核参数之间的关系为

$$K_g = \frac{4b\sigma\sigma_e T_m}{\Delta H_f k}　　　　(2-3)$$

式中　K_g——成核常数；

　　　b——晶体层厚；

　　　σ——横向层表面能；

　　　σ_e——折叠层表面能；

　　　ΔH_f——单位体积的熔融热；

　　k——玻耳兹曼常数。

　　PLLA 的等温和非等温动力学成核常数见表2-4。令 $T_m = 480K$，$\Delta H_f = 111.083 \times 10^6 \ J/m^3$；$b = 5.17 \times 10^{-8} \ cm$，$\sigma = 12.03 \times 10^{-3} \ J/m^2$，$\sigma_e = 6.089 \times 10^{-4} \ J/m^2$，代入式（2-3）可以得到 K_g。K_g 值可用于分析 PLA 中的两种结晶行为间的转换。在第一种结晶中，成核速率低，薄膜中主要是轴晶。在第二种结晶中，成核速率高，薄膜中产生多成核和球晶。对于 PLLA 来说，两种结晶过程都有，具体是哪一种，取决于试样的相对分子质量。Kalb 和 Pennings 求出了 PLLA 在对二甲苯中的无限溶解温度 T_d^0（将溶解温度 T_d 与结晶温度 T_c 曲线外推至 $T_d = T_c$ 处得到的）为126.5℃。这一温度与纤维成型工艺有关，因为由这一温度下的溶液制备的纤维具有超高强度特性。

表2-4　PLLA 的等温和非等温动力学成核常数

参　　　数	等　　　温	非　等　温
成核参数 $K_g/10^5$	2.44	2.69
横向表面能 $\sigma/10^3$ （J/m^2）	12.0	13.6
$\sigma \times \sigma_e/10^6$ （J^2/m^4）	753	830

　　结晶的产生对 PLA 制品最终性能要求可能是有益的，也可能是无益的。例如，结晶度高，对注射的瓶坯来说就不是最合适的，因为瓶坯还要进一步吹塑成型，聚合物的快速结晶会妨碍瓶坯的拉伸，影响所成型的瓶的透明度。相反，结晶度高，对注射成型制品是有利的，因为对于注射成型的制品来说，优异的热稳定性很重要。PLA 制品的结晶可以在高于 T_g 以上的温度诱发，在低于 T_m 以下提高其热稳定性。例如，Perego 等人的研究表明，PLLA 注塑制品在105℃时退火处理90min 的结晶提高了其拉伸强度和弯曲弹性、Izod 冲击强度以及热稳定性。将 PLA 共聚物退火后，DSC 曲线上出现两个熔融峰非常常见。他们的研究表明，低温 T_m 峰温随着加热速率的提高而升高，而高温 T_m 则下降。相反，冷却速率提高则降低了低温 T_m 峰温，而高温 T_m 峰温增加。用熔融—再结晶模型解释双熔融峰行为，小的且不完整晶体通过熔融和再结晶相继转变成更为稳定的晶体。

　　提高 PLA 结晶度的另一种方法是在挤出过程中在其中加入成核剂，这样会降低成核的表面能垒，使其在冷却时在高温下结晶。Kolstad 的研究表明，在 PLLA 中添加滑石粉能够有效地提高其结晶速率。在其中添加6%（质量分数）的滑石粉，其在110℃时的半结晶时间从3min 缩短到25s 左右。在3%（质量分数）内消旋-丙交酯与 L-丙交酯的共聚物中同样加入6%（质量分数）的滑石粉，半结晶时间从7min 左右缩短到1min 左右。Li 和 Huneault 比较了4.5%（质量分数）D-丙交酯的 PLA 加入滑石粉和蒙脱土（MMT，Cloisite^R Na$^+$）时的结晶动力学。结果表明，最短的结晶诱导期和最高的结晶速率都出现在100℃左右。加入1%（质量分数）的滑石粉时，PLA 的半结晶时间从数小时缩短到8min。相比而言，MMT 作为成核剂效果就差多了，最短的半结晶时间为 30min。

与上面讨论的静态结晶不同，在聚合物受机械拉伸取向时，会出现应变诱导结晶。这一现象在 PLA 拉伸薄膜、瓶的中空吹塑成型、容器的热成型和成纤时都很普遍。与预想的一样，D-和 L-同分异构体的比例对机械拉伸过程中应变诱导结晶度有很大影响。如图 2-10 所示，非结晶的 PLA 片材的结晶度随着拉伸比的增加而提高。但是，结晶度随着其立体异构体纯度的下降而下降。拉伸过程中产生的结晶度还取决于拉伸形式（是顺序拉伸还是同步拉伸）、应变速率、温度和退火条件等。

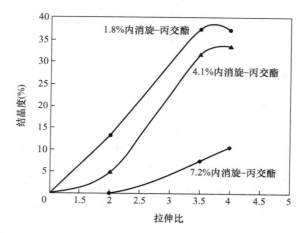

图 2-10　在 80℃、100%/s 应变速率下双向拉伸 PLA 的结晶度

2.3.3　流变性能

PLA 的流变性能与温度、相对分子质量和剪切速率的关系很大，对其在加工过程中的熔体流动影响明显。因此在模具设计、工艺优化和参数建模/模拟时必须考虑上述因素。在剪切速率为 $10 \sim 50 \ s^{-1}$ 时，高相对分子质量 PLA 的熔体黏度大约在 $500 \sim 1000 \ Pa \cdot s$，相当于从注射级的 $M_w \sim 100000 D_a$ 到挤出流延薄膜级的 $300000 D_a$。高相对分子质量 PLA 熔体近似为假塑性非牛顿流体。相反，低相对分子质量 PLA（约 $40000 D_a$）在挤出薄膜的剪切速率下为牛顿流体。在相同的加工条件下，半结晶的 PLA 的剪切黏度高于无定形的 PLA。此外，随着剪切速率的增大，熔体黏度大幅度下降，即 PLA 表现出剪切变稀行为。

聚合物熔体的黏弹性可以用零切黏度 η_0 和可回复剪切柔量 J_e^0 来表征。这两个参数都可以通过动态实验得到，即测定低频时的动态模量，二者的乘积（$\eta_0 \times J_e^0$）给出了液态时达到最终应力平衡时所需的平均松弛时间。η_0 受相对分子质量影响很大，二者间的关系一般用经验的幂律方程表示。Cooper-White 和 Mackay 的研究表明，PLLA 熔体的 η_0 与 M_w 间呈 4 次方的关系，而不是理论上的 3.4 次方。而

Dorgan 等人的研究结果为 4.6 次方关系。图 2-11 给出了 PLLA（L-丙交酯∶D-丙交酯 = 100∶0）在 180℃、PDLA（L-丙交酯∶D-丙交酯 = 85∶15）在 85℃和 100℃时 η_0 与 M_w 间的关系。η_0 随着 L-丙交酯含量的增加而增加，但随着内消旋-丙交酯含量的增加而下降。

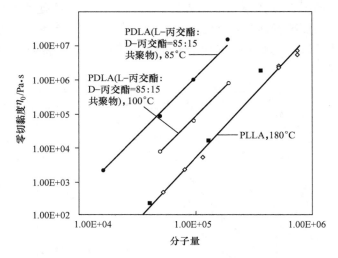

图 2-11　Witkze 给出的 PDLA（L-∶D- = 85∶15）的零切黏度与相对分子质量间的关系（温度分别为 85℃和 100℃）

在主链上引入支链可以改善 PLA 的流变性能。多功能聚合引发剂、羟基环酯引发剂、多环酯及通过自由基加成交联等方法都已用于在 PLA 上引入支链。Lehermeier 和 Dorgan 将质量分数为 5% D-同分异构体 PLA 与不同比例的支化 PLA 共混，后者是通过反应挤出使线形 PLA 通过氧化物引发交联的。他们发现，共混物的 η_0 严重偏离添加剂的对数规律，并将其归因于自由体积的作用。他们还发现，三（壬基苯酚）亚磷酸酯在支化 PLA 的热流变时间扫描实验中可以有效稳定 PLA 的黏度。该小组的另一项研究表明，三（壬基苯酚）亚磷酸酯的稳定作用，用时-温叠加方法解释，表明其通过阻止分解反应产生的混乱效果十分有利于热流变实验。

Palade 等人研究了高 L-丙交酯含量 PLA（$M_w = 100000 \sim 120000$）的拉伸黏度。结果表明，PLA 可以拉伸到大的 Hencky 形变而不破裂，而且在形变过程中还表现出应变硬化行为，这是其加工要求的一个重要特性，如成纤、流延薄膜和吹塑薄膜。Yamane 等人的研究表明，将 PDLA 加到 PLLA 中增强了共混物的应变硬化特性，即使是 PDLA 含量很低（质量分数小于 5%）时。他们还发现，低相对分子质量的 PDLA 对共混物剪切流变性能的影响远远大于高相对分子质量 PDLA，这为改进 PLA 成纤行为提供了一个有效措施。

图 2-12 给出了旋光单体以各种比例组成的 PLA 的相对分子质量与零切黏度的

关系。可以发现，PLA 的熔体黏度变化趋势并不随着组成的变化而变化。动态流变和静态流变测试结果表明，在 PLA 熔体中分子链实现相互缠结时的相对分子质量为 10×10^3，该值刚好对应于 θ 条件下 PLA 分子链的尺寸与无规行走链尺寸的特征比例 $C_\infty = 12$，表明 PLA 分子链具有一定的刚性。对于无定形 PLA，由于其具有较高的 C_∞ 值，因而其呈现脆性，并且在变形过程中常会形成银纹。PLA 分子链结构往往会影响到其流变性能，线形结构的 PLA 在很大范围的剪切速率和频率下，仍然符合 Cox-Merz 规律。但是对于接枝结构的 PLA，随着接枝成分含量的增加，零切黏度和弹性（由可回复剪切柔量测算得到）也随之增加。对于线形结构的 PLA，其可回复剪切柔量值并不随着温度的变化而变化；但对于支化的 PLA，其可回复剪切柔量值则要受到温度的影响。

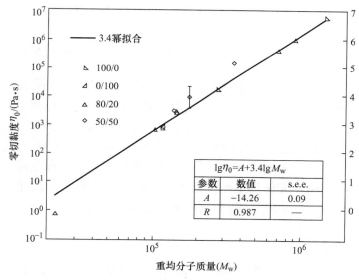

图 2-12　各种光学组成的 PLA 的零切黏度与重均相对分子质量的关系图及拟合得到的关系式（各种数字标记的符号分别对应于 L/D 的比例）

PLA 分子链的支化程度和相对分子质量都会对其熔体的流变性能产生重要的影响。例如，对于重均相对分子质量 $M_w = 1000000$ 的 PLA，温度每升高 10℃，其黏度就要降低约 2/3，熔体符合 Arrhenius 流体行为。

图 2-13 给出了 200℃下 PLLA 的相对分子质量对零切黏度和弹性系数的影响。相对分子质量与零切黏度之间的关系指数稍大于文献中报道的树脂 3.4；PLLA 熔体的弹性系数（8.0）对温度的依赖性要高于单分散性 PS 熔体。根据时—温叠加原理，在较宽的折算频率范围内（约为 $1 \times 10^{-3} \sim 1 \times 10^3 \mathrm{s}^{-1}$）研究了 PLA 的动态黏弹性与相对分子质量之间的关系。结果表明，PLA 熔体具有一临界缠结相对分子质量（M_c），其值约为 16000，25℃时的缠结密度为 0.16mmol/cm³。

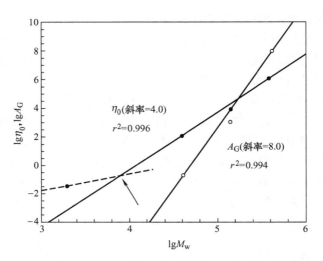

图 2-13　200℃时 PLLA 的相对分子质量与零切黏度和弹性关系的对数图

对于由 98∶2 的 L/D 异构体制得的 PLA，其缠结相对分子质量约为 9000，而支化缠结的相对分子质量约为 35000。通常，聚合物分子链的结构对其活化能的影响非常小。所以，可以认为流体活化能受到了小区域内聚合物分子链运动的影响，而非较大区域内的扩散运动。与传统非生物降解聚合物（如 PS）相比，只有高相对分子质量的 PLA 方可在特定的温度下呈现黏弹性行为。这种偏离可以解释为线团的过量扩张和其他三元链缠结结构所产生的位阻效应所致。低相对分子质量的 PLA（约 40000）在挤出薄膜的剪切速率下呈现牛顿行为。

2.3.4　力学性能

PLA 的力学性能很大程度上取决于 L/D 乳酸的比例、相对分子质量、结晶度、晶体取向和制备方法等，其中相对分子质量是决定聚合物性能的重要参数。聚合物性能与相对分子质量之间的关系可以用下述公式表示

$$P = P_0 - K/M_n \tag{2-4}$$

式中　P——聚合物的物理性能；

　　　P_0——相对分子质量无穷大时的 P 值；

　　　K——常数。

根据该式，可以发现流延 PLLA 薄膜在 $M_n = 40000$ 以上时，其弯曲模量非零，且随着 M_n 的减小而增大。PDLLA 和无定形 PLLA 的相对分子质量分别高于 35000 和 55000 时其弯曲模量趋于稳定。冲击强度和维卡软化点随着相对分子质量和结晶度的增加而增加。

L/D 乳酸比例的影响也很大。表 2-5 列出了 PLLA（含 98% L-LA、94% L-LA）、双向拉伸 PS 和 PET 的力学性能。薄膜中 L-LA 含量高的 PLLA 拉伸强度高。虽然含

98%L-LA 的 PLLA 的屈服伸长率高于含 94% L-LA 的 PLLA，但后者的断裂伸长率比前者大 7 倍，这说明含 94% L-LA 的 PLLA 的塑性更强。

表 2-5 不同 PLA 薄膜的力学性能

性　　能	PLLA				双向拉伸 PS	PET
	含 98% L-LA		含 94% L-LA			
	纵向	横向	纵向	横向		
拉伸强度/MPa	72	65	84	74	55 ~ 82	27.5
屈服伸长率（%）	5	4	3	4	—	6
断裂伸长率（%）	11	5	78	97	3 ~ 40	60 ~ 165
弹性模量/GPa	2.11	2.54	2.31	2.87	3.2	2.8 ~ 4.1

此外，高度有序结构对 PLLA 的物理性能有决定性影响，如结晶度、晶体厚度、熔点等。一种途径就是通过聚合过程使用特定的催化剂控制 PLA 中 L/D 的比例，进而提高其热稳定性和力学性能。低缠结度和低交联度的 PLA 可以在低于其熔融温度下进行本体聚合得到，其在纵向上的拉伸强度可以达到 805MPa。缠结需要达到的相对分子质量是决定 PLA 力学性能的一个重要参数。在熔融状态下，该特征链长度可以通过 PLA 分子链的本征黏度测得。要获得特定的强度，PLA 应该具有多倍于缠结的相对分子质量。高拉伸强度通常通过制备高相对分子质量的 PLA 得到。提高结晶度可以提高 PLLA 的弯曲强度和模量，但断裂伸长率会降低。表 2-6 列出了相同加工条件下不同 PLLA 的力学性能。退火的 PLLA 的拉伸强度由于链的规整性增强而提高，冲击强度因晶区的交联而增大。

表 2-6 不同 PLLA 的力学性能（样品在 190℃下注射成型）

性　　能	PLLA/ ($M_n = 66000$)	退火 PLLA/ ($M_n = 66000$)	PDLLA/ ($M_n = 114000$)
拉伸强度/MPa	59	66	44
断裂伸长率（%）	7.0	4.0	5.4
弹性模量/MPa	3750	4150	3900
屈服强度/MPa	70	70	53
弯曲强度/MPa	106	119	88
无缺口 Izod 冲击强度/（J/m）	195	350	150
缺口 Izod 冲击强度/（J/m）	26	66	18
洛氏硬度	88	88	76
热变形温度/℃	55	61	50
维卡软化点/℃	59	165	52

高退火温度下制备的 PLLA 薄膜的拉伸强度降低，是由于形成了大尺寸的球晶，尽管其结晶度高。这些结果表明，可以通过改变 PLLA 的高有序结构来控制其性能。

与其他聚合物类似，随着分子取向程度的提高，PLLA 纤维的屈服强度和模量提高，而断裂伸长率下降。这说明分子取向与相对分子质量一样，都是影响 PLLA 力学性能的重要因素。

在熔融加工过程中将取向的 PLA 分子链进行各种程度的拉伸也可以提高其力学性能。无定形的非晶取向、网状结构 PLA 的拉伸强度约为 460MPa。PLA 的强度也与产品的形状密切相关，将固态 PLA 通过矩形挤出机头挤出可以将其韧性强度和韧性模量分别提高到 202MPa 和 9.7GPa。自增强也可以用于提高 PLA 的力学性能。这些方法都可以使 PLA 沿分子链排列成高度取向的结构，同时也伴随着球晶向纤维晶的转变过程。表 2-7 列出了不同形态 PLA 典型的力学性能。

表 2-7　PLA 典型的力学性能

性　　能	条　　件	数　　值
拉伸强度/MPa	$M_w = (0.5 \sim 3) \times 10^5$ 的 PLLA 薄膜或片材	$28 \sim 50$
	PLLA 熔融纺丝纤维	870
	$M_w = (1.07 \sim 5.5) \times 10^5$ 的 PDLLA 薄膜或片材	$29 \sim 35$
弹性模量/GPa	$M_w = (0.5 \sim 3) \times 10^5$ 的 PLLA 薄膜或片材	$1.2 \sim 3.0$
	PLLA 熔融纺丝纤维	9.2
	$M_w = (1.07 \sim 5.5) \times 10^5$ 的 PDLLA 薄膜或片材	$1.9 \sim 2.4$
弯曲储能模量/GPa	$M_w = (0.5 \sim 3) \times 10^5$ 的 PLLA 薄膜或片材	$1.4 \sim 3.25$
	$M_w = (1.07 \sim 5.5) \times 10^5$ 的 PDLLA 薄膜或片材	$1.95 \sim 2.35$
屈服伸长率（%）	$M_w = (0.5 \sim 3) \times 10^5$ 的 PLLA 薄膜或片材	$1.8 \sim 3.7$
	$M_w = (1.07 \sim 5.5) \times 10^5$ 的 PDLLA 薄膜或片材	$2.5 \sim 4.0$
断裂伸长率（%）	$M_w = (0.5 \sim 3) \times 10^5$ 的 PLLA 薄膜或片材	$2.0 \sim 6.2$
	PLLA 的甲苯溶纺纤维	$12 \sim 26$
	$M_w = 1.8 \times 10^5$ 的 PLLA 溶纺纤维	25
	$M_w = (1.07 \sim 5.5) \times 10^5$ 的 PDLLA 薄膜或片材	$5.0 \sim 6.0$
剪切强度/MPa	PLLA 纺丝	54.5
剪切模量/GPa	PLLA 溶纺单丝	$1.21 \sim 1.43$
弯曲强度/MPa	PLLA 纺丝	132
弯曲模量/GPa	PLLA 纺丝	2.8

PLA 的力学性能通常要优于 PDLA，且 PLA 的性能可以通过结晶得到很大程度的改善。由熔体缓慢结晶的 PLA 具有很高的冲击强度，表明微晶区的存在对样品的韧性有非常大的正面影响。经热退火处理的样品具有较高的拉伸强度、韧性模量、悬臂梁冲击强度和耐热性。对于 PDLLA 和无定形 PLA，在相对分子质量 $M_w = 3.5 \times 10^5$ 处出现了韧性强度的平台区；而对于结晶性的 PLA，其平台区出现在更高的相对分子质量处 $M_w = 5.5 \times 10^4$。对于温度的影响，研究表明，在 56℃ 处只有结晶性的 PLA 仍具有较好的力学性能。

2.3.5　热稳定性

熔融态加工时 PLA 的一个缺点是其容易发生热分解，这与其加工温度及其在挤出机或热流道中的停留时间有关。一般来说，PLA 的热分解主要有下述几种：(a) 少量水引起的水解；(b) 拉链状解聚；(c) 氧化，无规主链断裂；(d) 分子间酯化成单体和酯类齐聚物；(e) 分子内酯化，形成单体和低相对分子质量丙交酯齐聚物。Kopinke 等人认为，温度高于 200℃时，PLA 会发生分子间、分子内的酯交换、顺式消除、自由基和一致性非自由基反应，最终形成 CO、CO_2、乙醛和甲基乙烯酮。相反，McNeill 和 Leiper 则认为 PLA 的热分解是非自由基、"咬链"酯间交换反应，包括—OH 链端。反应发生在主链上的位置不同，分解产物可能会是丙交酯分子、齐聚物环或者是乙醛与 CO。在温度高于 270℃时，PLA 主链发生靫裂。预计乙醛的形成随着加工温度的升高而增加，这是分解反应加快所致。McNeill 和 Leiper 研究了 230～440℃温度范围内的情况，结果表明，230℃时，形成的乙醛最多，440℃时明显减少。分析认为，这是由乙醛的热分解所致，包括高温时一种复杂的链反应形成的甲烷和 CO。他们还认为测得的另一种副产物——丁烷-2，3-二酮的产生可能是主链反应中的乙酰基自由基的自由基组合所致。尽管乙醛被认为是无毒的，在很多食品中天然存在，但是在熔融加工 PLA 过程中产生的乙醛量需要控制在最低程度，尤其是加工成食品包装材料如容器、瓶和薄膜等时。乙醛迁移到所包装的食品中会使食品无味，影响味觉以及消费者对产品的认可。

从生产的角度看，解聚产生的丙交酯是不希望有的。除了降低 PLA 的熔体黏度和弹性外，所形成的可挥发性丙交酯还会使加工设备如冷却辊、模具和挤出机等表面烟化和/或结垢。后者表现在设备表面逐渐堆积起一层丙交酯，即常说的沉积。为了解决这一问题，常常将设备升温，减少丙交酯凝聚。

Taubner 和 Shishoo 的研究表明，树脂的含水量及挤出过程中的温度和停留时间是挤出过程中 PLA 相对分子质量下降的重要原因。210℃时在双螺杆挤出机中加工初始数均相对分子质量 $M_n = 40000g/mol$、干燥过的 PLLA、在螺杆转速分别为 120r/min 和 20r/min 时，其相对分子质量分别下降为 33600g/mol 和 30200g/mol。相比之下，用湿树脂（相当于 20℃、65% RH 时，湿含量为 0.3% 质量分数）挤出的制品相对分子质量分别为 18400g/mol 和 12000g/mol。这一结果充分说明了 PLA 挤出过程中将停留时间最短化以及控制加工温度的重要性。从树脂配方的角度看，树脂中残存的聚合催化剂还会促进反向解聚和水解反应，这有可能部分揭示了文献中报道的熔融加工 PLA 时相对分子质量大幅度下降的原因所在。例如，Witzke、Gogolewski 等人和 Perego 等人的研究表明，PLA 注塑件的相对分子质量分别损失 5%～52%（质量分数）、50%～88%（质量分数）和 14%～40%（质量分数）。为了使其在熔融加工过程中稳定，有一点非常重要，即将树脂中残存的催化剂去活或者是清除，使其相对分子质量下降最小，因为相对分子质量会影响 PLA 产品的性能。

由于所用的工艺和技术不同，不同的供应商提供的 PLA 熔体稳定性会不同。用适当干燥的优质 PLA 树脂和最佳工艺生产的 PLA 注塑件的相对分子质量损失应 ≤10%（质量分数）。

2.3.6　气体透过率

PLA 结晶度越高，气体透过率越低，因为聚合物的结晶会减少可用于扩散的非晶体积，所以结晶度高的聚合物的扩散系数和溶解性比结晶度低的聚合物低。表 2-8 为 PLA、PS 和 PET 薄膜的气体透过率。

表 2-8　PLA、PS 和 PET 薄膜的气体透过率（25℃，0% RH）

气　　　体	PLLA（L-LA 98%）	单向拉伸 PS	单向拉伸 PET
$CO_2/[10^{-17}kg \cdot m/(m^2 \cdot Pa \cdot s)]$	2.77	15	0.13
$O_2/[10^{-18}kg \cdot m/(m^2 \cdot Pa \cdot s)]$	1.21	27	0.18
$H_2O/[10^{-14}kg \cdot m/(m^2 \cdot Pa \cdot s)]$	1.65	0.67	0.11

与 PET 和聚酰胺 6 相比，PLA 对 D-柠檬油精的阻隔性能更加优异。用 PLA 薄膜涂层的纸张对脂肪族分子如油和萜烃等有很高的抵抗性。

2.3.7　溶解性

25℃时，PLA 的溶解度参数 δ 为 $19 \sim 20.5MPa^{0.5}$，PET 和 PS 分别为 $16MPa^{0.5}$ 和 $19MPa^{0.5}$。

研究表明，PLA 可以溶于二噁烷、乙腈、氯仿、二氯甲烷、1，1，2-三氯乙烷和二氯乙酸。乙苯、甲苯、丙酮和四氢呋喃只能部分溶解冷的 PLA，但是当这些溶液被加热到沸腾温度后就能很好地溶解 PLA。结晶 PLA 不溶于丙酮、乙酸乙酯和四氢呋喃。1，1，1，3，3-六氟-2-丙醇可以作为立构复合结构体 PLA 的溶剂，但是当晶体厚度增加时会变得不溶。所有的 PLA 都不溶于水、乙醇和烷烃 [水的溶解度参数为 $48MPa^{0.5}$，环己烷为 16.8 $(J/cm^3)^{0.5}$，乙醇为 26.0 $(J/cm^3)^{0.5}$]。

2.4　PLA 的生物分解机理

PLA 其实不会轻易分解，与天然的生物分解性聚合物棉和绢一样，并不会在使用过程中分解。棉或绢的产品一般是在盛夏放在柜子深处的情况下，从有脏污的地方开始生物分解（发霉）的。也就是说，生物分解的开始，需要高温、高湿的环境和微生物营养源，PLA 也是一样。PLA 不分解，或者是分解缓慢，必定是由于高温、高湿、营养源这三个条件不齐备。

PLA 的分解受温度和湿度的影响很大。常温下（25℃），水解开始于半年以后，生物分解开始则需要将近 1 年。在初期的分解中，微生物几乎不起什么作用，这也是 PLA 的一个重要特征。但是，在堆肥的高温（60～70℃）、高湿（50%～60%）环境下，分解会快速进行。图 2-14 中显示了 PLA 在 60℃ 堆肥中的分解情况。首先开始的是水解。PLA 的平均相对分子质量是 100000，相对分子质量变成20000 时开始变脆，10000 时就变得粉碎。同时开始生物分解，分解成乳酸和乳酸低聚物，放出 CO_2。这一两阶段分解机理是 PLA 产品的特征。因此，对 PLA 产品来说，最好的处理方法是进行堆肥化。

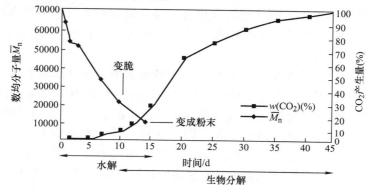

图 2-14　60℃ 堆肥化条件下 PLA 的降解时间

　　PLA 的生物降解速率要低于 PBS、PCL 等其他脂肪族聚酯，在相对温度和湿度均较高的情况下 PLA 发生降解。同时，随着环境的改变，还可能发生变形、水解和热解。PLA 在环境中的降解通常分为以下两个步骤：首先，PLA 分子链水解成低相对分子质量的齐聚物，该过程的速率很低，通过加入酸或碱可以加速这一过程，或者通过改变温度和相对湿度进行影响，这些过程将会影响到 PLA 的化学结构。之后，PLA 薄膜在酸性介质中的水解使其相对分子质量降低和分布变化，该过程以本体腐蚀机理沿着薄膜断裂面均匀进行，PLA 薄膜在酸性介质中和中性介质中具有类似的耐久性，但高于在碱性介质中的耐久性，表 2-9 给出了 PLA 在各种介质中的水解机理。在该过程中，当 PLA 的相对分子质量降低到 4000（M_n）时开始变脆，环境中的微生物继续将这些低相对分子质量的组分转化为 CO_2、水分（有氧环境）或甲烷（无氧环境）。

表 2-9　PLA 薄膜在不同条件下的水解机理

pH 值	温度/℃	酶	水 解 机 理	
			链 的 断 裂	材料的侵蚀
2.0	37	无		
7.4	—	—	无定形区的无规断裂	本体
12.0	—	—		
7.4	37	蛋白酶 K	主要在含有自由端基和无定形区的缠结位置发生断裂	表面
7.4	97	无	无定形区的无规断裂	本体

除了环境因素外，PLA 的结构也会影响到其降解过程，主要是其结构因素，即结晶序列。无定形相较易发生水解，而晶体相往往会抑制降解的发生。随着结晶度的增加，其水解速率降低。具有高结晶度的高取向度 PLA 的降解速率较低，并能够维持其形状和力学性能达 1 年以上。无论在何种介质中，球晶的大小对 PLA 薄膜的水解过程都没有实质性影响。随着物理老化的进行，酶降解速率也有所降低。含有较多 L-交酯单体的 PLA 要比含有较少 L-交酯单体的 PLA 降解速率低，这是由于高的 L-交酯单体可以形成螺旋结构并将主链上的酯键链节包裹在亲油性甲基内部。形成这样的构象之后，外部的水分子对 PLA 分子链的侵入就得到了抑制，进而阻止主链的水解进程。

低相对分子质量的乳酸衍生物和 PDLLA 齐聚物的存在可以明显加速 PLA 在生物介质中的降解过程，这在很大程度上取决于体系中齐聚物的含量。由柠檬酸酯塑化的 PLA 的水解或酶解都受到增塑剂的溶解性、T_g 和晶体的结合方式的控制。

生物降解过程还取决于降解介质。将 PLA 样品条埋在土壤里（美国中西部），经过 1 年的时间，只有少部分降解。将玉米淀粉加入 PLA 样品条中可以加速其降解过程，但淀粉在微生物或细菌中具有更高的降解速率。通常，提高共混物中淀粉的含量可以提高细菌的生长速率，同时生长速率也取决于淀粉与微生物的接触概率。高淀粉含量、较高程度的淀粉胶化和降解速率、高渗水性是促进细菌快速生长的主要因素。在液体、惰性固体和堆肥介质中，PLA 与淀粉共挤出材料中碳元素的矿化比例分别为 65%、59% 和 63%，接近或稍高于标准的最低降解要求值 60%。将 PDLLA 与 PLA 的共混物在磷酸缓冲溶液中进行水解，结果表明降解首先发生在无定形区，而不是在结晶区。根据降解程度的增加，介质的影响顺序为：液体介质 > 堆肥介质 > 惰性固体介质。

2.5 加工技术

目前，PLA 的加工方法主要是熔融加工，加工过程如下：将 PLA 加热至熔点以上，然后成型至所需的形状，最后对其进行冷却，稳定其尺寸。因此，掌握其熔融性能、结晶性能和熔体流变性能是优化其成型工艺和制成品质量的关键。熔融加工的 PLA 制品有注射成型的一次性刀叉、热成型的容器和杯子、注拉吹的瓶、挤出流延和拉伸薄膜以及无纺布、纺织品和地毯用的熔融纺丝等。PLA 在一些非传统的应用领域中也得到了一些应用，如笔记本电脑的外壳等。PLA 还与一些填充材料混配制备复合材料，如纳米黏土、生物纤维、玻璃纤维和纤维素等。

2.5.1 干燥

PLA 在熔融加工之前，必须进行充分干燥，防止其过分水解（相对分子质量下降），以免降低其性能。一般来说，干燥至湿含量小于 0.01%（质量分数）。PLA 树脂的主要供应商之一 NatureWorks 公司建议，在成型加工之前，要将其湿含量控制在 ≤0.025%（质量分数）。停留时间长或者是接近 240℃ 的高温工艺必须将树脂干燥至湿含量小于 0.005%（质量分数），以最大程度地保持相对分子质量不下降。PLA 的干燥温度在 80~100℃。所需干燥时间取决于干燥温度（见表 2-10）。

表 2-10 在 -40℃ 的露点和 0.016m³/（min·kg）的气流速率下 PLA 粒料的半干燥时间

干燥温度/℃	半干燥时间/h
无定形粒料	
40	4.0
结晶粒料	
40	4.3
50	3.9
60	3.3
70	2.1
80	1.3
100	0.6

商用级 PLA 树脂一般都是结晶的，可以在更高一些温度下干燥，以缩短干燥所需时间。相比之下，无定形的粒料必须在低于 T_g（约 60℃）的温度下干燥，防止其黏连，在干燥器内架桥，使其阻塞。值得一提的是，由于 PLA 在高温、高湿下降解，因此应使其远离湿热的环境。Henton 等人的研究表明，将无定形 PLA 置于 60℃、80% RH 环境中，M_w 在不到一个月的时间内就会大幅度下降（图 2-15）。PLA 颗粒干燥时间与含水量之间的关系如图 2-16 所示。

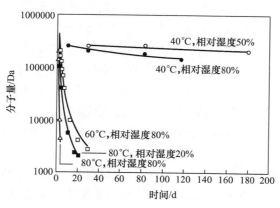

图 2-15 不同环境条件下 PLA 相对分子质量与放置时间的关系

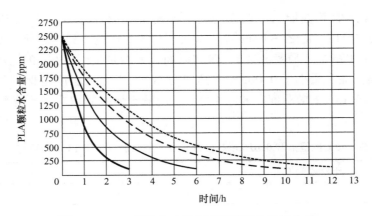

图 2-16　PLA 颗粒含水量与干燥时间之间的关系

—100℃，结晶性 PLA；—80℃，结晶性 PLA；……60℃，结晶性 PLA；…50℃，非结晶性 PLA

2.5.2　挤出成型

挤出是连续熔融加工 PLA 最重要的方法。塑化挤出机是注射成型、中空成型、吹塑薄膜和熔融纺丝等成型设备的组成部分。挤出用螺杆的长度与直径之比——长径比决定了熔体的剪切和停留时间。长径比大的螺杆产生的剪切热大，混合效果更好，物料在挤出机内的停留时间更长。商用级 PLA 树脂一般可以在长径比为 24～30 的通用型传统挤出机上加工。加工 PET 的挤出机螺杆一般为低剪切型的，混合比较柔和，树脂分解最轻，产生的乙醛最少，也适合于加工 PLA 树脂。另外一个重要的螺杆参数是压缩比，即加料段螺棱高度与计量段螺棱高度之比。螺杆的压缩比越大，产生的剪切效果越强。一般建议 PLA 加工用的螺杆的压缩比在 2～3。

2.5.3　注射成型

尽管已有将注射缸和挤出机集于一身的二阶成型装置用于 PLA 瓶坯的注射成型，但是大多数 PLA 注射成型机都采用往复式二阶螺杆挤出机。二阶成型装置是将在线挤出机与注射缸装在一起。挤出机将物料塑化，将熔体喂入到较低压力下的注射缸，然后在高压下由注射缸中的柱塞将熔体从注射缸中注入热流道中。往复式注射机在注射和保压过程中必须使螺杆停止转动，而二阶成型装置的螺杆在整个成型周期中大部分时间都可以转动工作。与往复式注射机相比，二阶成型装置具有一些优点，如成型周期短、螺杆驱动电动机功率小、熔体质量更稳定，而且注射量也更稳定。

PLA 在注射成型时，丙交酯容易在模具表面凝聚，影响注塑件的表面质量和重量，将 PLA 注射成型过程中所能使用的最低模具温度限制在 25～30℃。使用表面光滑的模具，同时在充模过程中高速充模，能减少丙交酯的分解。

一般来说，PLA 注塑件较脆，这主要是其在温度高于 25℃、低于 T_g 时迅速物理老化所致。研究 DSC 曲线上 T_g 区间可以分析出 PLA 的老化情况。Cai 等人用 DSC 分析 PLA（96% L-丙交酯）注塑件，测量其吸热焓松弛 ΔH_{ref} 的变化。结果表明，ΔH_{ref} 随着时间的增加而增加（图 2-17）。他们还发现，随着老化温度向 T_g 方向偏移，物理老化也加快了。但是，当老化温度高于 T_g（60℃）时，过量的焓松弛减少了。这表明，在老化温度高于 T_g 时，物理老化不再发生了。Celli 和 Scandol 用 DSC 和动态力学分析仪观察到了 PLLA 的类似老化趋势。他们发现，老化程度随着相对分子质量的下降而加大（即 ΔH_{ref} 随着相对分子质量的降低而增加），这是由于链端的运动自由度高于中间链段。Witzke 解释了老化的物理含义，在注塑件迅速冷却至很低的温度后立即对其进行了测试，结果表明，其断裂伸长率要大得多。但是，注塑件在室温老化 3～8h 后，注塑件变得很脆。这一现象归因于迅速向平衡的无定形态过渡时，聚合物自由体积的减少。在温度低于 T_g 时的老化仅与聚合物的无定形态有关，因此，提高聚合物的结晶度（如调整 D-异构体的量或者是使用成核剂）会减轻老化。此外，所形成的晶体还起到了物理交联的作用，限制聚合物分子链运动。但是，如果无定形注塑件还要进行进一步的加工（如拉吹成型用的瓶坯），进一步加工前的储存条件可能需要控制。另外，工艺参数如模温、保压压力、冷却速率和后模具冷却处理也有可能会影响 PLA 的老化。

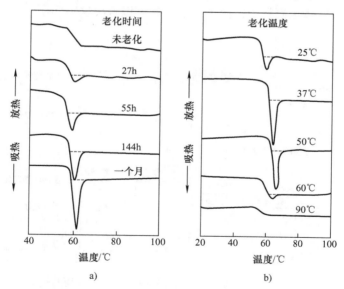

图 2-17 温度和时间对质量分数为 4% D-丙交酯 PDLA 注塑试样老化的影响

a）室温下老化不同时间后的 PLA b）不同温度下冷却的 PLA 试样

PLA 可以用普通的塑料注射模具加工成各种餐具，如杯、碟、茶碟、饭盒、碗、刀、叉、筷子等；各种容器，如瓶、桶、盆等制品。

2.5.4 拉吹成型

由于近来消费者不断提高的环境意识，食品工业有一种持续的热情，即用 PLA 代替现有的非生物降解的热塑性塑料包装某些饮料。到目前为止，PLA 瓶主要用于对 O_2 不敏感的饮料的包装（如无气水饮料、巴氏灭菌奶等）。尽管有多种技术可以提高 PLA 瓶的阻透性能，如多层结构、外涂覆、内壁等离子沉积、添加脱氧剂等，但是 PLA 瓶的应用目前还受到生产成本高的限制。

与 PET 瓶的成型一样，PLA 瓶的拉吹成型也有两步法工艺和一步法工艺。两步法工艺是指瓶坯制得后将其输送到吹塑成型机上，在此对其进行轴向拉伸和双向吹塑，实现其双向拉伸。一步法工艺则是将瓶坯的注射和吹塑单元整合到一台机器上，在这一过程中，将注射的瓶坯冷却到 100 ~ 120℃，然后在吹塑成型工位拉伸吹塑。图 2-18 总结了这两种工艺中 PLA 从粒料到瓶所经历的热历史。如图 2-18 所示，一步法工艺没有经过老化阶段，而老化会使 PLA 发脆。因此，一步法和两步法用的 PLA 瓶坯需要分别设计和加工。瓶颈螺纹无定形度很高，很脆，因此，瓶颈螺纹的设计必须保证侧壁很厚，防止瓶颈由于吹嘴带来的压缩载荷而吹爆或者产生裂纹。PLA 吹塑模具的温度一般设在 35℃。由于瓶底会变厚，残余热量会使瓶底在从吹塑模具中取出后变平。在瓶底加上径向筋增强瓶底，或者是将瓶底模塑嵌件冷却，将其温度降至模具半模温度以下，就可以解决这一问题。

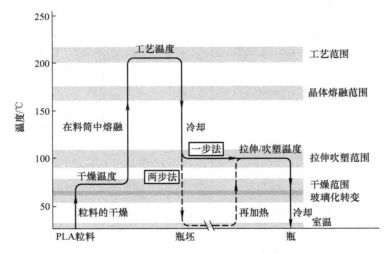

图 2-18　一步法和两步法加工过程中 PLA 瓶所经历的热历史

与 PET 类似，PLA 在拉伸至大的应变时也会表现出应变硬化。对于瓶坯吹塑实现最佳的瓶侧壁取向以及将壁厚变化最小化来说，这种自平衡现象非常有利。由于应变硬化只有在 PLA 拉伸超过其适宜的拉伸比时才发生，因此，瓶坯的设计必须与目标瓶的尺寸和形状相匹配，这样，在吹塑成型过程中才能达到最佳的拉伸比。拉伸不足的瓶坯会使瓶产生过大的壁厚变化、较低的力学性能和较差的外观。相反，过拉伸的瓶会产生应力发白，因为瓶表面上所形成的微裂纹折射光。典型的商用级 PLA 瓶用树脂要求瓶坯的轴向拉伸比在 2.8 ~ 3.2，周向拉伸比在 2 ~ 3，理想的平面拉伸比为 8 ~ 11。值得注意的是，随着 PLA 的立体异构纯度的下降，拉伸后最终结晶度会增加。因此，最佳的拉伸比取决于所用 PLA 的牌号。

2.5.5　流延薄膜技术

人们已经采用常规挤出机成功挤出 L-乳酸含量为 92% ~ 98%（质量分数）的 PLA。PLA 薄膜和片材的生产实际上是相同的，二者之间的主要差异是挤出产物厚度不同而造成的硬度和柔软性的不同。一般来说，薄膜厚度 ≤0.076mm，片材厚度 ≥0.25mm。挤出流延薄膜时，熔融 PLA 通过片材机头挤出，在抛光的镀铬辊上淬冷，用循环水冷却辊。PLA 的热敏性很高，所以机头上不应该用调幅杆，因为调幅杆后的分解树脂可能会使膜边不稳定。机头间隙一般大于片材厚度的 10% 或 25 ~ 50μm。Ljungberg 等人用 HaakeRheomex 254 挤出机挤出了纯 PLA，挤出机螺杆直径为 19.3mm，压缩比为 2 : 1，长径比为 25。在其研究中，加料段、机筒和机头的温度分别设置为 160℃、180℃ 和 175℃。片材和薄膜可以在三辊机上成型。PLA 的熔体强度低，所以最好选用卧式辊。为了避免乳酸单体在辊上沉积以及膜在辊上滑动，辊温一般要高些（25 ~ 50℃）。用排气装置可以防止乳酸单体在机头上沉积。无论如何，辊都应避免过高温度，因为温度太高，片材会黏到辊上，降低其质量。为了减少薄膜与片材的瑕疵及与空气接触的机会，有树脂供应商建议，机头应尽可能靠近辊隙入口，并且要稍高于辊隙，这样辊能够接住熔融 PLA 片材的下垂部分。Ljungberg 等人制备 PLA 流延薄膜时采用了 200mm 宽的鱼尾式机头，机头间隙 300 ~ 400μm，流延气隙 15mm。一般来说，在机头单位长度（m）上能产生 140 ~ 160MPa 压力的液压辊架要防止辊的摇摆，因为辊摇摆会使 PLA 表面不均匀、膜边不稳定，还会产生缩幅。膜与辊之间接触良好也很重要，因为这样才能使乳酸积垢最少。流延 PLA 薄膜一般要将膜边定位（静电或低压空气）以避免产生条纹，减少缩幅，提高膜边的稳定性。PLA 的裁边和膜处理与 PS 类似。PLA 裁边应用旋转切刀，因为剃须刀式切刀有可能使膜边粗糙、膜破裂。收卷应用好的拉幅控制器，保证厚度一致。

与 PP、PET 和 PS 薄膜一样，PLA 薄膜的物理性能可以通过拉伸来提高。用常规纵向拉伸辊就能实现 PLA 的单向拉伸。PLA 在拉伸过程中容易缩幅，因此要用夹辊。纵向拉伸有可能提高 PLA 薄膜、片材的耐热性和冲击性能，达到单向拉伸 PS、单向拉伸聚丙烯（OPP）或 PET 的水平。在 60 ~ 80℃ 时可以将 PLA 薄膜拉伸到其初始长度的 2 倍或 10 倍，但拉伸温度比 OPP 和 PET 要低得多。PLA 薄膜纵向和横向拉伸的典型温度见表 2-11。一般来说，对于 98%（质量分数）L-乳酸的 PLA，纵向拉伸比为 2 ~ 3，横向拉伸比为 2 ~ 4。对于 D-乳酸含量较高的 PLA，纵、横向拉伸比都可能提高。

表 2-11　PLA 薄膜/片材纵横向拉伸时温度设置

工　艺	温度/℃
纵向	
预热	45 ~ 65
慢拉	55 ~ 70
快拉	45 ~ 55
退火	65 ~ 70
横向	
预热	65 ~ 70
拉伸	70 ~ 85
退火	125 ~ 140

PLA 薄膜的拉伸取决于拉伸速率、温度和拉伸比。高应变速率、低温和高拉伸比有助于拉伸过程中应变诱导结晶。Lee 等人考虑了结晶和松弛效应，总结出要得到拉伸程度高的 PLLA（M_w 为 190000g/mol）薄膜，最佳拉伸温度约为 80℃。相反，对于内消旋含量为 10% ~ 20%（质量分数）、M_n 为 100000 ~ 150000g/mol 的 PLA 而言，Gruber 等人采用的温度低一些（对预热辊和冷却辊而言，纵向拉伸温度分别为 65 ~ 72℃ 和 20℃；横向拉伸温度分别为 63 ~ 70℃ 及循环空气冷却）。Ou 与 Cakmak 等人将流延 PLA 以不同的拉伸比进行双向拉伸，制备出双向拉伸 PLA 薄膜，然后室温退火，诱导结晶，提高薄膜尺寸稳定性。薄膜的广角 X 射线散射表明，结晶次序和拉伸取决于拉伸形式。他们发现 PLA 薄膜的同步双向拉伸产生结晶次序较差，而顺序拉伸产生的结晶次序较好。因此，PLA 薄膜的性能应该是随着拉伸过程中采用的拉伸顺序而变化的。

PLA 具有优异的光学性能和很高的模量，但其断裂伸长率、撕裂强度和断裂强度都较低。为了克服这些缺点，常常将 PLA 与其他聚合物共挤，形成多层结构，提高其性能。例如，为了减少静电的产生，Rosenbaum 等人发明了双向拉伸的多层薄膜成型工艺，其中一层为 PLA，另外两层为含有 PLA 和甘油脂肪酸酯的内外层，所制得的薄膜表面抗静电。挤出机温度为 170 ~ 200℃，牵引辊温度设为 60℃。双向拉伸顺序发生，先是纵向拉伸，温度 68℃，辊以不同速度转动。之后用扩幅架进行横向拉伸，温度 88℃，纵、横向的拉伸比分别为 2.0 和 5.5。为了使薄膜尺寸稳定，热定型温度设为 75℃。Noda 等人发明了一种共挤多层复合薄膜工艺，薄膜的构成为聚羟基烷酸酯（PHA）共聚物（3-羟基丁酸酯与 3-羟基己酸的共聚物）和 PLA，目的是提高 PLA 的柔软度，同时降低其黏性。通过防止薄膜自身或与设备间的黏结，提高了生产速度和产品质量。

PLA 薄膜的表面能一般比未处理的聚烯烃薄膜高。Gruber 等人的研究表明，纯 PLA 薄膜的表面能为 44dyn/cm。98%（质量分数）乳酸 PLA 和 94%（质量分数）乳酸 PLA 薄膜的表面能分别为 42dyn/cm 和 34 ~ 38dyn/cm。表面能高，不用进行表面处理就具有令人满意的印刷效果。如果后续工艺需要较高的表面能，就要用电晕放电技术对薄膜表面进行处理。

　　PLA 薄膜的透光性和光泽性可以与芳香族聚酯 PET 相比拟，优于 PE；其硬度高，拉伸强度和模量也都很高，与 PET 相当；耐弯曲，气体阻隔性高，抗脂肪溶解和耐油性好；PLA 亲水性强，与 PE 相比，其具有非常好的印刷性，可广泛用作工业上和农业上各种产品的包装材料和包装袋。双向拉伸 PLA 薄膜的物理与力学性能见表 2-12。

表 2-12　双向拉伸 PLA 薄膜的物理与力学性能

参　　数	数　　值
密度/（g/cm^3)	1.25
拉伸强度/MPa	145
弯曲模量/GPa	3.8
断裂伸长率（%）	100
T_g/℃	58
T_m/℃	160

2.5.6　挤出吹塑薄膜

　　挤出吹塑成型 PLA 薄膜时一般机头温度设置为 190～200℃，吹胀比设置为（2：1）～（4：1）。改变吹胀比、螺杆转速、吹胀气体压力和收卷机速度可以生产出不同厚度（大约 10～150μm）和拉伸程度的薄膜。

　　PLA 的密度在 1.24g/cm^3 左右，比聚烯烃要高得多。尽管 PLA 可以在设计用于聚烯烃的挤出机上加工，但是如果挤出聚烯烃时挤出机已经是在螺杆传动装置的最大功率下运行，那么挤出 PLA 时功率就不够，因为 PLA 的密度高。

　　与聚烯烃相比，PLA 的熔体强度低，因此要挤出吹塑成型稳定的膜泡比较难。一般要添加助剂来挤出吹塑成型 PLA 薄膜，如用增黏剂来提高其熔体强度。助剂能够防止 PLA 分解和/或偶联其分子链，减少相对分子质量和熔体黏度的损失。PLA 所用的商业化偶联剂是由苯乙烯、甲基丙烯酸甲酯和环氧丙基丙烯酸甲酯共聚物组成的。Sodergard 等人发明了一种方法，既能稳定 PLA，同时还能提高其熔体强度，即在加工过程中添加有机过氧化合物（如叔丁基过氧苯甲酸盐、过氧化二苯甲酰和叔丁基过氧醋酸盐等），其中过氧化物的添加量为 PLA 用量的 0.01%～3%（质量分数）左右。

2.5.7　发泡成型技术

　　PLA 泡沫塑料具有生物相容性，而且表面积大，主要应用是组织工程和医用植入制品。PLA 发泡一般是将发泡剂溶于 PLA 基材中，在结构中产生热力学不稳定性（如升温或降压），从而使发泡剂的溶解度迅速下降，诱发泡孔成核。为了稳定泡孔，在温度降低至 PLA 的 T_g 以下时，泡孔要玻璃化转变。

1. 传统发泡工艺

为了降低 PLA 密度，提高泡沫的力学性能，开发了出各种发泡技术。Di 等人用 1,4-丁二醇（BD）和 1,4-丁烷二异氰酸酯（BDI）作扩链剂增加 PLA 的相对分子质量，目的是提高其黏弹性，使其更适合于发泡。工艺过程如下：将不同用量的 BD 和 BDI 作为扩链剂加到 Haake 熔体混合器中（温度 170℃，转速 60r/min，氮气氛围），同时将锡（Ⅱ）2-乙基己酸盐作为催化剂加入其中［用量为 PLA 的 0.05%（质量分数)］制备改性 PLA 试样。与纯 PLA 泡沫相比，扩链剂改性的 PLA 生产出来的泡沫塑料泡孔减小了，泡孔密度提高了，泡沫的本体密度降低了。Mikos 等人采用溶剂流延技术制备出了用与不用氟化钠、酒石酸钠和柠檬酸钠的 PLLA 薄膜，之后将 PLLA 薄膜和 PLLA/盐复合薄膜在 195℃下（高于熔融温度 15℃）加热 90min，使其发泡，随后再在液氮中冷却 15min，得到的薄膜泡孔含量高达 93%，表面积/体积比也很理想（视盐的用量而定）。Ajioka 等人发明了一种专利技术的 PLA 泡沫制备方法，适合作一次性食品包装用的盘、杯子、保温材料和缓冲材料等。其工艺如下：将不同比例的 PLLA 和 PDLA 与 0.5%（质量分数）滑石粉于 200℃下在挤出机内混合；在一定压力下将发泡剂二氯二氟甲烷或丁烷注入挤出机中，然后再将混合物冷却至 140℃，通过缝形机头挤出，得到泡沫片材。他们还采用另外一种方法，将偶氮二甲酰胺粉末与 PLA 树脂用挤出机混合并加热，使偶氮二甲酰胺在挤出机内分解，释放出氮气，从而诱发泡孔形成。此外，还有另外一种专利描述了 PLA 泡沫的注射成型，即在挤出过程中将 15%~25%（质量分数）的溶剂加入 PLA 中，适用的溶剂有甲酸甲酯、甲酸乙酯、乙酸甲酯、乙酸丙酯、二噁烷和甲基乙酸甲酮等。

2. 超临界 CO_2 发泡工艺

近来，超临界 CO_2 作为许多工艺使用的一种环境友好型溶剂已引起人们广泛的关注，其优势在于价格低、不易燃，而且极易从产品中挥发掉。在压力和温度都高于临界点时，液体就变成为超临界液体。在这种状态下，物质既有气体一样的黏度，又有液体一样的密度，使其成为不同制品的良溶剂。对于 CO_2 来说，临界态时，其在许多聚合物中的溶解度和扩散性都显著提高，有利于聚合物的塑化，因此在低温下就能完成成型。此外，CO_2 的超临界条件（31.1℃和 7.38MPa）在工业和实验室装置的安全范围内极易实现。超临界 CO_2 工艺就是利用了超临界 CO_2 对聚合物产生的较大的 T_g 下降效应，使聚合物在较低的温度下保持液态。压力突降诱发 CO_2 成核与增长。但是，压力下降会使聚合物的 T_g 升高，直至高于发泡温度，泡孔就在温度达到发泡温度时原位不动，形成泡孔网络。

Fujiwara 等人研究了 D-LA 和 L-LA 共混物（1.0%~28.5% D-LA）对 PLA 发泡的影响，他们采用的发泡剂是超临界 CO_2。实验过程如下：将试样在反应器中加热到 50℃，然后立即注入 CO_2，非晶试样和结晶试样时，容器内的压力分别降至

6.9MPa 和 41.4MPa，然后温度再逐渐升高，压力保持恒定。在加热过程中采用线性可变差示传感器监测其发泡。他们发现，对于 D-LA 含量为 1%（质量分数）和 4.2%（质量分数）的 PLA 来说，泡孔的平均直径分别为 5.4μm 和 3.3μm，这就表明泡孔形态取决于结晶度。相反，在相同条件下，含有 10wt% 和 28.5wt% D-LA 的非晶 PLA 试样没有发现有泡孔。他们还发现，随着结晶度的下降，PLA 呈线性膨胀，用超临界 CO_2 处理的多孔 PLA 试样的结晶度比其本身的高。用超临界 CO_2 作发泡剂得到的 PLA 泡沫的泡孔数量不仅取决于压力和温度，还取决于 CO_2 从 PLA 中的释放速率（图 2-19）。Mooney 等人的研究表明，PLA 泡沫也可以在超临界条件以下成型，即在 20～23℃ 下将 PLA 置于 5.5MPa 的压力下 72h，然后在 10～15s 内迅速将压力降至一个大气压力。这种方法得到的 PLA 泡沫的泡孔直径为 10～100μm，但由于所溶解的气体迅速从表面上扩散，试样表面就是固体表皮。Matuana 等人采用两阶 CO_2 发泡工艺，研究了微孔结构对发泡 PLA 力学性能的影响。该工艺是将 PLA 试样在室温下于 5.5MPa 的压力腔内用 CO_2 饱和 48h，然后再将 CO_2 饱和的试样从压力腔中取出，在甘油腔内加热至 T_g 以上。Matuana 发现，与未发泡的 PLA 相比，发泡试样的冲击性能和断裂伸长率都提高了 2 倍，韧性提高了 4 倍。冲击强度的提高得益于所产生的小泡孔阻止了裂纹尖端的扩展，增加了裂纹扩展所需的能量，从而抑制了裂纹扩展。上述低温超临界 CO_2 工艺有望在力学性能十分重要的结构泡沫领域得到应用，因为在通常的热力学工艺中所遇到的热解和水解问题在结构发泡工艺中可以避免。

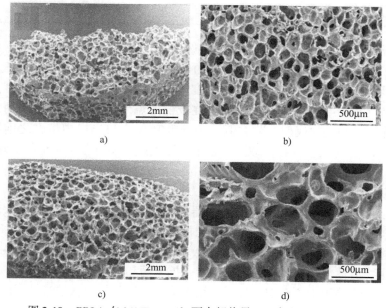

a)   b)   c)   d)

图 2-19   PDLA 在 24MPa、35℃ 下在超临界 CO_2 中发泡后的 SEM

a)、b) —排气 12min   c)、d) —排气 60min

2.5.8　纤维成纤技术

　　PLA 的高水蒸气透过率常常妨碍其在阻透性能要求较高的制品上的应用。不过，衣物所用的织造纤维可以利用这一性能来提高其"呼吸能力"。尽管 PLA 纤维不像棉花一样容易湿润，但其水蒸气透过率要比聚酯、聚酰胺纤维高得多。

　　纺丝用 PLA 通常要求其相对分子质量相对较高，数均相对分子质量一般在100000 左右，熔体流动速率低，这样纺出来的纤维强度和模量高。纺丝用 PLA 的具体物理性能和力学性能见表 2-13。

表 2-13　纺丝用 PLA 树脂的物理与力学性能

参　　数	数　　值
物理性能	
密度/（g/cm³）	1.25
熔体流动速率/（g/10min）（190℃，2.16kg）	4 ~ 8
透光性	透明
力学性能	
拉伸强度/MPa	53
断裂伸长率（%）	6.0
冲击强度/（J/m）	0.33
弯曲强度/MPa	60
弯曲模量/GPa	3.5

　　PLA 纤维可以采用干纺或熔融纺丝工艺生产。工业上一般都采用熔融纺丝技术生产 PLA 纤维。熔融纺丝用长径比 2 ~ 10 的拉丝机挤出成纤，温度一般为 185 ~ 240℃，与聚烯烃的相当。此外，熔融温度还取决于所用 PLA 的光学纯度。光学纯度低的 PLA（即 D-同分异构体含量高）在较低的温度下加工，低温有助于减轻热解和水解作用。与注射成型工艺类似，纤维级 PLA 在挤出机内熔融之前需要将水分干燥到 0.05%（质量分数）以下，以最大限度减轻相对分子质量的下降。

2.5.9　超细纤维的静电纺丝

　　PLA 已经被成功地静电纺丝，用于器官组织、生物医药制品等。大量研究表明，心脏、神经系统、骨头和血管组织的再生支架都可以采用静电纺丝后拉伸和/或旋转目标收集器得到的静电纺丝的 PLA 纤维。PLA 已经静电纺丝成各种超细纤维，用作生物活性剂的载体，包括抗菌素、抗癌药和抗菌银色纳米粒子。此外，静电纺丝技术还成功用于含有纳米材料如纳米蒙脱土和二氧化钛纳米粒子的复合 PLA 纤维。

　　一般来说，浓度低的 PLA 溶液有利于纺成小直径的纤维。但是这种纤维在形态上不一致，而且长度方向上有珠粒（图2-20a和b）。在纤维成型溶液中添加有机或无机盐，如甲酸盐、氯化钠等来增强溶液的导电性就可以解决这一问题。此外，所用的溶剂也会影响纤维的表面形态。Bognitzki等人纺出了以二氯甲烷作溶剂的5% PLLA溶液，发现PLLA纤维表面有规则的孔，这主要是溶剂的快速相分离所致。

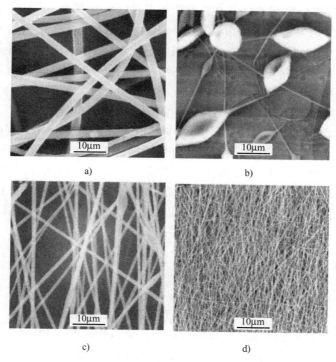

图2-20 静电纺丝的PLA纤维的SEM

所用溶剂为含与不含甲酸吡啶盐的二氯甲烷，甲酸吡啶盐能提高溶液的导电性。

不含添加剂：a) 5%（质量分数）PLA b) 1%（质量分数）PLA

含0.8%（质量分数）的甲酸吡啶盐：c) 5%（质量分数）PLA d) 0.1%（质量分数）PLA

近来，静电纺丝PLA又推出了一种采用CO_2—激光在熔体相中纺丝的创新技术。该技术是利用激光光束将PLA局部熔融，使其温度升高致热分解（以前曾在采用热熔方法的其他聚合物熔融—静电纺丝工艺上出现过）降低到最低程度。而且，激光技术也避免了溶剂的使用，使工艺更具环保性，得到的纤维直径小于$1\mu m$。

过去10年来，尽管以各种聚合物为原料的静电纺丝纤维技术有了很大发展，但静电纺丝超细纤维还没有商业化生产，主要原因是产量低，需要使用专用的溶剂，纤维直径变化大。就现有静电纺丝技术看，这一技术有可能用于含有PLA纳米纤维的药物和生物医药制品上。

2.6　PLA 的全生物降解共混物

PLA 是可再生资源基聚合物，是一种可完全生物降解的脂肪族聚酯，力学强度高，但是其性脆，耐热性差，熔体强度低，加工窗口窄，这在一定程度上限制了其应用，需要对其进行增韧改性。改性方法有多种，包括共聚、共混、复配、添加助剂等，其中根据 PLA 的性能要求，将其与其他聚合物共混，是最为常用的方法之一。依据共混组分的降解性，PLA 的共混物分为可生物降解材料和不可生物降解材料。为了保持 PLA 共混物仍然具有可完全降解性，将 PLA 与韧性好的生物降解聚合物共混，既可克服其韧性差等缺陷，又可保持其可生物降解性和环境友好性，这种工艺受到关注。除了与天然高分子材料如淀粉、壳聚糖等共混外，近年来，以不破坏 PLA 的生物降解性为前提，将 PLA 与其他生物降解聚合物共混改性的研究已经开展了很多，其中以脂肪族聚酯聚羟基烷酸酯（PHA）、聚己内酯（PCL）、聚丁二酸丁二醇酯（PBS）、聚己二酸对苯二甲酸丁二醇酯（PBAT）、聚碳酸亚丙酯（PPC）等为主。PBAT、PPC、PCL 等的加入，不同程度地改善了 PLA 的加工性能，如流变性能和熔体弹性，提高了其韧性、力学性能等，为拓展其更广泛应用奠定了基础。

2.6.1　PLA 族共混物

乳酸单体有两种对映体，L-LA 和 D-LA，可以得到从完全无定形到半结晶的 PLA。性能不同，具体性能取决于对映体在分子链上的比例和分布。根据立体构型的不同，PLA 可以分为聚左旋乳酸（PLLA）、聚右旋乳酸（PDLA）和聚消旋乳酸（PDLLA）3 种，性能各异。其中，常用的是 PLLA 和 PDLLA。PLLA 是半结晶性的，T_g 为 50 ~ 60℃，T_m 为 170 ~ 180℃，而 PDLLA 是无定形的透明材料，T_g 为 50 ~ 60℃。将 3 种性能不同的 PLLA、PDLA 和 PDLLA 共混，发挥各自的性能优异，可以得到不同性能的 PLA 共混物。

1. PLLA/PDLLA 共混物

PLLA 除了降解时间长外，其硬且脆，阻碍了其在医疗上的应用，如矫形和牙科整形等。一般来说，需要添加增塑剂、表面活性剂或者是相容剂对其进行改性。PDLLA 是非结晶性的，降解快，因此可以缩短 PLLA/PDLLA 共混物的降解时间。

PDLLA 的相对分子质量以及共混比例对 PLLA/PDLLA 共混物中 PLLA 的结晶行为有显著的影响。研究表明，当体系中 PDLLA 的 M_w 在 6500 ~ 300000 间变化时，PLLA 仍可以形成球晶，但是当两者以等摩尔共混时，形成的球晶大于纯 PLLA 的球晶；随着 PDLLA 相对分子质量的增加，PLLA 的球晶变得不规则。与高相对分子质量 PDLLA（$M_w = 300000$）等摩尔共混后在 140℃退火 60min，PLLA 的熔融温度降低，结晶度下降，结晶诱导周期变长，球晶生长速率下降，这可能是 PDLLA 与

PLLA 两相容组分间有较强的分子缠结作用所致。

研究还发现，将制备好的 PLLA 薄膜置于控温热台上，快速升温至 80 ℃（此时 PLLA 处于高弹态），恒温 2 min，然后以不同的冷却速率冷却至室温（此时 PLLA 处于玻璃态，冷却速率分别设定为 5℃/min、2℃/min、0.5℃/min 和 0.1℃/min，图 2-21）。结果表明，热处理后 PLLA 结晶的加快是通过增强成核过程来实现的；冷却越慢，成核效应越显著，PLLA 的结晶则越快。与 PLLA 相比，PLLA/PDLLA 共混物的成核效应却表现出对冷却速率不敏感，与非结晶性 PDLLA 阻碍了热处理过程中局部有序结构的形成有关。

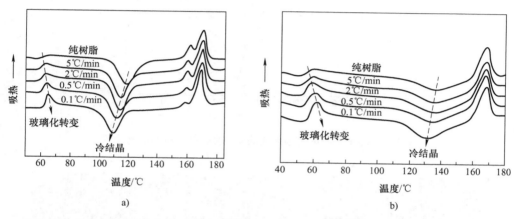

图 2-21　未处理和以不同冷却速率处理的 PLLA 及 PLLA/PDLLA 共混物的 DSC 升温曲线
a）PLLA　b）PLLA/PDLLA 共混物

2. PLLA/PDLA 共混物

（1）结晶形态　研究表明，PLA 可以与其他立构聚合物如 D/L-LA 互容，且共混物性能随着共混比例的变化具有不同的性能。PLA 立构复合结构体被用作其自身的成核剂，改进其结晶动力学。与纯 PLLA 相比，添加立构复合结构体的 PLA 热力学性能得到大幅度提高。

PLLA/PDLA（1∶1）共混物的结晶形态与纯 PLLA 和 PDLA 的 10P3 螺旋的斜方晶系不同，共混物形成了具有 3/1 螺旋的三斜晶系立构复合结构"共晶"，其 T_m 高达 230℃，在 PLLA 与 PDLA 以等摩尔共混时有最大的含量。当温度在纯 PLLA、PDLA 的 T_m 和"共晶"的 T_m 之间时，只有"共晶"可以存在于 PLLA 和 PDLA 的熔体中。在将 PLLA/PDLA〔1% ~ 5%（质量分数）〕共混物冷却至 PLLA 的 T_m 以下时，这种"共晶"可起到 PLLA 结晶成核剂的作用，大幅度提高 PLLA 的结晶度。

对熔融共混法制备的 PDLA 含量达 50%（质量分数）的 PLLA/PDLA 共混物所形成的 PLLA/PDLA 异构体（立构复合结构体）的动力学研究表明，半立构复合结构体形成时间 $t_{1/2}$ 在 5 ~ 7min；POM 表明体系中形成了 PLLA 立构复合结构构成的球晶和网络结构的双结晶结构，这种复杂的结构与双立构复合结构体熔融峰、PL-LA熔体中少量立构复合结构的存在导致的黏度大幅度增加有关。立构复合结构体对PLLA均匀结晶有成核作用，在立构复合结构球晶表面生长了PLA均匀球晶的横晶层（图2-22、图2-23）。

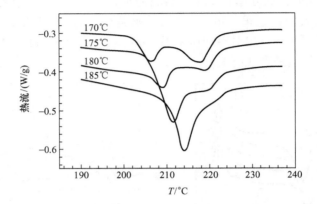

图2-22　不同温度时等温形成的立构复合结构体的熔融性能

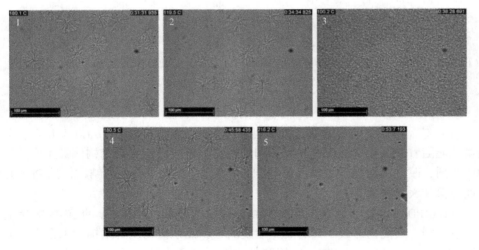

图2-23　PLLA/PDLA共混物的POM

　　将PLLA与PDLA共混，能提高其耐热性能，这是由于PLLA与PDLA分子链之间强烈的相互作用，对映体PLAs（PLLA/PDLA）形成了立构复合结构，立构复合结构的PLLA/PDLA共混物的熔融温度（220~230℃）高于纯PLLA和PDLA50℃（170~180℃）左右，而且在接近熔融温度时仍能保持非零强度。由于PLLA本身的结晶速度低，所以在PLLA中添加5%（质量分数）的PDLA，可以大大地提高PLLA的结晶度，从而使得PLLA的耐热性能大大增加。

（2）流变性能 将 NatureWorks 的半结晶 PLLA 4032D 和芬兰 Hycail 公司的半结晶 PDLA（性能见表 2-14）在 HAAKE MiniLab 微型锥形双螺杆挤出机上熔融共混制备 PLLA/PDLA 共混物，其中 PLLA/PDLA 共混物中 PDLA 含量分别为 1%（质量分数）、3%（质量分数）和 5%（质量分数）。为了对比，纯 PLLA 也在同样的条件下挤出。图 2-24 为 180℃时立构复合结构体 PLLA/PDLA 形成时熔体黏度随着时间的变化。有一点需要说明，根据实验步骤，试样是在 30s 内加热到测试温度的，以保持其非结晶态。从图中可以看出，在 PDLA 的含量从 0 增加到 5%（质量分数）时，共混物的初始黏度呈下降趋势。这与预期的结果一致，因为 PDLA 的相对分子质量较低。不过，随着时间的延长，熔体黏度逐渐增加，直到出现平台。不含 PDLA 时，平台黏度出现在 3kPa·s；而 PDLA 含量增加到 5wt% 时，平台黏度出现在 6kPa·s，增加了 1 倍，这主要是 PDLA 含量为 5%（质量分数）时共混物的初始黏度过低，只有 1kPa·s。上述现象的解释有二。一是立构复合结构体可能起到了固体颗粒的作用分散于熔体中，从而使熔体黏度增加。在这种情况下，固体颗粒可能是立构复合结构体层片或者更为复杂的球晶结构，其中含有非结晶体。第二个原因可能是 PLLA 与 PDLA 的分子链通过立构复合形成物理缠绕，可以看作是大分子结构。此外，物理缠绕的分子链结构可以从线形结构转变为支链结构，因为没有参与立构复合结构体形成的悬垂分子链段可以在对面链上起到支链的作用。还有一个可能的机理是多个链之间形成立构复合结构体时通过物理交联形成了三维结构网络。

表 2-14 所用 PLLA 和 PDLA 的性能

聚 合 物	$M_w/$（kg/mol）	PDI	D-LA 含量/%（质量分数）
PLLA	109	1.57	2
PDLA	61	2.1	99.5

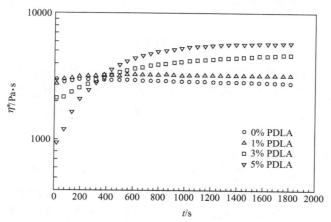

图 2-24 180℃时，立构复合结构体 PLLA/PDLA 形成时熔体黏度随着时间的变化

从图 2-25 看出，低频时纯 PLLA 出现了牛顿平台，这是聚合物熔体的典型特征；而含有 5% （质量分数） PDLA 的共混物却没有这一现象，而是复数黏度出现了很大的偏离，这可能与立构复合结构体形成所致的分子链间的相互作用有关。

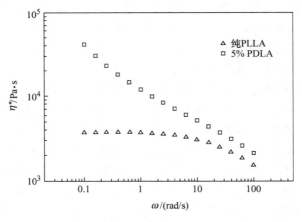

图 2-25　有、无立构复合结构体时 PLA 的黏度特征

2.6.2　PLA/PBAT 共混物

己二酸-对苯二甲酸-丁二醇酯共聚物（PBAT）是全生物降解的芳香族聚酯，分子式如图 2-26 所示，是热塑性聚合物，性能类似于 LDPE，但力学性能高，而且在天然酶存在的条件下数周内就能够生物降解。由于其具有优异的韧性（断裂伸长率 >700%） 和生物降解性，因此，将 PBAT 与 PLA 熔融共混，既是改善 PLA 脆性的有效途径，同时也不会破坏最终产物的可生物降解性。

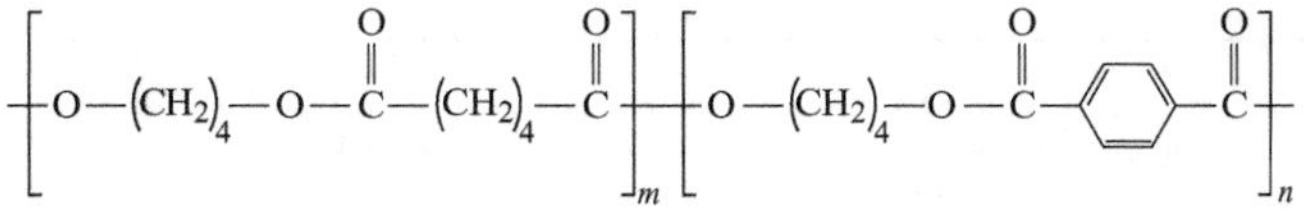

$$\begin{bmatrix} O-(CH_2)_4-O-\overset{\displaystyle O}{\overset{\|}{C}}-(CH_2)_4-\overset{\displaystyle O}{\overset{\|}{C}} \end{bmatrix}_m \begin{bmatrix} O-(CH_2)_4-O-\overset{\displaystyle O}{\overset{\|}{C}}-\bigcirc-\overset{\displaystyle O}{\overset{\|}{C}} \end{bmatrix}_n$$

图 2-26　PBAT 的分子式

将两种或两种以上聚合物共混，共混物的性能很大程度上取决于聚合物间的相容性。因此，将 PBAT 与 PLA 共混，二者的相容性是决定 PLA/PBAT 共混物性能的关键因素之一。此外，PBAT 的加入也会影响 PLA 的结晶性能、力学性能和流变性能等。

1. PLA/PBAT 共混物的相容性

（1）相容性判断　两种聚合物是否相容的化学指标之一是二者的溶解度参数是否相近（几种聚合物的溶解度分数值见表 2-15）。PLA 和 PBAT 的溶解度参数分别为 10.1（cal/cm³）^{1/2} 和 23.0（cal/cm³）^{1/2}，二者在溶解度参数上的差异表明 PLA 与 PBAT 之间的相容性差，因而 PLA/PBAT 共混物会产生相分离，进而导致拉伸性能下降。但在不同比例的 PLA/PBAT 共混物中出现了不同的相容性结果。大多数研究表明，在 PBAT 的添加量较低时，PLA 与 PBAT 的共混物是相容结构；但是在 PBAT 含量高时，共混物为两相结构。如将马来酸酐（MAH）和 2，5-二甲基-2，5 二-（叔丁基过氧化）正己烷（L101）添加到 PLA/PBAT 共混物（表2-16）中在同向旋转双螺杆挤出机上制得的 PLA/PBAT = 90/10 共混物只有一个 T_g（表2-17），即使是未添加 MAH 和 L101 的也是如此（图2-27），说明在 PBAT 添加量为 10wt% 时，PLA 与 PBAT 是相容的。共混物的 SEM 也证实了这一点（图2-28）。

表 2-15　PLLA、P（DLLA-GA）[聚（DL-交酯-co-甘醇酸)]、PVA、PCL、R-PHB 的溶解度参数值

聚　合　物	$\delta/$（$J^{0.5}/cm^{1.5}$）	测 试 方 法
PLLA	22. 7	由 Fedors 参数计算得到
	19. 0 ~ 20. 5	溶胀实验测试得到
P（DLLA-GA）	24. 4	由 Fedors 参数计算得到
	25. 1	由 Hoy 参数计算得到
PVA	21. 6	模拟计算得到
	25. 8 ~ 29. 1	实验测试得到
PCL	20. 8	—
R-PHB	20. 6	—

表 2-16　实验配方（质量比）

组　　成	PLA	PBAT	AC[①]	纳米 SiO2*	MAH	L101
纯 PLA	100	0	2	0. 5	0	0
PLA/PBAT	90	10	2	0. 5	0	0
PLA/PBAT/M	90	10	2	0. 5	2	0
PLA/PBAT/ML1	90	10	2	0. 5	1	0. 5
PLA/PBAT/ML2	90	10	2	0. 5	2	0. 5
PLA/PBAT/ML3	90	10	2	0. 5	3	0. 5
PLA/PBAT/ML4	90	10	2	0. 5	4	0. 5

① 仅在发泡时添加。

表 2-17　不同 PLA/PBAT 共混物的熔融性能

体　　系	$T_g/℃$	半峰宽$\triangle T_g/℃$	$T_m/℃$	$\triangle H_m/$（J/g）
PLA/PBAT	52. 34	16. 14	148. 38	20. 11
PLA/PBAT/M	54. 77	16. 50	148. 09	20. 64
PLA/PBAT/ML1	51. 84	18. 76	148. 73	20. 98
PLA/PBAT/ML2	50. 21	20. 10	146. 78	22. 23
PLA/PBAT/ML3	48. 48	22. 32	150. 77	25. 58

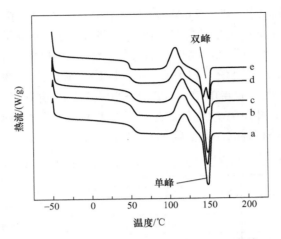

图 2-27 不同 PLA/PBAT 共混物的 DSC 曲线

a—PLA/PBAT   b—PLA/PBAT/M   c—PLA/PBAT/ML1   d—PLA/PBAT/ML2   e—PLA/PBAT/ML3

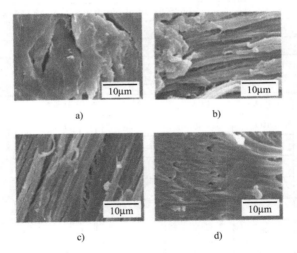

图 2-28 PLA 及 PLA/PBAT 共混物的 SEM

a) 纯 PLA   b) PLA/PBAT   c) PLA/PBAT/M   d) PLAPBAT/ML2

从图 2-29 中看出，PLA 的 T_g 为 60℃，熔融温度为 169.8℃；而几乎看不出 PBAT 的 T_g，在 108℃ 处有一个几近消失的熔融峰。将 PBAT 混入 PLA 后，PLA/PBAT 共混物试样的结晶度 X_c 和熔融温度 T_m 均随着 PBAT 用量的增加而逐渐降低。而且，PLA 的 T_g 在共混物中 PBAT 的含量从 0 增加到 2.5%（质量分数）时由 62.3℃ 下降到 58.6℃；但是，PLA 的 T_g 在共混物中 PBAT 的含量从 2.5%（质量分数）增加到 5%（质量分数）和 20%（质量分数）时反而从 58.6℃ 增加到 60.8℃ 和 61.2℃，ΔT_g 增加，说明相容性变差。另外，值得注意的是在 PLA 和 PLA/PBAT

共混物的 DSC 曲线上在放热起始温度 T_{onset} 为 114.5℃ 和 105～109℃ 附近有明显的放热峰（图 2-29a～g）。实际上，PLA/PBAT 共混物在 PBAT 的含量从 2.5%（质量分数）增加到 20%（质量分数）时放热 T_{onset} 从 109.1℃ 下降到 105.0℃。共混物的放热峰最有可能就是在二次加热过程中 PLA 分子的再结晶。但是在其冷却过程中在 PLA 的放热 T_{onset} 附近（约为 114.5℃）PBAT 大部分是熔融态，这不仅不会促进 PLA 的成核，相分离的 PBAT 分子反而会阻碍 PLA 的成核结晶和再结晶。此外，由于结晶、再结晶温度低，T_m 低的不太完善的 PLA 晶体还会长大，因此，PLA/PBAT 共混物的 X_c、T_m 和 T_{onset} 均随着 PBAT 含量的增加而大幅度降低（表 2-18）。

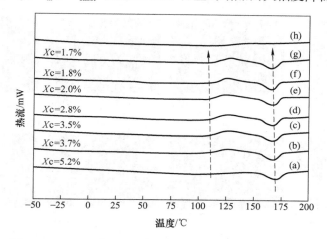

图 2-29　PLA、PBAT 及不同 PLA/PBAT 共混物的 DSC 曲线
（a）PLA/PBAT = 100/0　（b）PLA/PBAT = 97.5/2.5　（c）PLA/PBAT = 95/5
（d）PLA/PBAT = 92.5/7.5　（e）PLA/PBAT = 90/10　（f）PLA/PBAT = 85/15
（g）PLA/PBAT = 80/20　（h）PLA/PBAT = 0/100 扫描速率 40℃/min

表 2-18　DSC 和 DMA 得出的 PLA、PBAT 及二者共混物的 T_g、T_m 和 T_{onset}

PLA/PBAT	DSC		DMA	
	T_g/℃	T_{onset}/℃	T_m/℃	T_g/℃
100/1	62.3	114.5	169.8	73.8
97.5/2.5	58.6	109.1	168.5	69.5
95/5	60.8	109.0	168.2	71.9
92.5/7.5	60.9	107.0	167.8	72.3
90/10	61.0	106.3	167.1	72.6
85/15	61.2	105.7	166.3	72.7
80/20	61.2	105.0	165.5	72.7
0/100	-15.9	—	108.0	-26.1

从图 2-30 中的拉伸试样脆断面看出，PLA 试样的脆断面表现为脆性特征，表

面光滑（图2-30a）；而相比之下，PBAT试样的表面要粗糙得多，有明显的塑性变形表面（图2-30h）。将PBAT与PLA共混后，在PBAT含量≥5%（质量分数）后，在共混物的脆断面上分散着很多断裂、分离的PBAT液滴（图2-30c~g）。实际上，随着PBAT含量的增加，分离的PBAT液滴数量大幅度增加。但是，在PLA/PBAT=97.5/2.5的共混物中，试样的脆断面比较光滑，没有可见的PBAT分离相。这种有趣的现象表明，在PBAT含量≥5%（质量分数）时，PBAT与PLA不相容，在共混物中为分离相。但是，在PBAT含量≤2.5%（质量分数）时，PBAT与PLA相容，在共混物中没有明显的分离相。

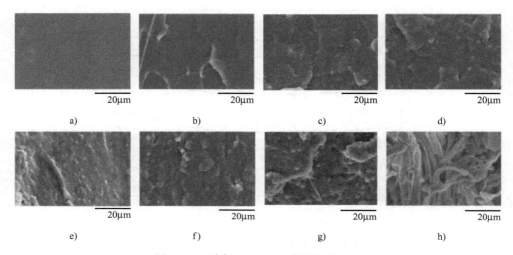

图2-30　不同PLA/PBAT共混物的SEM

a) PLA/PBAT = 100/0　b) PLA/PBAT = 97.5/2.5　c) PLA/PBAT = 95/5　d) PLA/PBAT = 92.5/7.5
e) PLA/PBAT = 90/10　f) PLA/PBAT = 85/15　g) PLA/PBAT = 80/20　h) PLA/PBAT = 0/100

也有研究表明，所有PLA/PBAT共混物试样都是两相结构，尤其是在PLA含量为95%（质量分数）、90%（质量分数）和80%（质量分数）（图2-31a、b和c）以及20%（质量分数）、30%（质量分数）（图2-31f、g）时基体中分散相呈滴状颗粒。在PLA含量为70%（质量分数）和50%（质量分数）时，共混物试样清楚地显示出不连续的PLA相被拉伸，但是分散相的结构有很大的不同（图2-31d、e）；在PLA/PBAT=70/30时，试样中是薄且短的PBAT纤维（拉伸的纤维结构），PLA为连续相，且大多数纤维彼此分离；而在PLA/PBAT=50/50共混物中两相连结在一起，彼此相连。此外，值得注意的是，一些颗粒浸在一相中，而这一相又被另一相所包覆，这清楚表明，在这一比例时，共混物为共连续相结构。一般认为二元聚合物共混物的共连续相是在相转变附近的共混比内形成的，因此，PLA/PBAT（70/30）共混比可以认为是PLA/PBAT共混物相转变的起始比例。这一结构与流变性能结果一致。此外，共连续相结构总是一种过渡的相态结构，在这种状态时分散相结构转变为另一种分散态。对于不相容的二元聚合物共混物，共连续比例总是很窄的。因此，持续不断地增加 PBAT 含量，使共连续相结构遭到破坏，代之以 PBAT 相成为连续相。在图 2-31f 中可以清楚地看到，在 PBAT 含量为 70%（质量分数）时，小的滴状颗粒和一些短纤分散在 PBAT 基体中。应该指出的是，尽管 PLA/PBAT = 70/30 与 PLA/PBAT = 30/70 二者比例相同，即都是 70/30，但是在 PLA/PBAT（30/70）中 PLA 为分散相，大都是滴状颗粒，而不是被拉伸的结构。这可能是两种共混物中黏度比不同所致。如果 PLA 为基体，PBAT 与 PLA 的黏度比为 1.7 ~ 2.1；而 PBAT 为基体时，PLA 与 PBAT 的黏度比为 0.5 ~ 0.6。一般认为在黏度比为 0.5 ~ 1 时，有利于形成小的滴状颗粒，在图 2-31g 中，在 PBAT 用量达到 80wt% 时，形成了大量分散的小液滴。还可以看到，这一共混物中的液滴比 PLA/PBAT = 80/20 共混物中的更小，更规则。这种结构使 η^*、G' 和 G'' 大幅度增加。

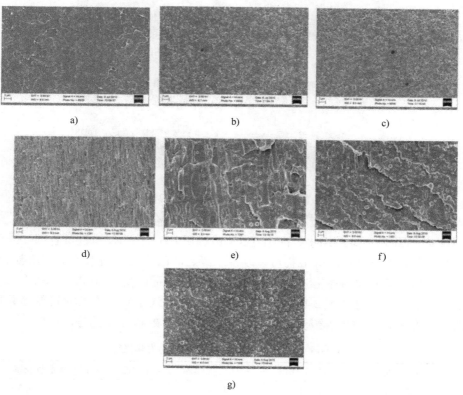

图 2-31 PLA、PBAT 及其共混物的 SEM

a) 95/5 b) 90/10 c) 80/20 d) 70/30 e) 50/50 f) 30/70 g) 20/80

（2）提高相容性的途径 为了最大限度地发挥 PBAT 对 PLA 的增韧改性效果，必须提高二者的相容性。提高 PBAT 与 PLA 相容性的方法有多种，如在 PLA/PBAT 共混物中加入第三组分聚合物 PCL、使用反应性增容剂甲基丙烯酸缩水甘油酯

（GMA）、钛酸四丁酯（TBT）、多环氧基增容剂（REC）、使用增塑剂乙酰柠檬酸三正丁酯（ATBC）等。

1）添加 PCL。在 PLA/PBAT 共混物中加入 PCL 可以改善 PLA 与 PBAT 的相容性，提高共混物的冲击强度、拉伸强度和拉伸弹性模量；在 PCL 含量为 2 份时共混物两相之间具有良好的相容性（图 2-32、图 2-33）。

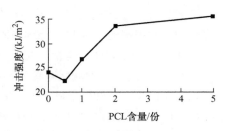

图 2-32　PCL 增容 PLA/PBAT 共混物的缺口冲击强度

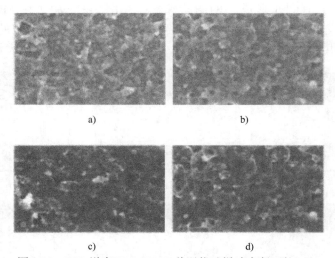

图 2-33　PCL 增容 PLA/PBAT 共混物试样冲击断面的 SEM
a）PCL 含量/份：0　b）PCL 含量/份：0.5　c）PCL 含量/份：2　d）PCL 含量/份：5

2）添加甲基丙烯酸缩水甘油酯（GMA）。用 GMA 作为反应性增容剂、采用熔融共混法制备 PLA/PBAT 共混物可以改善二者之间的界面。结果表明，随着 PBAT 用量的增加，共混物的冲击强度和拉伸模量增加，而且在 PLA/PBAT = 75：25 时冲击强度达到最佳值（表 2-19）；在 GMA 存在时 PLA/PBAT 共混物间界面黏接力提高；PLA 和 PBAT 的熔融峰相互靠近；而且 PBAT 在 PLA 中的分散良好。

表 2-19　不同 PLA/PBAT 共混物的力学性能

PLA/PBAT/C20A/GMA	拉伸强度/MPa	拉伸模量/MPa	冲击强度/（J/m）	断裂伸长率（%）
100/0/0/0	48.71	1254	21.09	4.5
0/100/0/0	11.03	39.06	54.28	521.6
85/15/0/0	31.26	900.2	25.72	5.1
80/20/0/0	32.02	903.5	43.35	5.7
75/25/0/0	29.47	808.15	50.44	6.75
72/25/0/3	22.75	1314.23	63.85	6.6

（续）

PLA/PBAT/C20A/GMA	拉伸强度/MPa	拉伸模量/MPa	冲击强度/（J/m）	断裂伸长率（%）
70/25/0/5	30.52	1746.4	76.56	6.5
67/25/5/3	19.36	1841.40	41.58	2.8
65/25/5/5	26.55	2106.66	46.90	2.4

3）添加钛酸四丁酯（TBT）。采用双螺杆挤出机熔融挤出制备的 PLA/PBAT 共混物用 TBT 酯化后，PLA 与 PBAT 之间的相互作用大大增强，相容性提高。随着 TBT 用量的增加，光滑界面完全消失，代之以粗糙表面，伴随着出现了类丝状纤维（图 2-34），表明二者界面间的相互作用增强，二者间形成了 PLA-g-PBAT 共聚物。

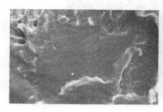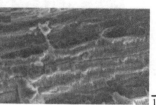

100μm

a)　　　　　　　　　　　　b)　　　　　　　　　　　　c)

图 2-34　不同 TBT 含量时的 PLA/PBAT 共混物的 SEM

a）TBT 用量/%（质量分数）=0　b）TBT 用量/%（质量分数）=0.1　c）TBT 用量/%（质量分数）=0.5

4）添加反应性多环氧基增容剂（REC）。从图 2-35 的 DSC 可以发现，加入 REC 前 PLA/PBAT 共混物中 PLA 相的 T_g 为 61.9℃，PBAT 相的 T_g 为 −32.8℃，ΔT_g 为 94.7℃；随着 REC 添加量的增加，PBAT 相的 T_g 逐渐升高，PLA 相的 T_g 有所下降，ΔT_g 逐渐减少；REC 添加量为 1.4 份时共混物中 PBAT 的 T_g 升至 −29.9℃，PLA 的 T_g 为 61.5℃，ΔT_g 为 91.4℃，共混物的 ΔT_g 比添加 REC 前降低 3.3℃，说明相容性得到改善。

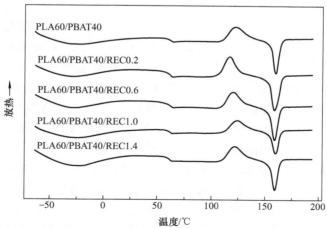

图 2-35　REC 增容 PLA/PBAT 共混物的二次升温 DSC 曲线

由图 2-36a 可知，增容前 PLA/PBAT 共混物中分散相形状、尺寸不均，分散相尺寸在 3 ~ 10μm 范围内变化，两组分间的相界面较为清晰，这些都说明 PLA 和 PBAT 之间相容性较差；图 2-36b ~ e 为 REC 含量逐渐增加后共混物的微观形貌，可以发现共混物逐渐从海—岛结构向海—海结构过渡，两组分之间的相界面变模糊；另外，样品在冲击过程中"拉丝"形成纤维状结构，这说明两相之间界面结合作用增强。这些都表明 REC 的加入可以有效地提高 PLA/PBAT 共混物的相容性。当 REC 用量为 1.4 份时共混物呈现出良好的相容性，此时共混物冲击强度增加 132%、断裂伸长率提高 162%。

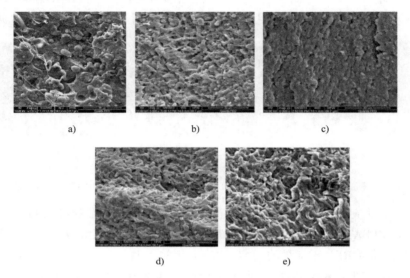

图 2-36　REC 增容 PLA/PBAT 共混物的冲击断面形貌
a）REC 用量/份 = 0　b）REC 用量/份 = 0.2　c）REC 用量/份 = 0.6
d）REC 用量/份 = 1.0　e）REC 用量/份 = 1.4

5）添加增塑剂乙酰柠檬酸三正丁酯（ATBC）。在密炼机中制备的 PLA/PBAT 共混物（0/100、25/75、50/50、75/25、100/0）和添加 ATBC 的相应共混物（0/100A、25/75A、50/50A、75/25A、100/0A）的 SEM 显示，所有共混物均为明显的两相结构，不论 PLA 还是 PBAT，都以液滴的形式分散于基体中，这在熔体黏度相差很大的两相体系中很常见。但是这还不能作为 PLA/PBAT 共混物相容性的结论，因为从 DSC 中看到的是二者部分相容。不论有无增塑剂，两相清晰可见（图 2-37），表明富 PLA 相和富 PBAT 相间结合力低。

图 2-38 的 DSC 曲线表明，共混物中，PLA 的 T_g 随着 PBAT 含量的增加而降低，最大降幅为 3.8℃。如果二者不相容，不可能出现这一结果，所以这一降幅（尽管很小）表明有少量的 PBAT 容于 PLA 中，形成富 PLA 相（同时也形成了富 PBAT 相），说明 PLA/PBAT 共混物为部分相容共混物。PLA 的冷结晶温度和熔融温度降

低也表明二者部分相容。

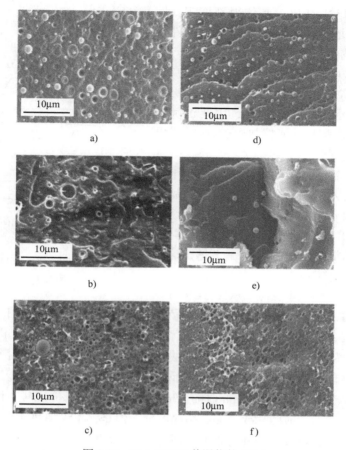

图 2-37　PLA/PBAT 共混物的 SEM

a）未添加 ATBC 的共混物配比 = 25/75　b）未添加 ATBC 的共混物配比 = 50/50
c）未添加 ATBC 的共混物配比 = 75/25　d）添加 ATBC 的共混物配比 = 25/75A
e）添加 ATBC 的共混物配比 = 50/50A　f）添加 ATBC 的共混物配比 = 75/25A

对于纯 PLA，ATBC 加入后，对 PLA 起到了增塑剂的作用，PLA 的 T_g 由 60.7℃下降到 43.9℃；但是在 PLA/PBAT 共混物中，ATBC 对 PLA 的增塑作用实际上不存在了，这是因为 ATBC 溶于富 PBAT 相中了。在 ATBC 的添加量达到 20%（质量分数）（相对于 PLA 的用量）时，PLA/PBAT 共混物的断裂伸长率大于 150%；在 PLA/PBAT 不同配比（90/10、80/20 和 75/25）时，ATBC 都有增塑作用。热性能分析表明，ATBC 优先溶于 PBAT 中，这归因于 ATBC 与 PBAT 间近似的局部偶极作用，因而 PLA 基体中的 PBAT 相起到保存 ATBC 的作用，降低低相对分子质量的 ATBC 向表面迁移的速度，对不同应用中保持力学性能的稳定起到积极的作用。

在 PLA 中至少添加 20%（质量分数）的 PBAT 才能使脆性的 PLA 基体得到增韧，但是少量 ATBC 的增塑使其只有在适宜的条件下才能提高共混物的断裂伸长率，尤其是，添加 ATBC 会降低增韧效果，因为增塑剂扩大了 PBAT 域间颗粒间距。但是这一效应在 75/25 的 PLA/PBAT 共混物中不太明显，因此正确选择 PLA 与 PBAT 的配比就能控制相态结构的发展。

2. 结晶行为

PLA 的结晶慢，在注射成型等快冷工艺中其结晶受到很大影响，结晶度低，使制品收缩率加大，影响制品的力学性能。研究表明，在 PLA 中添加 PBAT 会增加共混物的结晶体数量，共混物的结晶活化能绝对值小于 PLA，这有利于共混物的快速结晶。

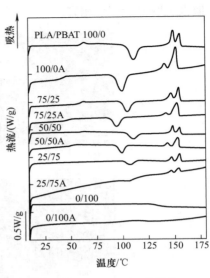

图 2-38　PLA/PBAT 共混物的升温 DSC 曲线

（1）PLA/PBAT 共混物　从图 2-39 可以看出，纯 PLA 在 117.8℃处有一个冷结晶放热峰。将曲线 b～e 与 f 比较可以发现，PBAT 的加入，使共混物的冷结晶峰下降了将近 10℃，而且峰变窄，说明 PLA 的结晶能力增强。从表 2-20 看出，不同共混物的 ΔH_c 和 ΔH_m 接近，表明 PLA 以 30℃/min 的速率冷却时基本上是非结晶的，这说明 PLA 在冷却时间内不能结晶。表 2-20 中纯 PLA 在加热速率为 10℃/min 时的 ΔH_c 和 ΔH_m 低于 5℃/min 时，说明加热速率高时 PLA 没有足够的时间完成结晶，结晶度低。但是，不论加热速率和 PBAT 含量是多少，共混物中 PLA 的再结晶程度近乎一样。所以，可以得出结论：与纯 PLA 相比，加入 PBAT 大大提高了 PLA 的结晶速率；而且如果时间足够（如加热速率 5℃/min）时，纯 PLA 和共混物中的 PLA 将结晶到相同程度。所以，加入 PBAT 不会增加共混物中 PLA 的最终结晶度。

表 2-20　纯 PLA 及 PLA/PBAT 共混物在不同加热速率时的 T_c、ΔH_c、T_m 和 ΔH_m

PBAT 含量（%）	5℃/min					10℃/min				
	T_c/（℃）	ΔH_c/（J/g）	T_m/（℃） 1	2	ΔH_m/（J/g）	T_c/℃	ΔH_c/（J/g）	T_m/（℃） 1	2	ΔH_m/（J/g）
0	117.8	23.4	151.1	154.3	23.5	127	9.12	—	153.3	11.0
5	103.7	25.3	146.9	154.3	26.7	112	24.5	148.8	153.8	24.7
10	106.9	23.7	146.9	154.1	24.0	118	25.2	150.3	153.3	25.3
15	105.4	23.1	146.4	154.1	24.9	116	26.0	149.3	153.8	26.1
20	106.2	24.3	146.7	154.1	24.5	118	24.7	149.3	153.3	25.5
100	—	—	120.1	—	14.9	—	—	122.3	—	15.6

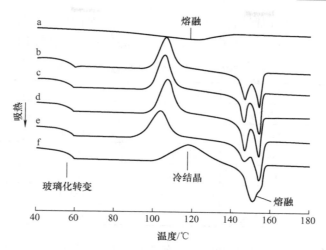

图 2-39　PLA/PBAT 共混物的熔融 DSC 曲线

加热速率: 5℃/min 二次加热曲线

PBAT 含量/%（质量分数）: a—100　b—20　c—15　d—10　e—5　f— 0

从图 2-40 的 POM 中看出，PLA 冷结晶的球晶很小，而且数量巨大，消光时几乎无法辨认（图 2-40e）。在所有 POM 图片中，消光时黑色的阴影都融入照片背景中，只留下明亮部分，很容易看见，很明显，共混物的结晶温度低于纯 PLA。在同样的温度时，PLA/PBAT（5wt%）共混物的晶体数量和结晶度都远远大于纯 PLA，这与 DSC 测得的熔值一致。

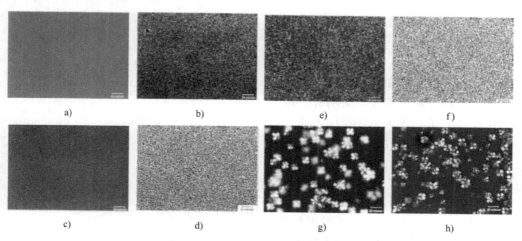

图 2-40　纯 PLA 和 PLA/PBAT（95/5）共混物在加热过程中的 POM，加热速率 10 ℃/min

a）纯 PLA, 100℃　b）PLA/PBAT, 100℃　c）纯 PLA, 120℃　d）PLA/ PBAT, 120 ℃　e）纯 PLA, 140℃　f）PLA/PBAT, 140℃　g）纯 PLA, 在 110℃ 等温结晶 15min　h）PLA/PBAT, 在 110℃ 等温结晶 15min

（2）PLA/PBAT/增塑剂体系　在熔融共混法制备的 PLA/PBAT/ATBC 共混物

中 PLA/PBAT 为 80/20（质量比）时，随着 ATBC 用量的增加，PLA 的 T_g、结晶温度和 T_m 都降低了，结晶度提高了（表 2-21），球晶增长速度增加了。

表 2-21　PLA 及其共混物的熔融与结晶性能

PLA/PBAT/ATBC	T_g/℃	T_c/℃	T_m/℃	X_c（%）
100/0/0	63. 2	—	166. 7	1. 9
80/20/0	62. 7	115. 9	164. 7	3. 3
80/20/10	46. 4	96. 2	163. 4	7. 1
80/20/20	31. 8	84. 9	159. 0	10. 0
80/20/30	11. 8	68. 5	153. 0	17. 1
0/100/0	− 30. 1	—	123. 7	—

所研究的各种比例的 PLA/PBAT 都有两相结构，但是 DSC、DMA 等也证实共混物部分相容，即两相共存：一相为富 PLA 相，一相为富 PBAT 相，即使一相中只有很少的第二相。部分相容的证据如下：一是 DSC、DMA 证实，加入 PBAT 后富PLA 相的 T_g 移向低温方向；二是共混物中 PLA 的 T_m 有小幅度的下降；三是球晶增长速率随着共混物组分的变化而变化；四是 PBAT 包含在 PLA 球晶中。增塑剂 AT-BC 既能增塑 PLA，也能增塑 PBAT（从 T_g 的下降和结晶速率的增加上看出）。对于PLA/PBAT 共混物而言，ATBC 更多的是包含在富 PBAT 相中，而不是富 PLA 相中。将 ATBC 和 PBAT 添加到 PLA 中后，二者对总的结晶速率有协同作用，总的结晶速率高于二者单独添加时。在 PLA 中加入 ATBC 后，ATBC 的增塑作用使快速冷却过程中结晶度提高，而在 PBAT 作为分散相存在的情况下，共混比例适宜时，这一效果减弱。

从图 2-41 看出，加入 PBAT 后，共混物的结晶速率变了，这归因于杂质的存在使成核密度发生变化，也可能是共混物部分相容所致。加入增塑剂后，这一变化被加大了。因为 ATBC 加入后，增强分子运动能力，因而提高了总的结晶速率；同样的原因，也使结晶温度降低，因为增塑的分子链需要更大的过冷度才能结晶。此外，从图 2-41 还可以看出，ATBC 对纯 PLA 起到了增塑作用，其结晶速率提高了。但是，将 PBAT 作为分散相并同时添加 ATBC 后对共混物的结晶速率起到了协同作用，而且这种协同作用与 PBAT 间的关系复杂。含有ATBC 的 75/25 共混物（72/25A）的富

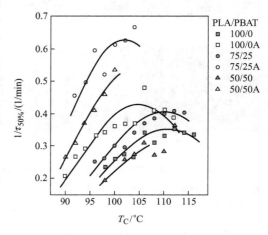

图 2-41　不同 PLA/PBAT 共混物的结晶速率

PLA 相总的结晶速率增加幅度大于 100/0A 和 50/50A。

从图 2-42 可以看出 PLA 的球晶，但是看不到 PBAT 的球晶增长。球晶周围的液滴再次证明了熔融态时两相的存在。但是，在含有 PBAT 的共混物的球晶内也有液滴，这可能是熔融的富 PBAT 相夹在球晶的超结构中。一相中的球晶被另一相所包含是部分相容共混物中常见的现象。不过不相容共混物中也有这种现象。从图中还可以看出，加入 25%（质量分数）的 PBAT 或者是 10%（质量分数）的 ATBC后，成核密度大幅度下降。加入 PBAT 时，PLA 中的杂质可能转移到了 PBAT 中，因此成核速率下降。加入 ATBC 后，PLA 分子运动能力增强，高温下，成核速率下降（图 2-43）。

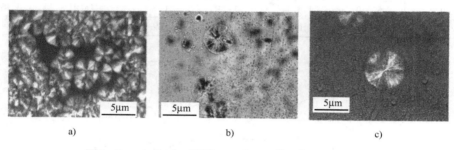

图 2-42　120℃时，不同 PLA/PBAT 共混物的球晶结构

a）PLA/PBAT = 100/0　b）PLA/PBAT = 100/0A　c）PLA/PBAT = 75/25

（3）PLA/PBAT/增容剂体系

反应性多环氧基增容剂（REC）的加入有利于 PLA/PBAT 共混物的冷结晶。从表 2-22 中可以看出，不同组分的 PLA 的 T_g 均维持在 60℃ 左右，熔融峰也保持在 149 ~ 153℃，说明 PBAT 和增容剂的加入对 PLA 的 T_g 和 T_m 影响较小。然而，PLA 的冷结晶峰温度随着增容剂含量的增加而逐渐降低。一般认为冷结晶峰的产生与分子结构有关，PLA 分子链刚性较大，结晶较慢，在熔融态下降温过快导致 PLA 分子链段来不及形成有序结构就失去运动能力；

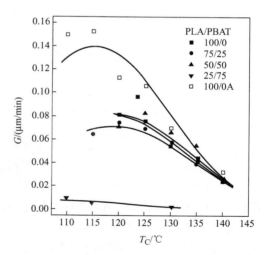

图 2-43　不同 PLA/PBAT 共混物的球晶增长速率

而在再次升温过程中，原来被束缚的 PLA 分子链段吸收一定能量后开始重新运动并排列成有序结构，由此出现在玻璃化转变和熔融之间的冷结晶现象。加入增容剂后，与 PLA 和 PBAT 反应形成支化物，这种结构有利于 PLA 结晶成核，所以冷结

晶过程可以在较低的温度下发生。由图 2-44 可以看出，PLA 的冷结晶温度随着增容剂的加入向低温方向移动，由 117℃ 降低至 110℃。其中共混体系中 PBAT 在 110℃ 存在熔融峰，由于 PBAT 在共混物中所占比例较少［20%（质量分数）］，同时在 110℃ 附近有 PLA 的冷结晶放热峰，所以 PBAT 的熔融峰不明显。

表 2-22   PLA/PBAT 共混物的熔融与结晶参数

PLA/PBAT/REC	T_g/℃	T_c/℃	H_c/（J/g）	T_m/℃	H_m/（J/g）	X_c（%）
80/20/0	59. 45	117. 62	13. 85	153. 53	20. 68	6. 83
80/20/0. 1	60. 32	115. 72	14. 25	152. 32	20. 51	6. 26
80/20/0. 3	59. 66	114. 98	13. 98	151. 83	20. 37	6. 39
80/20/0. 5	59. 30	114. 34	14. 45	150. 12	18. 91	4. 46
80/20/0. 7	60. 13	110. 21	14. 78	149. 70	18. 62	3. 84

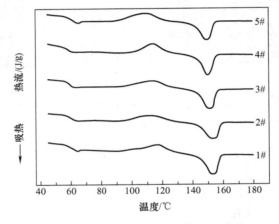

图 2-44   PLA/PBAT 共混物的 DSC 曲线

PLA/PBAT/REC：1#—80/20/0   2#—80/20/0. 1   3#—80/20/0. 3   4#—80/20/0. 5   5#—80/20/0. 7

从表 2-22 可以看出，随着增容剂含量的增加，PLA 的绝对结晶度达到 6% 左右；当增容剂添加量超过 0.5%（质量分数）后，结晶度逐渐降至 3.84%。这是由于反应性增容剂导致 PLA 产生支链结构，支链因为本身位阻作用而使得 PLA 分子链折叠进入晶区更加困难。增容剂含量较低时，支链较少，位阻效应不明显；但是随着增容剂含量的增加，支链逐渐增多，对 PLA 结晶阻碍的影响效应加剧，所以其绝对结晶度出现逐渐降低的趋势。

3. 流变性能

PLA 的熔体弹性差，强度低，不利于吹塑薄膜、挤出发泡和中空成型等加工。而流变性能研究表明，PBAT 的熔体弹性和黏度都高于 PLA，而且共混物的熔体弹性和黏性随着 PBAT 用量的增加而增加。PBAT 在增韧 PLA 的同时，也改善了 PLA 在挤出过程中的加工性能，因为其在低温挤出时起到了润滑剂的作用。

（1）PLA/PBAT 共混物　由图 2-45、图 2-46 可以看出，在 PLA 中加入 PBAT 后，低频时，PLA/PBAT 共混物的储能模量随着 PBAT 含量的增加而增加；PBAT 用量对体系的损耗模量影响不大，但松弛模量随着 PBAT 的添加而增加；而且 PBAT 的添加也使共混物的熔体黏度逐渐增加，流动能降低；此外，PBAT 还使熔体流动速率降低，这与 PLA/PBAT 熔体剪切变稀行为一致。随着 PBAT 含量的增加，采用熔融共混法在双螺杆挤出机上制备的 PLA/PBAT 共混物的剪切变稀趋势增强。但是在低频时，含有20%（质量分数）PBAT 的共混物的复数模量、储能模量和损耗模量都高于 PBAT 含量为50%（质量分数）时的共混物。随着 PBAT 含量从5%（质量分数）增加到50%（质量分数），出现了三种明显不同的相态结构——球形液滴状分散相、拉伸纤维状结构和共连续相。在 PBAT 含量≥70%（质量分数）时，又变为液滴状分散相，而此时是 PLA 颗粒分散在 PBAT 基体中。此外，PLA/PBAT = 20/80 共混物中的 PLA 液滴状颗粒明显小于 PLA/PBAT = 80/20 共混物，而且也更为规则，尽管两种共混物的分散相含量相同。

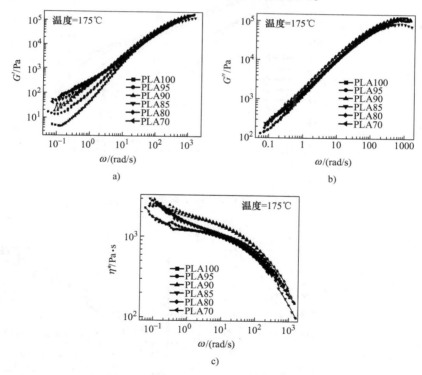

图 2-45　175℃时 PLA 及 PLA/PBAT 共混物的流变性能

a）储能模量　b）损耗模量　c）复数黏度

（2）PLA/PBAT/增容剂体系（配方见表 2-16）　在 PLA/PBAT 共混物中添加反应性增容剂能够提高共混物的熔体弹性。从图 2-47a 看出，不论是在低频还是高频时，PLA/PBAT 共混物的复数黏度都高于纯 PLA，这充分证明 PBAT 对提高 PLA 的黏度和弹性的有效性。但是只添加 MAH，PLA/PBAT 共混物的复数黏度大幅度下降，这可能是单独存在的 MAH 在发泡过程中起到增塑剂的作用。含有 2%（质量分数）的 MAH 和 0.5%（质量分数）的 L101 的 PLA/PBAT 共混物的复数黏度最大，这说明 MAH 和 L101 在 PLA 与 PBAT 间反应，MAH 接枝到 PLA 和 PBAT 上，增强了聚合物分子链间的作用力和相容性，大幅度提高了共混物的熔体弹性；L101 的主要作用可能是引发 MAH 反应。此外，很明显的是，随着频率的增加，共混物的复数黏度下降，表现出典型的非牛顿流体特征。另外，添加 MAH 与 L101 后，共混物的储能模量显著提高，说明熔体弹性提高，这有利于其发泡、中空成型、吹塑薄膜等成型加工。

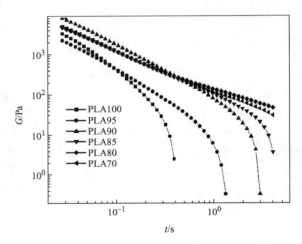

图 2-46　PLA 及 PLA/PBAT 共混物的松弛模量

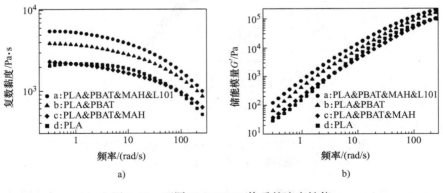

图 2-47　不同 PLA/PBAT 体系的流变性能

a）复数黏度　b）储能模量

共混物熔体弹性的提高在发泡性能上很好地体现出来。从图 2-48 看出，PLA／PBAT／ML2 体系发泡后泡孔明显大于纯 PLA 泡沫，而且均匀。实验还表明，在发泡剂用量相同的情况下，随着 MAH 用量的增加，体系的泡孔尺寸明显增加。

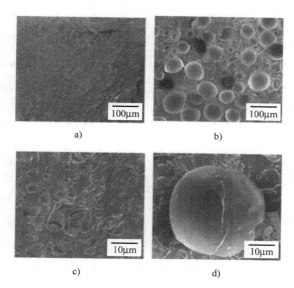

图 2-48 不同 PLA／PBAT 体系发泡的 SEM

纯 PLA 泡沫：a) 500 倍 c) 3000 倍 PLA／PBAT／ML2 泡沫：b) 500 倍 d) 3000 倍

从图 2-49a 中可见，PLA／PBAT 共混物表现出典型的剪切变稀假塑性流体特性。在低频区内，纯 PLA 的复数黏度较低，而 PLA 与 PBAT 共混后，其复数黏度有一定程度的提高。此时加入反应性多环氧基增容剂 REC，由于增容剂与 PLA 和 PBAT 末端的羟基和羧基发生反应，共混物熔体的复数黏度随着增容剂含量的增加而逐渐提高。从图 2-49b 中可以看出，纯 PLA 和未加入反应型增容剂 REC 的 PLA／PBAT 共混物的储能模量较低。同时，在相同剪切频率下，随着增容剂含量的增加，储能模量显著提高。由此可见，增容剂能够提高 PLA／PBAT 共混物的熔体弹性，改善其可发泡性能。在高频区内，共混物的储能模量趋于相近。根据 Edward 等的研究，低频区内熔体的流变性能受到聚合物拓扑结构的松弛行为限制，具有支化结构的聚合物容易与周围的聚合物分子链形成缠结，而这些缠结点就起到了临时交联点的作用，使得聚合物流动阻力和弹性大幅度提升。因此也说明反应型增容剂与 PLA 和 PBAT 反应生成一种支化物，这种支化物使得储能模量出现了上升。但是支化结构聚合物对于剪切频率较为敏感，当剪切速率提高时，长支链与聚合物主链平行，减少了临时物理交联点的存在，所以高频区内各共混物储能模量趋于相近。

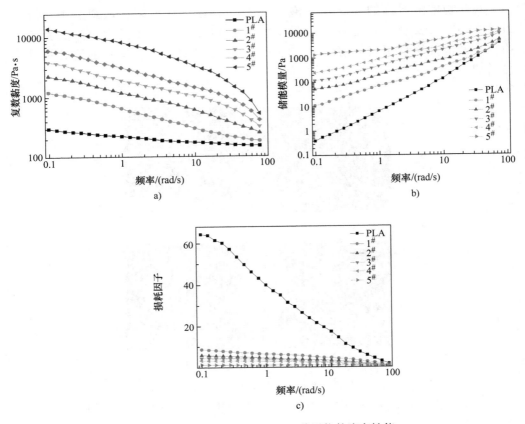

图 2-49　PLA/PBAT（80/20）共混物的流变性能

a）复数黏度　b）储能模量　c）损耗因子

1#—REC 用量为 0　2#—REC 用量为 0.1 份　3#—REC 用量为 0.3 份

4#—REC 用量为 0.5 份　5#—REC 用量为 0.7 份

4. 力学性能

（1）PLA/PBAT 共混物　纯 PLA 的拉伸强度很高（58.6MPa），而断裂伸长率很低（4.3%）；而与其相反，PBAT 的拉伸强度比较低（11.6MPa），但断裂伸长率很高（811%）。如图 2-50 所示，将 PLA 与 PBAT 共混后，随着 PBAT 含量的增加，拉伸强度下降，而断裂伸长率增加。在 PBAT 含量从 0 分别增加到 10%（质量分数）和 20%（质量分数）时，共混物的拉伸强度从纯 PLA 的 58.6MPa 分别下降到 40.2MPa 和 23.0MPa；而断裂伸长率则从纯 PLA 的 4.3% 分别增加到 9.5% 和 266.0%。这表明在 PLA 中添加适量的 PBAT 后，PLA 试样的韧性得到显著改善。

从用同向双螺杆挤出机制备的 PLA/PBAT 共混物拉伸试样的 SEM 中看出，纯 PLA 的拉伸试样没有颈缩，纵向断裂面光滑，没有明显可见的塑性变形。PLA/PBAT（80/20）共混物试样的断裂伸长率最高，基体在拉伸方向上经历了巨大的塑性变形（图 2-51b）。PLA/PBAT（95/5）的断裂伸长率低，其 SEM（图 2-51c、d、e）清楚地显示了其增韧机理（图 2-51f）。

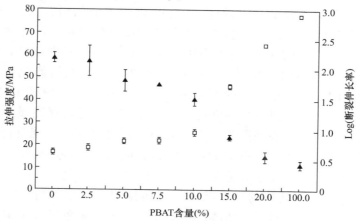

图 2-50　PLA、PBAT 及其共混物的拉伸性能

▲—拉伸强度　□—断裂伸长率

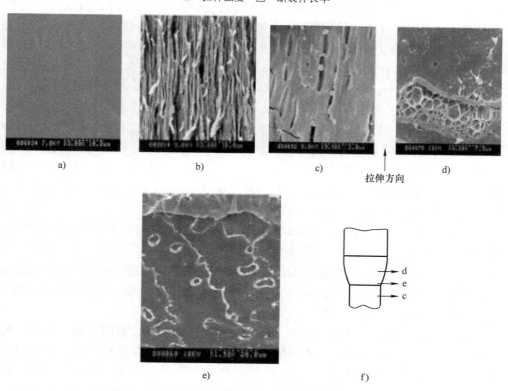

图 2-51　拉伸方向上 PLA 和 PLA/PBAT 共混物的 SEM

a）和 b）取自断裂面上 5mm 处；c）、d）、e）取自共混物颈缩不同位置处，
如图 f）所示。PLA/PBAT：a）100/0　b）80/20　c）、d）、e）95/5

从图 2-51 清楚可见，在拉伸状态下，圆形的 PBAT 颗粒从 PLA 基体中脱出。在图 2-51 中，在 c 和 d 处可见椭圆形的空穴和封闭的圆形 PBAT 颗粒。在拉伸过程中，在应力大于 PLA 基体和 PBAT 之间界面的结合强度时，PBAT 从 PLA 基体界面处脱出，形成了空穴。在基体变形过程中在拉伸方向，空穴被拉大。PBAT 脱出后，其上没有应力作用，因此在拉伸过程中 PBAT 基本保持不变形。与 PLA 基体相比，PBAT 具有不同的塑性特征，在拉伸应力下其颗粒起到应力集中点的作用，在颗粒内产生很高的三向应力。在橡胶增韧聚合物中，有两种空穴：一种是在组分与强度比较低的橡胶相自身内存在强烈的界面结合强度时在橡胶颗粒的中心处形成空穴；另一种情况是在结合强度低于 PBAT 的强度时在界面处形成空穴。由于 PBAT 与 PLA 间有足够的界面结合力，在三向应力作用下 PBAT 芯内没有出现空穴，而是出现了界面脱出。脱出产生的孔隙改变了间隙周边 PLA 基体的应力状态，三向拉伸力在局部得到释放，产生了剪切屈服。随着脱出的进行，PBAT 颗粒间的 PLA 基体束更容易剪切屈服。这一增韧机理与其他体系中的一致。例如，Kim 和 Michler 研究了不同增韧和颗粒填充的半结晶聚合物的微观力学变形过程，发现界面结合力对微观力学变形过程有巨大影响。有界面结合力时，塑性变形发生在改性剂内，只产生空穴化过程；而如果结合力不足时，微观力学变形由脱出引发。由于 PLA 与 PBAT 不相容，PBAT 均匀分散在 PLA 基体中，平均粒径在 $0.3 \sim 0.4 \mu m$；PLA 的断裂伸长率只有 3.7%，但是即使不添加相容剂，只添加 5%（质量分数）的 PBAT，PLA/PBAT 共混物的断裂伸长率也有 115%；在 PBAT 用量达到 20%（质量分数）时，共混物的断裂伸长率增加到 200% 以上；但另一方面，拉伸强度和拉伸模量随着 PBAT 用量的增加而单调降低；拉伸强度从纯 PLA 的 63MPa 下降到 47MPa，下降幅度达 25%；而拉伸模量从纯 PLA 的 3.4GPa 下降到 2.6GPa，下降幅度达 24%；由于二者之间界面结合弱，冲击强度只有少许的提高，从纯 PLA 的 $2.6 kJ/m^2$ 提高到 $4.4 kJ/m^2$。

冲击断面的 SEM 给出了更多的韧性断裂证据，因为随着 PBAT 用量的增加，断面出现了更多更长的微纤（图 2-52 中圆形的白色颗粒为 PBAT 相）。裂纹、空穴、剪切带、断裂桥接和剪切屈服被认为是增韧聚合物体系冲击断裂中重要的能量耗散过程。在图 2-52d 中，清晰可见脱出产生的颗粒。图 2-52e 中大的间隙可能是相邻小空穴塌陷形成的。

（2）PLA/PBAT/增塑剂体系　在 PLA/PBAT 中添加钛酸四丁酯（TBT）酯化后，PLA/PBAT = 70/30 共混物韧性提高，在 TBT 添加量为 0.5%（质量分数）时，共混物的拉伸强度、断裂伸长率和冲击强度分别为 45MPa、298% 和 $9 kJ/m^2$（图 2-53）；储能模量和 T_g 也都提高了（图 2-54），同时促进了 PLA 的冷结晶。

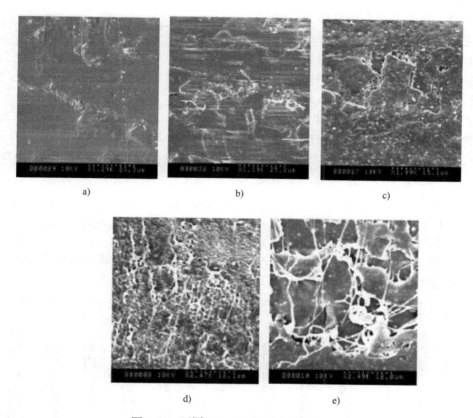

图 2-52　不同 PLA／PBAT 共混物的 SEM

a）PLA／PBAT＝100／0　b）PLA／PBAT＝95／5　c）PLA／PBAT＝90／10

d）PLA／PBAT＝85／15　e）PLA／PBAT＝80／20

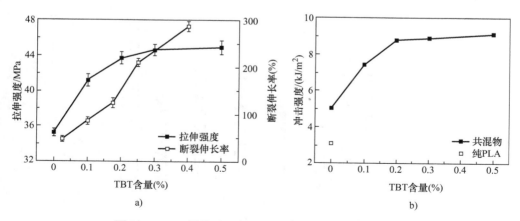

图 2-53　TBT 用量对 PLA／PBAT 共混物力学性能的影响

a）拉伸强度　b）冲击强度

（3）PLA/PBAT/REC 体系　使用反应性多环氧基增容剂 REC 增容后 PLA/PBAT 共混物的断裂伸长率显著提升，其中添加量为 1.4 份时共混物的断裂伸长率提升最大，从未增容时的 222% 升至 357%；未添加 REC 时共混物的拉伸强度为 31.6MPa，随着 REC 的加入 PLA/PBAT 共混物的拉伸强度略有降低。未添加 REC 时共混物的冲击强度为 26.8kJ/m^2，而 REC 添加量为 1.4 份时冲击强度增至 62.1kJ/m^2，这表明添加 REC 后 PLA 和 PBAT

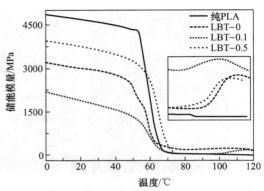

图 2-54　PLA 及 TBT 不同含量的 PLA/PBAT 共混物储能模量与温度的关系

之间的相容性改善，PLA 相和 PBAT 相之间的界面结合作用增强，从而共混物的冲击性能显著增强（图 2-55）。

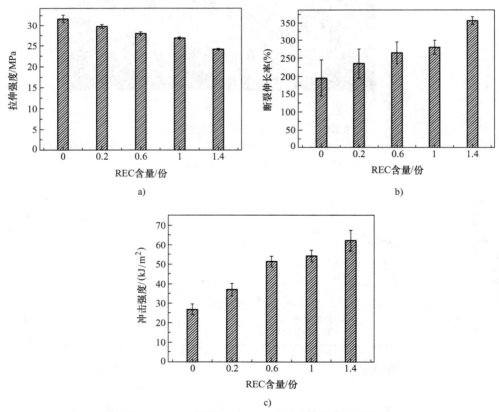

图 2-55　REC 增容 PLA/PBAT 共混物的力学性能

a）拉伸强度　b）断裂伸长率　c）冲击强度

5. 加工性能

（1）挤出成型　挤出是连续熔融加工 PLA 最为重要的方法，但是 PLA 是热敏性和切敏性塑料，成型过程中应特别注意，PLA/PBAT 共混物也是如此。

在挤出过程中机筒温度设定为 150~180℃，以降低热影响，同时将共混物的降解降至最轻。尽管 180℃时，PBAT 的黏度高于 PLA，但是添加 PBAT 后，PLA 的可加工性得以改善。PLA 粒料很硬（$T_m = 154℃$），挤出过程中熔体流动阻力大，螺杆扭矩大，挤出压力大。而 PBAT 的熔点低得多（120℃），挤出过程中其先熔融，起到 PLA 粒料输送润滑剂的作用，这样螺杆扭矩和挤出压力就都下降了，有利于加工的进行。

（2）发泡性能　PLA 的分子链为线形结构，熔体弹性和熔体强度较低，且加工时 PLA 易于热分解，结晶较慢，使得制备高发泡倍率的 PLA 泡沫比较困难。此外，PLA 的 T_g 较低，在加工过程中需要降低温度，防止发泡剂气体的逃逸，维持泡孔的稳定。制备高性能 PLA 发泡材料一直是国内外研究的热点。

为了改善普通 PLA 的可发性，提高其熔体强度，通常采用下述途径：①在 PLA 合成过程中提高其相对分子质量，拓宽相对分子质量分布；②利用扩链剂或交联剂改变 PLA 分子链结构，引入支化结构或交联结构；③在 PLA 基体中引入纳米粒子进行改性；④通过熔融共混方法制备 PLA 共混物。其中熔融共混制备 PLA 共混物的方法具有效果显著并且操作简易的特点，成为目前研究的重要方向。已有的研究表明，在 PLA 中添加 PBAT 后，能够提高共混物熔体弹性，进而提高其熔体强度，改善 PLA 的发泡性能。

采用高压釜发泡法对用多环氧基团增容剂 REC 增容的 PLA/PBAT 共混物进行间歇发泡结果表明，REC 加入后会降低其绝对结晶度，显著改善 PLA/PBAT 共混物的熔体弹性，提高其可发性；增容剂可以有效地改善共混物的泡体结构，降低共混物发泡密度，提高其发泡倍率。

采用超临界 CO_2 发泡的 PLA/PBAT 共混物发泡材料的 SEM 如图 2-56 所示。从图中可以看出，未加入增容剂的共混物泡孔呈椭球形，开孔泡孔较多。而加入增容剂后，共混物样品具有 5 角 12 面体泡体结构，而且以闭孔形态为主；此外，泡孔成核数量也显著增加，这与增容后较好的流变性能和共混物相界面的存在有关。这是因为在 PLA/PBAT 共混物中，泡孔在 PBAT 分散相界面上成核只需较少的活化能，有利于促进泡孔成核。随着增容剂含量增加，表面能降低，分散相增多，泡孔成核点大幅度增加，从而改善了泡孔形态。PLA/PBAT 共混物泡孔结构参数和发泡密度等如表 2-23 所示。由表 2-23 可以可见，泡孔尺寸和泡孔密度随增容剂含量的变化明显。加入增容剂后，泡孔尺寸从 118.5μm 降至 85.4 μm；泡孔密度也显著提高至 8.31×10^7 个/cm^3 左右；此外，PLA/PBAT 共混物的发泡倍率由 7.83 倍提高至 19.74 倍，发泡材料的密度在加入 0.7 份增容剂时由 0.17g/cm^3 降低至 0.07g/cm^3。这种泡孔形态的变化趋势与共混物相形态结构有关。在之前 PLA 共混物的研究中曾发现，对于增容后的共混物，分散相界面大幅度增加，从而增加了泡孔成核点数量，由此泡孔密度上升。发泡倍率的提高是由于加入增容剂后 PLA/PBAT 共混物的流变性能得到改善，从而可以维持泡孔壁稳定，防止泡孔破裂，最终影响 PLA/PBAT 共混物的发泡倍率和发泡密度。

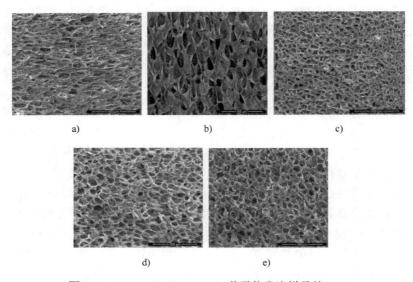

图 2-56　PLA/PBAT（80/20）共混物发泡样品的 SEM
a）相容剂 REC 用量/份 = 0　　b）相容剂 REC 用量/份 = 0.1　　c）相容剂 REC 用量/份 = 0.3
d）相容剂 REC 用量/份 = 0.5　　e）相容剂 REC 用量/份 = 0.7

表 2-23　PLA/PBAT（80/20）共混物发泡材料的泡孔密度和泡孔尺寸

PLA/PBAT/REC(份)	发泡密度/(g/cm³)	发 泡 倍 率	泡孔密度/10⁷(个/cm³)	泡孔尺寸/μm
80/20/0	0.17	7.83	1.84	118.5
80/20/0.1	0.14	9.35	2.04	132.2
80/20/0.3	0.10	11.28	8.42	78.3
80/20/0.5	0.09	16.25	8.63	89.6
80/20/0.7	0.07	19.74	8.31	85.4

也有采用微孔挤出发泡工艺，利用 CO_2 作发泡剂，用滑石粉提高异相成核作用，将 PLA/PBAT 共混物发泡。发泡所用 PLA/PBAT 共混物有两种，一种是增容过的 Ecovio PLA/PBAT（45/55，质量比）共混物；一种是未经过增容的 PLA/PBAT（45/55，质量比）共混物。结果表明，PLA 和 PBAT 的两个明显的熔融峰变成了一个，而且峰温降低；滑石粉的加入使泡孔尺寸和体积膨胀率减小，但泡孔密度和结晶度增加；相容性也减小了泡孔尺寸和体积膨胀率，但是增加了泡孔密度，对结晶度没有影响（图 2-57）。

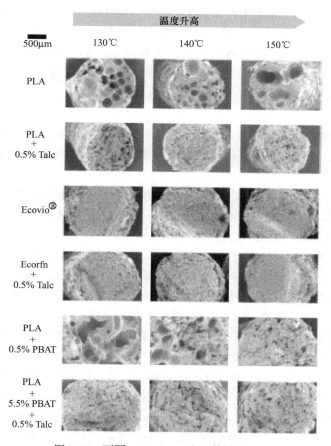

图 2-57　不同 PLA/PBAT 发泡体系的 SEM

　　发泡后的 PLA 具有优异的韧性，冲击强度高，同时通过发泡还可以大幅度地降低其成本，但对其他性能不会造成明显的影响。在 PLA 中添加 PBAT 后，可大大改善 PLA 的可发泡性，这将对 PLA 的应用，尤其是在包装上的应用产生积极的推动作用。

　　（3）PLA/PBAT 吹塑薄膜　PLA/PBAT 共混物已由巴斯夫公司以 Ecovio® 商标进行商业化生产，用于薄膜和挤出发泡等应用中。

　　PLA/PBAT 共混物的制备主要是采用熔融共混法，在双螺杆挤出机上进行，这就使其研究成果具有工业价值；在 PLA 中添加 PBAT，在 PBAT 添加量适宜的情况下，能够提高共混物的韧性和冲击强度；挤出加工时，熔体弹性和熔体强度提高，这为 PLA/PBAT 共混物的工业生产如挤出吹塑薄膜、挤出发泡等奠定了基础；相信随着 PLA/PBAT 共混物性能的进一步改进与优化，其应用前景将更加广泛。

2.6.3　PLA/PHA 共混物

　　PHA 是一类细胞体内的生物降解聚合物，其聚合度高，因而结晶性高，全同立构，与 PP 类似，但其具有完全生物降解性，可以在环境中完全降解为水和 CO_2，因此在医药领域如药物释放和组织工程等中应用潜力巨大。其中，PHB 是最常见的，是短链的 PHA，包括 PHBV，是目前大规模生产的生物聚酯。将 PLA 与 PHA 共混不影响 PLA 的降解性能，同时可以改善其一些性能，是制备全生物降解生态环境材料的途径之一。

1. 相容性

不同聚合物之间的物理共混，相容性好，则共混后性能互补，可改善单一聚合物性能的不足，拓宽其应用。因此，PLA 与 PHA 之间的相容性决定着共混后 PLA/PHA 共混物的性能。

（1）相容性　有研究表明，PLA 与 PHB、PLA 与 PHBV 的共混物不相容。不论 PLA/PHB 和 PLA/PHBV 共混物中两组分的配比是多少，PLA 与 PHB、PLA 与 PHBV 都是不相容的（图 2-58）。

PHB 在熔融状态下极不稳定，温度略高于熔点时即发生热分解，加工温度范围较窄，一般为 170~180℃。因此，尽管 PLA 与 PHB 都是热塑性塑料，但是采用熔融共混法制备和研究 PLA/PHAs 共混物的却比较少。大多数 PLA/PHAs 共混物都是采用溶剂流延法制备的，结果发现大部分 PLA/PHB 共混物都是不相容的，除非 PLA 或 PHB 的相对分子质量很低。Thibaut Gerard 等的研究表明，在 PLA/PHBV 中一种组分含量少于 30%（质量分数）时共混物为结晶结构；在两种组分含量接近时，共混物为共连续相；在 PLA/PHBV = 90/10 时，PHBV 分散相很小，在 400nm 以下，很好地分散在 PLA 中（图 2-59）。PHB 的相对分子质量对其与 PLA 的相容性有很大影响。将重均相对分子质量为 680000 的 PLA 与重均相对分子质量分别为 140000（ataPHB-1，$M_w/M_n = 1.5$）、21000（ataPHB-2，$M_w/M_n = 1.2$）、9400

（ataPHB-3，$M_w/M_n = 1.6$）的 ataPHB 共混后发现，PLA 与相对分子质量为 9400 的 ataPHB［含量 0~50%（质量分数）］的共混物在 200℃熔融后只有一个 T_g，表明二者相容。而相比之下，PLA 与相对分子质量为 140000 的 ataPHB 的共混物却有两个 T_g，说明二者不相容。这说明，PLA 与 ataPHB 之间的相容性强烈地依赖于 ataPHB 的相对分子质量及其含量。在低相对分子质量的 ataPHB 含量小于 50%（质量分数）时，根据 Flory-Huggins 方程可以求出 PLA

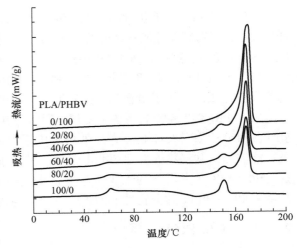

图 2-58　不同配比的 PLA/PHBV 共混物 DSC 曲线

与 ataPHB 的溶解度参数差（$\delta_1 - \delta_2$）为 0.58（J/ cm³）$^{1/2}$，PLA 与 ataPHB 相容；而在 ataPHB 含量高于 50%（质量分数）后，出现相分离（图 2-60）。

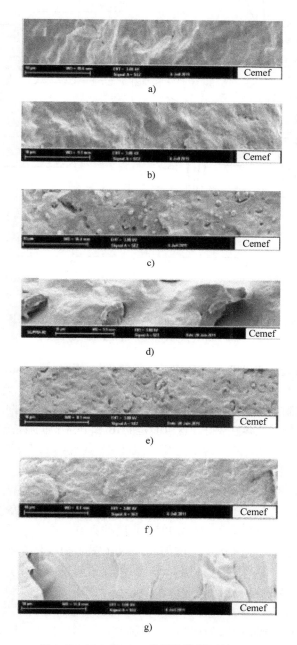

图 2-59　PLA/PHBV 共混物脆断面的 SEM

PLA/PHBV：a) 0/100　b) 10/90　c) 30/70　d) 50/50　e) 70/30　f) 90/10　g) 100/0

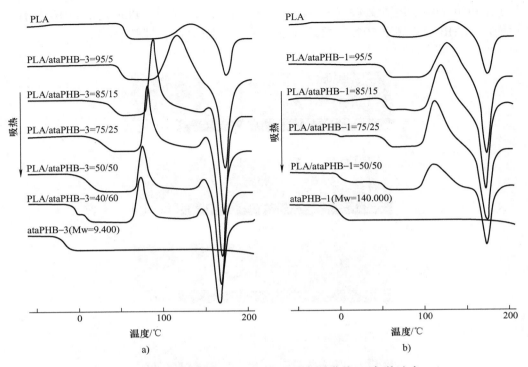

图 2-60　PLA/ataPHB 共混物的 DSC 曲线（二次加热曲线），加热速率 20℃/ min
a）PLA/PHB（9400）　b）PLA/PHB（140000）

但是，也有研究表明，PLA 与 PHB 在一定条件下相容。Koyama 和 Doi 发现 PHB/PLA 共混物在熔融态和无定形态相容，在所有组成范围内只有一个 T_g。Zhang 等在室温下采用溶液流延法制得的 PHB/PLA 共混物膜在所研究的组成范围内不相容，而在高温熔融共混下制得的样品相容性较好，这可能是 PHB 和 PLA 链间存在酯交换反应所致。

（2）提高相容性的途径　为了提高 PLA/PHA 共混物的相容性，常采用的方法有添加增塑剂、使用扩链剂和相容剂等。

对聚酯类增塑剂（Lapol）增塑的 PLA/PHB 共混物的研究表明，PLA/PHB 共混物组分分散良好，没有出现相分离，而且在 PLA/PHB = 75/25 共混物中 PHB 原有的结晶也被分散了，增塑后，PLA/PHB 共混物只有一个 T_g，表明 PLA 和 PHB 是相容的，而且 T_g 随着增塑剂用量的增加而降低（图 2-61、图 2-62）。

以异佛尔酮二异氰酸酯（IPDI）和亚磷酸三苯酯（TPP）为扩链剂，对聚（3-羟基丁酸酯-co-4-羟基丁酸酯）/PLA［P（3，HB-co-4，HB）/（PLA）］共混物进行扩链改性后，共混物（PHB/PLA = 40∶60）熔体剪切黏度和两组分间的相容性显著提高，共混物断面较为粗糙，呈现韧性断裂特征，且两相界面模糊，两相相容性增加（图 2-63）。这是因为扩链反应既可以发生在 P（3，HB-co-4，HB）和 PLA 的同种分子间，也可以发生在异种分子间，故可提高两组分间及 P（3，

HB-co-4，HB）中两微区的相容性。此外，IPDI 扩链反应引入的极性基团增强了分子间及链段间的作用力，使其彼此相互约束，从而相容性显著提高。

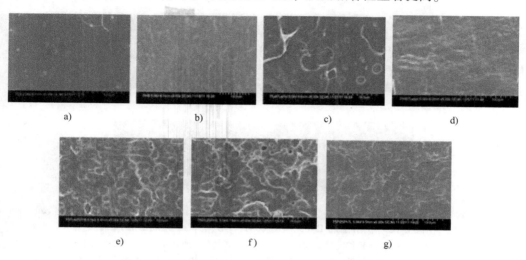

图 2-61 不同 PLA、PHB 及其增塑共混物试样的 SEM

a）PLA b）PHB c）PLA/7%（质量分数）Lapol d）PHB/7%（质量分数）Lapol e）PLA75/PHB25

f）PLA75/PHB25/Lapol5 [5%（质量分数）] g）PLA75/PHB25/Lapol7 [7%（质量分数）]

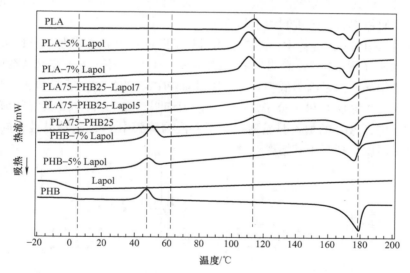

图 2-62 PLA、PHB、Lapol 和 PLA/PHB-Lapol 的 DSC 二次加热曲线

在既要提高 PLA 与 PHA 二者之间的相容性，又要保证其降解性能的条件下，可添加同样具有生物降解性的聚合物。例如，在 PHB/PLLA 共混物中加入聚氧乙烯（PEO）后，PEO 在 PHB/PLLA 共混物中起了增容剂的作用，改善了 PHB 与 PLLA 的相容性。以溶液流延法制备的各种配比的 PLA、聚碳酸亚丙酯（PPC）及

PHBV 共混物膜，由于 PPC 韧性优异，提高了部分相容的 PLA/PPC/PHBV 三元共混物的断裂伸长率。

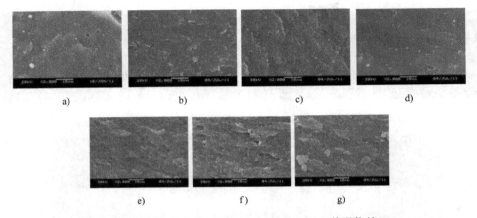

图 2-63　扩链前后 P（3，HB-co-4，HB）/PLA 共混物的 SEM

IPDI：a）扩链剂添加量/份 = 0　b）扩链剂添加量/份 = 0.5　c）扩链剂添加量/份 = 1.5　d）扩链剂添加量/份 = 2.0

TPP：e）扩链剂添加量/份 = 0.5　f）扩链剂添加量/份 = 1.0　g）扩链剂添加量/份 = 2.0

2. 结晶性能

PLA 结晶缓慢，成型制品多呈非晶态，大大降低了其耐热性和力学性能，同时导致其制品收缩率大，严重制约了其应用。

在 PLA/ataPHB 共混物中，随着低相对分子质量 ataPHB-3 的加入，PLA 球晶的半径增长加速（图 2-64），表明少量 ataPHB-3 的加入有利于 PLA 在 PLA/PHB 二元共混物中的结晶。这是因为低相对分子质量 ataPHB-3 的黏度远低于 PLA，因此 ataPHB-3 加入后共混物中 PLA 分子链的运动能力增强。在 PLA/PHB 共混物薄膜的升温结晶过程中，PHB 的加入明显地提高了共混物薄膜中 PLA 的结晶性，同时还降低了其结晶温度，提高了其熔融温度。

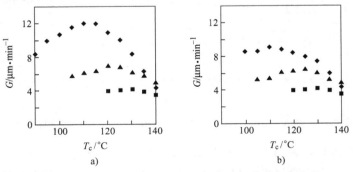

图 2-64　PLA 球晶的径向增长速率随着结晶温度的变化

PLA/ataPHB：a）50/50　b）75/25

■—PLA　●—PLA/ataPHB-1　▲—PLA/ataPHB-2　◆—PLA/ataPHB-3

此外，第三组分的加入也会对 PLA/PHB 共混物的结晶性能产生影响。对 PEO 对 PHB/PLLA（质量比为 1∶1）共混物的冷结晶性能、熔融温度和结晶度影响的研究表明（图 2-65），尽管 PLLA 冷结晶温度不受 PHB 的影响，但其结晶随 PHB 用量的增加而加快，而且共混物的结晶度随 PEO 用量的增加而增大；同时，PEO 的加入不但显著降低了 PHB、PLLA 的冷结晶温度，还促进了共混物组分结晶的完善。这是因为 PEO 充当了二者的成核剂，而且 PEO 还提高了 PLLA 链段的运动能力。

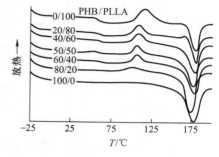

图 2-65　PHB/PLLA 共混物的 DSC 曲线

因此，在 PLA 中加入 PHB，可以改善 PLA 的结晶性能，而且 PHA 用量不同，改善效果不同。此外，第三组分的加入，也能改善 PLA 的结晶性能。

3. 力学性能

PLA 性脆，韧性差。将 PLA 与 PHA 共混，除了共混物具有全生物降解性外，还期望提高其冲击韧性。提高 PLA/PHA 共混物韧性常用的方法包括将 PLA 与具有延展性的 PHA 共混、在 PLA/PHB 共混物中使用增塑剂、扩链剂或者使用具有生物降解性的柔性第三组分等。

将少量具有延展性的 Nodax™ PHA（由 3-羟基丁酸酯和 3-羟基己酸乙酯单体组成，PHBHHx）与 PLA 共混，在 Nodax™ PHA 的用量小于 20%（质量分数）时，PLA/PHA 共混物的韧性得到提高。如 PLA/PHA（Nodax™）熔融共混物在 Nodax™ 含量为 15%（质量分数）和 20%（质量分数）时 Izod 冲击强度大幅度提高。

在 PLA/PHB 共混物中添加增塑剂有助于提高其韧性。例如，PLA/PHB（75/25）的拉伸强度低于 PLA 和 PHB，而且断裂伸长率没有变化〔7%（质量分数）〕。但增塑剂 Lapol 的加入显著地改善了 PLA/PHB（75/25）的应力—应变行为。在增塑剂 Lapol 含量为 5%（质量分数）时，PLA/PHB（75/25）共混物的断裂伸长率高于 PLA 和 PHB 各自的断裂伸长率，但是拉伸强度低于二者（表 2-24），PLA/PHB/Lapol 表现出明显的柔性材料特征。这种特征可能是 PLA 和 PHB 二者之间相互作用的结果，Lapol 在二者之间产生强烈的界面作用，说明 PLA/PHB 共混物的断裂伸长率随着增塑剂用量的增加而大幅度增加。

表 2-24　PLA/PHB/Lapol 共混物薄膜的力学性能

组　　成	拉伸强度/MPa	断裂伸长率（%）	弹性模量/MPa
PLA	42	7.2	1400
PLA/5% Lapol	14	14.4	1450
PLA/7% Lapol	16	13.7	1200
PHB	31	7.3	1950

（续）

组　成	拉伸强度/MPa	断裂伸长率（%）	弹性模量/MPa
PHB/5% Lapol	29	7.2	1750
PHB/7% Lapol	26	5.6	1830
PLA/PHB（75/25）	16	7.1	1270
PLA/PHB/Lapol（75/25/5）	13	15.5	1150
PLA/PHB/Lapol（75/25/7）	15	15.1	1120

　　将扩链剂异佛尔酮二异氰酸酯（IPDI）和亚磷酸三苯酯（TPP）分别加入 P（3，HB-co-4，HB）/PLA（40/60）共混物中后，扩链使 PLA 和 PHB 的分子链增长，分子链的柔顺性得以提高和充分发挥，分子链的缠结作用增强，从而使得共混物的断裂伸长率增加，缺口冲击强度和拉伸强度提高。其中 IPDI 和 TPP 添加量分别为 1.5 份和 1.0 份时，改性效果最明显，共混物断裂伸长率及缺口冲击强度分别提高了 34.5%、69.6% 和 89.6%、81.0%（图 2-66）。

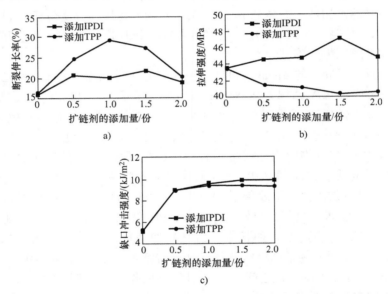

图 2-66　扩链剂对 P（3，HB-co-4，HB）/PLA（40/60）共混物力学性能的影响
a）断裂伸长率　b）拉伸强度　c）冲击强度

4. 热稳定性

　　PLA 是脂肪族聚酯，而且结晶慢，其热稳定性差。此外，在高温、高湿条件下易于水解，因此将其与 PHA 共混时，在改善其其他性能时，力求提高其热稳定性。

　　在添加增塑剂提高 PLA/PHA 共混物韧性时发现，共混物的熔点并不随增塑剂用量的增加而升高，而且 PLA 和 PHA 的热稳定性也没有受到影响（表 2-25、图 2-67）。

表 2-25　PLA/PHB/Lapol 共混物的 TGA 数据

试　　样	$T_d/℃$	$T_p/℃$	$T_p/℃$	R_{500}（%）
PLA	324	—	357	0.12
Lapol	278	—	340	8.94
PLA/5%（质量分数）Lapol	313	—	356	0.16
PLA/7%（质量分数）Lapol	312	—	357	0.86
PHB	260	279	—	0.25
PHB/5%（质量分数）Lapol	264	281	—	0.54
PHB/7%（质量分数）Lapol	264	282	—	0.53
PLA/PHB = 75/25	270	283	356	0.10
PLA/PHB/Lapol = 75/25/5	273	284	357	0.86
PLA/PHB/Lapol = 75/25/7	271	283	341	0.93

注：T_d—起始分解温度；T_p——次导数温度峰值；R_{500}—500℃时的残余质量。

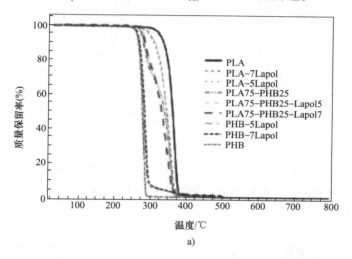

a)

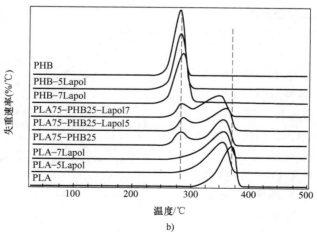

b)

图 2-67　PLA、PHB、PLA/PHB 共混物的 TG 与 DTG 曲线

a）TG 曲线　b）DTG 曲线

采用熔融共混法制备的 PLA/PHBV 共混物在加入纳米蒙脱土后热稳定性提高，这主要归因于层状硅酸盐的层状结构对 O$_2$ 和燃烧气体产生了阻隔作用；而 PLA/PHBV 共混物的分解主要分为两个阶段，第一个阶段是低温时的分解，这主要是 PHBV 的分解所致；而第二阶段的分解主要是 PLA 的分解（图 2-68）。

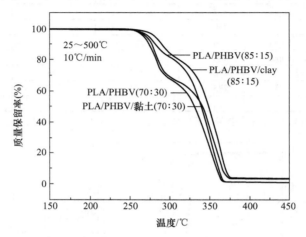

图 2-68　PLA/PHBV 共混物的 TGA 曲线

5. 降解性能

由于缺少相应的降解菌，因此，PLA 在自然环境条件下生物降解较慢；而 PHA 由微生物合成，在自然环境下生物降解快，因此将 PLA 与 PHA 共混有望提高其生物降解性。

随着 PHBHHx 含量的增加，通过熔融共混法制备的 PLA/微生物产 β-羟基丁酸酯与 β-羟基己酸共聚物的共混物（PLA/PHBHHx）的拉伸强度和弹性模量降低，而生物降解速率却显著提高。但是，在 175h 之前，20/80（质量比）的 PLA/PHB-HHx 共混物降解速率比纯 PHBHHx 还要高。

PHBV 的降解比 PLA 快得多，PLA/PPC/PHBV 共混物中 PHBV 含量越高，降解也就越快（图 2-69），这可能是土壤中 PHBV 的降解菌数多于 PLA 和 PPC 的之故。

由此看出，PLA/PHA 共混物的降解性能受实验条件影响很大；PLA 在自然条件下降解慢，但是在高温（60~70℃）、高湿（50%~60%）这样的堆肥条件下分解很

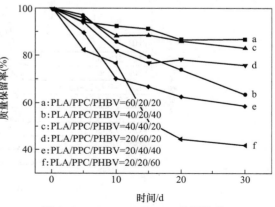

图 2-69　PLA/PPC/PHBV 共混物的
质量保留率与时间的关系

快；而 PHA 在自然环境下生物降解快，因此，总的来说，PLA/PHA 共混物的生物降解性是提高的。

6. 流变性能

PLA 的熔体强度低，一些加工如挤出吹塑薄膜、中空成型和发泡等困难，影响其应用。因此，期望在 PLA 中添加 PHA，提高其熔体弹性，改善其流变性能，进而改善其加工性能。

对 PLA/PHBV 共混物的流变性能研究表明（图 2-70），低频时，PLA/PHBV（50/50）共混物的 G' 出现了一个大的平台，表明共混物呈现出类固性。PLA/PHBV = 50/50、70/30 和 80/20 共混物的复数黏度随着频率的增加而降低，这可能是 PHBV 分解导致其黏度大幅度下降，PHBV 相变成小的液滴，从而使 PHBV/PLA 界面增加，进而提高共混物的弹性。在频率高于 $1\mathrm{s}^{-1}$ 时，纯 PLA 的复数黏度最大，但随着 PHBV 用量的增加，共混物的复数黏度下降，这可能也是 PHBV 分解所致。

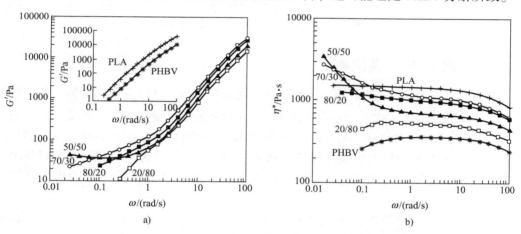

图 2-70　175℃时 PLA、PHBV 及 PLA/PHBV 共混物的流变性能

a）动态储能模量　b）复数黏度

对采用熔融共混法制备的 PLA/PHBV 共混物的流变性能测试表明（图 2-71），在低频区，随着 PHBV 用量从 15%（质量分数）增加到 30%（质量分数），PLA/PHBV 共混物的 G' 即熔体弹性明显增加，得到了与纯 PLA 类似的性能，因为 180℃ 时分子链完全松弛，而且 G' 随着频率的增加而增加。

研究表明，在 PLA 中添加 PHA 能够提高共混物的熔体弹性，这有利于 PLA 的成型加工，如挤出吹塑、挤出发泡等成型，加快 PLA 的应用。

PLA/PHA 是可完全生物降解聚合物共混物，绿色环保，在医药和包装等领域应用潜力巨大。但是目前 PLA/PHA 共混物还处于研究阶段，工业化应用还需要加大性能和成型工艺研究，解决其性脆、热稳定性差、熔体强度低、加工窗口窄等问题；另外还需要降低成本，为其大规模应用创造条件。

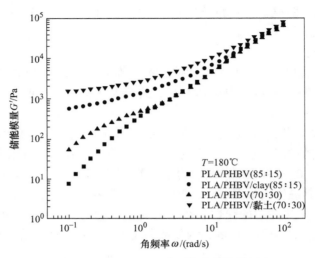

图 2-71 PLA/PHBV 共混物的储能模量

2.6.4 PLA/PPC 共混物

聚碳酸亚丙酯（PPC）是 CO_2 与环氧丙烷的共聚物，是绿色环保材料，其在生产过程中消耗 CO_2，减轻 CO_2 的温室效应，同时其能够生物降解，又能减少"白色污染"。其拉伸强度小于 10MPa，但材质柔软，断裂伸长率高于 200%，韧性好。因此，将 PLA 和 PPC 共混既可以解决 PLA 的脆性大、韧性差的问题，又可以解决 PPC 拉伸强度低等问题，从而达到性能互补的效果，又能保持二者的可生物降解性。

PLA/PPC 共混物的性能主要取决于二者两者的相容性。从结构上看（图 2-72），PLA 与 PPC 的结构相似，因此可以认为二者在一定程度上相容。但是研究表明，该结论只在 PPC 含量低于 30t%（质量分数）时成立；同时 PPC 的加入对 PLA 的熔融与结晶

$$\left[O-CH-\underset{\underset{O}{\parallel}}{\overset{CH_3}{\underset{|}{C}}} \right]_n \qquad \left[\underset{\underset{O}{\parallel}}{C}-O-\overset{CH_3}{\underset{|}{CH}}-CH_2-O \right]_n$$

PLA   PPC

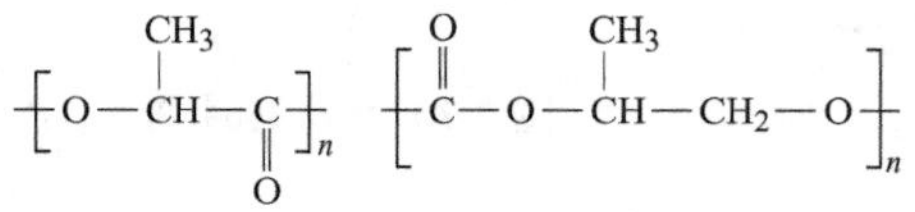

图 2-72　PLA 和 PPC 分子结构式

性能、流变性能与加工性能、力学性能和降解性能等都有一定的影响。

1. 相容性

（1）相容性　研究表明，PLA 和 PPC 的共混物在 PPC 含量较低时相容性较好，在 PPC 含量低于 30%（质量分数）时，共混物的 DSC 曲线上只有一个 T_g；PPC 含量继续增加时，DSC 曲线上出现两个 T_g；随着 PPC 含量的增加，较低的 T_g 随之升高，较高的 T_g 则随之降低，说明在 PPC 含量低于 30%（质量分数）时，两者相容性较好；而 PPC 含量高于 30%（质量分数）时，共混物出现相分离，因此 PLA 和 PPC 是部分相容体系（图 2-73）。

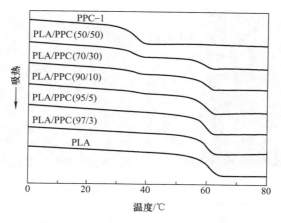

图 2-73　PLA/PPC 共混物的 DSC 曲线

采用压片法制备的 PLA/PPC 共混物的断裂面粗糙，而且高低不平，呈现明显的韧性断裂特征。此外，还可以看到明显的 PPC，说明两者相容性较差（图 2-74）。

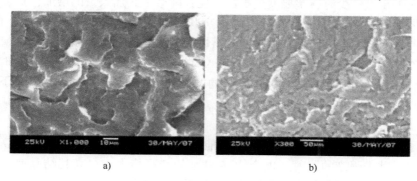

图 2-74　PLA/PPC 共混物的 SEM
a）PPC 含量/%（质量分数）=35　b）PPC 含量/%（质量分数）=50

上述分析表明，由于 PLA 与 PPC 二者化学结构相似，因此在 PPC 添加量较低时二者相容；但是在 PPC 添加量较大时，相分离明显，PLA/PPC 共混物为不相容体系。

（2）提高相容性的途径　目前提高 PLA/PPC 共混物相容性的措施主要是加入增容剂、与 PLA 或 PPC 反应的第三组分形成三元共混物等。

加入增容剂可提高 PLA/PPC 共混物的韧性。例如，在 PLA/PPC 共混物中加入 MDI 可提高两者的相容性。加入 1 份 MDI 后，图 2-75b 显示 PLA 和 PPC 两者界面变得模糊，说明两者的相容性提高，MDI 起到了增韧的作用。随着 MDI 用量的增加，共混物的冲击强度呈现先增加后减小的趋势，在 MDI 用量为 1 份时，冲击强度（27kJ/m²）达到最大值。

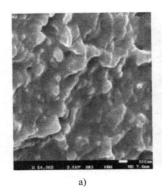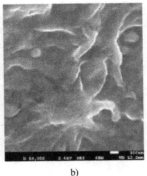

a)   b)

图 2-75 MDI 用量对 PLA/PPC 共混物相容性的影响

a）MDI 加入量/份 = 0 b）MDI 加入量/份 = 1

在 PPC/PLA 共混物中加入 2，4—甲苯二异氰酸酯（TDI）作为增容剂，通过熔融共混使 TDI 与 PPC 及 PLA 的端羟基反应形成扩链产物制备的一系列共混物表明，加入 TDI 量较少时，主要发生扩链反应；随着 TDI 加入量的增加，扩链生成的氨基甲酸酯基团与 TDI 发生反应，产生交联。形成的扩链产物明显改善了 PLA/PPC 共混物的相容性，而且共混物的力学性能和热性能都得到显著提高。

此外，将 PPC 用马来酸酐封端后与 PLA 共混，也可改善 PLA 的韧性，同时还能解决增韧剂从制品中向外迁移的问题。PPC 的加入使 PLA/PPC 共混物拉伸强度下降幅度不大，但断裂伸长率较纯 PLA 增加近 20 倍，说明 PPC 是一种有效的大分子增韧剂。

2. 熔融与结晶行为

除了添加成核剂改善 PLA 的结晶性能外，研究表明，在添加少量 PPC 改善其韧性、提高冲击强度的同时，也会增强 PLA 的结晶能力，提高其结晶速率，完善其球晶结构，进而提高其宏观力学性能，改善其加工性能。

在研究 PLA/PPC 共混物相结构时发现，在 PPC 含量低于 30%（质量分数）时，PLA/PPC 共混物的晶体比较完善；当 PPC 含量为 40%（质量分数）时，明显可以看出结晶不完善，结晶度降低。与 PPC 含量为 10%（质量分数）时相比，PPC 含量 30%（质量分数）时，共混物的球晶最大（图 2-76），数量较多，晶体完善，说明 PPC 含量的增加有利于提高 PLA 的结晶性能。随着 PPC 含量的增加，熔融温度略有降低（图 2-77），结晶度先升高后降低，在 PPC 含量为 30%（质量分数）时，结晶度最高（表 2-26）。

表 2-26 PLA/PPC 共混物的熔融和结晶性能

PLA/PPC 共混比	$T_m/℃$	熔融焓/（J/g）	结晶度（%）
100/0	157.46	53.08	56.7
90/10	157.31	51.91	61.6

（续）

PLA/PPC 共混比	T_m/℃	熔融焓/（J/g）	结晶度（%）
70/30	157.16	41.59	63.5
60/40	156.93	32.87	58.5

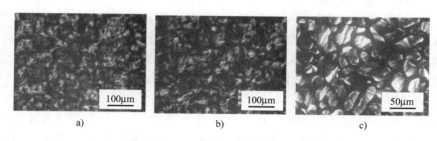

图 2-76　PLA/PPC 共混物的 POM

a）PLA/PPC = 90/10　b）PLA/PPC = 70/30　c）PLA/PPC = 60/40

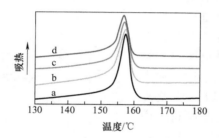

图 2-77　PLA/PPC 共混物的 DSC 曲线

a—PLA/PPC = 100/0　b—PLA/PPC = 90/10　c—PLA/PPC = 70/30　d—PLA/PPC = 60/40

3. 流变性能

PLA/PPC 共混物的流变行为与共混物的组成、两相的相互作用及相的转变有着密切的关系。PLA/PPC 共混物以 PLA 为基体，流变行为由连续相 PLA 决定。PPC 分子链具有一定的柔性，此时作为分散相的 PPC 降低了共混物熔体的流动性，起增韧作用，从而使共混物的 η 升高。PPC 含量超过 30%（质量分数）时，其倾向于从 PLA 连续相中分离出来而形成单独的相区，即两相共连续，此时 PPC 的增韧作用明显增强，但是此时共混物表现出了非牛顿流体行为，改变了 PLA 本身的牛顿流体性质（图 2-78）。

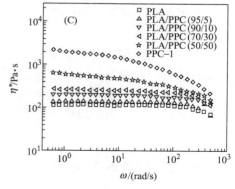

图 2-78　螺杆转速对黏度的影响

在 PPC 用量超过 20%（质量分数）后，共混物的熔体流动速率急剧下降；超过 40%（质量分数）后，共混物的熔体流动速率变化趋于平缓。共混物具有较高的黏流活化能，黏度对温度较敏感。同时在一定的温度范围内提高剪切应力也会使共混物黏度下降。

加工条件（温度和剪切速率等）对共混物的流变性能影响很大。例如，在 160℃、角频率在 0.1~100/s 的条件下，共混物的复数黏度测试结果表明，PLA 熔体黏度低，比 PPC 大约低 2 个数量级，共混后熔体黏度介于二者之间。PLA 较低的熔体黏度和 PPC 较高的熔体黏度都不适于加工的要求，而二者共混物的熔体黏度可以在很宽的范围内予以调控，满足不同加工的要求。

4. 力学性能

在 PPC 含量增加到 20 份时，PLA/PPC 共混物的应力—应变曲线上才出现屈服点（但是不很明显）；在 PPC 含量超过 20 份时，可以看到明显的屈服点和塑性形变应力平台。共混物在拉伸过程中也有明显的颈缩、应力发白现象，试样的拉伸断面粗糙、不规则，这表明随着 PPC 含量的增加，共混物的模量降低，断裂伸长率增加，共混物由典型的脆性断裂向韧性转变。冲击强度持续增加；但 PPC 用量较低时提高得更明显，当 PPC 用量从 0 增加到 10 份时，冲击强度从 8kJ/m² 提高到 17kJ/m²，提高了 1 倍多，说明 PPC 加入到 PLA 中可明显改善其冲击性能。当 PLA/PPC = 60/40 时，共混物有较高的拉伸强度（约为 30MPa）和一定的断裂伸长率（图 2-79）。

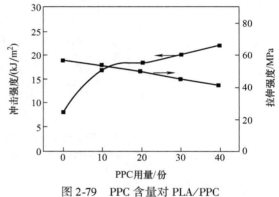

图 2-79　PPC 含量对 PLA/PPC
冲击强度和拉伸强度的影响

以上结果说明，PPC 加入到 PLA 中可明显提高 PLA 的冲击性能，但也不可避免地带来拉伸强度降低等负面效果。使用时，应根据需要，选择两组分的最佳用量。

PLA/PPC 共混物的制备主要是采用熔融共混法。在 PLA 中添加 PPC，在 PPC 添加量适宜的情况下，二者相容性较好，能够改善 PLA 的韧性，提高其冲击强度。PLA/PPC 共混物作为可完全生物降解的材料，针对当前环境和资源而言是一种非常有前景的研究方向，相信随着 PLA/PPC 共混物性能的进一步改进与优化，其应用将更加广泛。

2.6.5　PLA/PBS 共混物

PBS 是由丁二酸（琥珀酸）和丁二醇两种单体聚合而成的，聚丁二酸（琥珀酸）-己二酸-丁二醇酯（PBSA）是由丁二醇、丁二酸（琥珀酸）和己二酸共聚得到的生物降解脂肪族聚酯，已经由日本昭和高分子公司以商品名 Bionolle® 出售，前者是 Bionolle#1000，后者是 Bionolle#3000，后者的生物降解性能优于前者。

PBS 和 PBSA 的 T_m 分别为 114℃和 94℃，T_g 分别为 -32℃和 -45℃，密度分别为 1.26g/cm³ 和 1.23g/cm³，熔体流动速率为 1.0~3.0g/10min（190℃、2.16kg），相对分子质量在 20 万~30 万之间，相对分子质量分布窄，$M_w/M_n \approx 3$。PBS 的结晶非常快。

PBS 和 PBSA 的拉伸强度高，但是弯曲模量低，即二者既有韧性，也有弹性，且具有优异的可加工性，将 PBS 或 PBSA 与 PLA 共混，可提高 PLA 的韧性、断裂伸长率和加工性能等。

1. 相容性

由图 2-80 可以看出，纯 PLA 在 110℃和 150℃之间出现了一个较宽的结晶峰（在相应的 DSC 曲线），在 176℃左右出现了一个熔融峰；纯 PBS 在 92℃处出现了一个尖锐的放热峰。特别需要指出的是，二者的 T_g 相差近 100℃。但是 PLA/PBS 共混物在整个组成范围内只有一个 T_g，并且随着 PBS 含量的增加而降低，这说明在非晶区两者可能是相容的，但 T_g 降低的程度不是很大，不符合经典的 Fox 方程或 Gordon-Taylor 方程。PBS 在室温下能够结晶，因此 DSC 加热或冷却要足够慢，以使 PBS 结晶。由于晶体的存在，非晶区的含量在整个共混物组成范围内是不同的，即非晶区内 PBS 的含量比 PLA 少。因此，不能仅仅用 T_g 的变化来判断两者的相容性。

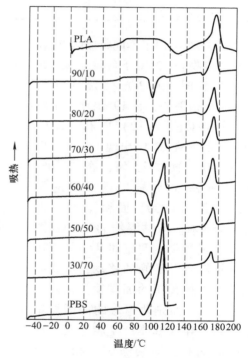

图 2-80　PLA/PBS 共混物的 DSC 曲线

2. 结晶性能

PLA/PBS 共混物在整个组成范围的 DSC 曲线上都出现了两个不同的熔融峰，这说明 PLA/PBS 共混物属于半结晶/半结晶共混物。虽然 PLA 和 PBS 放热峰的温差不大，但是 PBS 含量只有 10%（质量分数）时，在 100℃左右出现了一个尖锐的单峰。此外，与纯 PLA 相比，共混物的结晶度大大增加。这些结果表明，对

PLA 来说，PBS 是一种很好的增塑剂（表 2-27）。

表 2-27　PLA/PBS 共混物的熔融与结晶参数

PLA/PBS （质量比）	PBS		PLA			
	$T_g/℃$	$T_m/℃$	$T_g/℃$	$T_m/℃$	ΔH_f （J/g）	X （%）
100/0	—	—	64.2	176.1	27.1	28.5
90/10	—	113.6	60.2	174.7	39.6	41.6
80/20	—	113.4	60.0	173.9	36.1	38.0
70/30	—	113.9	59.3	173.8	35.1	36.9
60/40	—	114.1	58.4	173.4	34.8	36.6
50/50	—	114.0	58.4	173.9	35.1	36.9
30/70	—	114.0	56.6	171.9	34.3	36.1
0/100	−34.0	113.7	—	—	—	—

图 2-81 给出了不同组成的 PLA/PBS 共混物在 120℃下等温结晶 12h 的 WAXD 图。纯 PLA 在 16.5°出现一个强的衍射峰，在 19°出现一个弱峰，分别对应（110）面和（203）面。纯 PBS 在 22.9°出现了一个对应于（110）面的强峰，在 22.0°、19.7°和 29.3°分别出现了对应（021）面、（020）面和（111）面的 3 个弱峰。从共混物的 WAXD 图上没有观察到由两相间共结晶而产生的新峰或者是峰的移动，这说明共结晶不像预想的那样发生在两聚合物之间，而是两组分的晶区发生了分离，导致基体产生相分离，形成纯的两相，即结晶诱导相分离。用小角 X 射线衍射测得在共混物中 PBS 相被驱逐出 PLA 晶层相区，这使得 PLA 的长周期非晶区层厚度明显减小。PBS 含量大于 40%（质量分数）时，用偏光显微镜可以看到明显的结晶诱导相分离（图 2-82）。

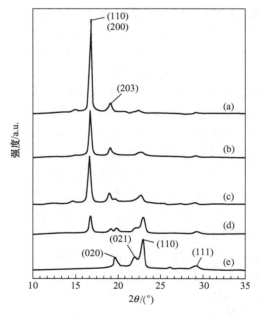

图 2-81　PLA/PBS 在 120℃下等温结晶 12h 的 WAXD 晶型衍射

a）PLA/PBS 组成 = 100/0　b）PLA/PBS 组成 = 70/30
c）PLA/PBS 组成 = 50/50　d）PLA/PBS 组成 = 30/70
e）PLA/PBS 组成 = 0/100

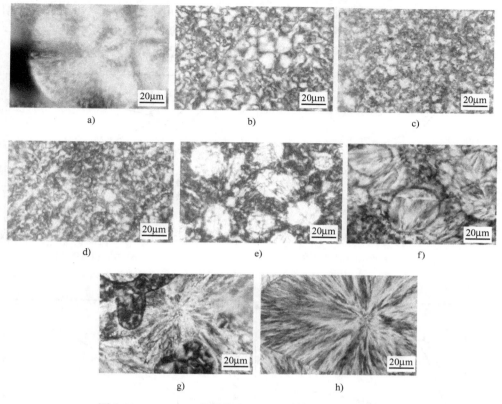

图 2-82　PLA/PBS 共混物在 100℃下等温结晶 12h 的 POM

a) PLA/PBS = 100/0　b) PLA/PBS = 90/10　c) PLA/PBS = 80/20　d) PLA/PBS = 70/30

e) PLA/PBS = 60/40　f) PLA/PBS = 50/50　g) PLA/PBS = 30/70　h) PLA/PBS = 0/100

3. 力学性能

图 2-83 给出了 PLA/PBSA 共混物的力学性能随 PBSA 含量的变化情况。可以看出，共混物的拉伸屈服强度和模量随 PBSA 含量的增加而降低，伸长率则增大，这可能是 PBSA 的模量和断裂强度低而断裂伸长率高所致。共混物的冲击强度随着 PBSA 用量的增加而增大，在 PBSA 用量为 30%（质量分数）~50%（质量分数）时，共混物的冲击强度达到了 85 ~ 120J/m²，比纯 PLA 提高了 100% ~ 150%，这是因为共混物中的银纹在形成过程中吸收了大量的冲击能。

2.6.6　PLA/PCL 共混物

PCL 是一种半结晶性聚合物，熔点为 59 ~ 64℃，T_g 为 - 60℃。其结构重复单元上有 5 个非极性亚甲基和一个极性酯基，这种结构使得其具有很好的柔韧性和加工性能。此外，其还具有良好的生物分解性，生物降解较快，因此，将 PLA 与 PCL 共混不仅能提高 PLA 的韧性，还能增加其生物降解速度。因此，通过控制

PLA 与 PCL 的组分比、采用不同的共混工艺等，就有可能获得一系列具有不同相态结构、结晶性能以及力学性能，且具有不同降解周期、兼具强度与韧性的 PLA/PCL 共混物，同时还能保持 PLA 的生物降解性能，满足不同领域的要求。

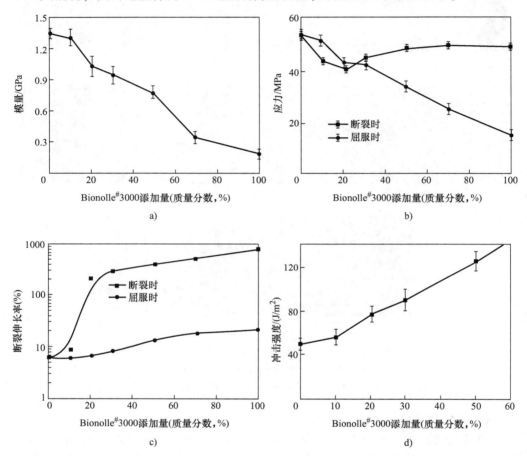

图 2-83　PLA/PBSA 共混物的力学性能随 PBSA（Bionolle#3000）含量的变化情况
a）模量　b）拉伸强度　c）断裂伸长率　d）冲击强度

1. 相容性

（1）相容性测量　T_g 是确定聚合物共混物相容性或相分离最为常用的方法之一。对于相容体系，只有一个 T_g，出现在两个纯组分 T_g 的中间温度处，说明共混物出现了分子水平的均相共混物。而与此相反的是，对于不相容体系，共混物出现的是两个 T_g，与纯组分各自的相同。出现两个 T_g，且两个 T_g 彼此靠近，可以认为共混物出现了相分离，为部分相容体系。

将 PLA 和 PCL 共混，共混物存在两个明显的 T_g（表 2-28），因此 PLA/PCL 共混物为不相容体系。

表2-28 PLLA、PCL 及其共混物的 T_g（DMA 测试结果） （单位：℃）

PLLA/PCL	PLLA	PCL
0/100	—	− 36. 8
100/0	70. 1	—
90/10	71. 1	− 37. 5
80/20	72. 2	− 36. 6
70/30	71. 8	− 37. 2

表 2-29 给出了 PLA、PCL、富 PLA 相共混物和富 PCL 相共混物的 T_g。可以发现，随着共混物中 PCL 含量的增加，PLA 相的 T_g 下降，从纯 PLA 的 64. 3℃下降到 58℃左右；而 PCL 相的 T_g 随着 PLA 的添加而升高。这说明，一定量的无定形 PCL（无定形 PLA）溶于富 PLA 相（富 PCL 相）中，形成部分相容共混物，进而降低了 T_g。

表 2-29 PLA/PCL 共混物中富 PLA 相和富 PCL 相的 T_g 和组成

试 样	富 PLA 相		富 PCL 相	
	T_g/℃	PCL 部分	T_g/℃	PLA 部分
PLA	64. 3	0	—	—
PLA/PCL（90/10）	61. 6	0. 0172	− 40. 5	0. 0417
PLA/PCL（85/15）	58. 5	0. 0372	− 39. 3	0. 0575
PLA/PCL（80/20）	58. 0	0. 0405	− 38. 9	0. 0627
PLA/PCL（70/30）	57. 6	0. 0431	− 37. 2	0. 0848
PLA/PCL（60/40）	57. 9	0. 0411	− 38. 5	0. 0680
PLA/PCL（50/50）	58. 1	0. 0398	− 40. 2	0. 0456
PCL	—	—	− 43. 6	0

一般来说，可以用 Fox 公式来描述部分相容聚合物的 T_g。

$$\frac{1}{T_{gb}} = \frac{W_{PCL}}{T_{g,PCL}} + \frac{(1 - W_{PCL})}{T_{g,PLA}} \tag{2-5}$$

式中 $T_{g,PCL}$ 和 $T_{g,PLA}$——分别为纯 PCL 和 PLA 的 T_gs；

T_{gb}——相分离的 PLA/PCL 共混物中富 PLA 相（富 PCL 相）的 T_g；

W_{PCL}——富 PLA 相（富 PCL 相）中的 PCL 质量分数。

将 T_g 代入上式，估算出富 PLA 相中约有 2% ~ 4%（质量分数）的 PCL，富 PCL 相中约有 4% ~ 8%（质量分数）的 PLA。

研究表明，所有组成比例的 PCL/PLA 共混物都为典型的两相不相容体系，共混物存在两个明显的 T_g，两相界面清晰（图 2-84），界面黏结松散。共混物的相形态强烈依赖于组分比。随 PCL 组分含量的增加，体系内球形分散的形态逐渐向纤维状和部分双连续的相态转变。两相界面的存在增加了体系动态弹性响应，并使体系出现了动态松弛（图2-85）。

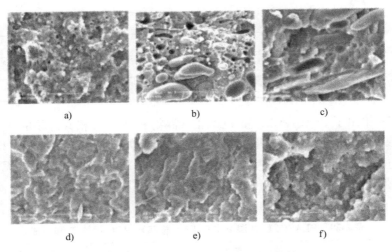

图2-84　不同质量比的 PLC/PLA 共混物的 SEM

a）PCL/PLA 质量比 = 20/80（×1250）　b）PCL/PLA 质量比 = 30/70（×625）

c）PCL/PLA 质量比 = 40/60（×1250）　d）PCL/PLA 质量比 = 50/50（×1250）

e）PCL/PLA 质量比 = 60/40（×1250）　f）PCL/PLA 质量比 = 70/30（×2500）

可以看出，几乎所有组成的试样在应变大于 30% 时，储能模量都开始明显下降。而对于纯 PCL 和纯 PLA 空白样，应变大于 100% 时才出现剪切变稀行为。线性牛顿区的缩短说明共混物内存在相界面，同样证实了体系的非均相形态。

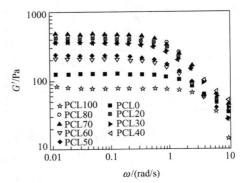

图2-85　PCL/PLA 共混物的动态储能模量随应变的变化

（2）提高相容性的途径　为了改善 PLLA 与 PCL 的相容性，可以添加嵌段共聚物 PLA-co-PCL、PCL-b-PEG、亚磷酸三苯酯（TPPi）等作为相容剂；另一种改善 PLA 与 PCL 相容性的有效方法是用相容剂反应共混。

1）以 P（LLA-co-ε-CL）为相容剂。P（LLA-co-ε-CL）是 PLLA/PCL 共混物的良相容剂，可以通过 L-LA 和 ε-CL 一步法开环聚合制备。由于 P（LLA-co-ε-CL）与 PLA 和 PCL 都具有相容性，对 PLLA 而言，共聚物相容剂上的柔性链段使 PLLA 的分子链活动能力增强，从而增强 PLLA 的重结晶能力；对 PCL 而言，共聚物相容剂上的刚性链段制约了 PCL 的结晶。表2-30 列出了不同 PLA/PCL 共混物的重结晶温度。

表2-30 添加不同含量的相容剂时PLA/PCL（50/50）共混物的重结晶温度

P（LLA-co-ε-CL）添加量（%）	共混物的重结晶温度/℃
0	84.3
5	91.1
10	95.3
20	100.7

由DSC升温曲线可以看出，共混物中PLLA的重结晶峰随相容剂含量的增加向低温方向移动，说明PLLA的结晶能力增强。从图2-86（a）看出，纯PLA在$2\theta=16.4°$和18.6°有两个弱的衍射峰，而纯PCL的结晶相在$2\theta=21.6°$和23.8°处有两个明显的衍射峰［图2-84（g）］。对于纯PLA，$2\theta=16.4°$和18.6°的特征衍射峰是PLA晶胞的反射，是分子链以$-10/3$螺旋构象形成的斜方晶。PCL加入后，所有PLA/PCL共混物中的PLA特征峰都没有明显偏移，说明PCL对PLA的结晶结构没有明显的影响，但是$2\theta=16.4°$处的特征峰强度随着PCL含量而变化。此外，$2\theta=16.4°$和18.6°两处的特征峰在PLA/PCL共混物中仍然存在，说明在PLA/PCL这种部分相容的共混物中富PLA相和富PCL相共存。

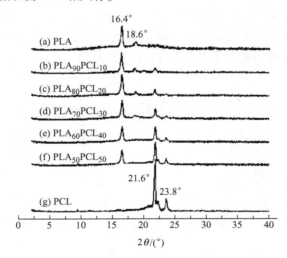

图2-86 PLA、PCL和PLA/PCL共混物的WAXD谱图

2）以PLLA-PCL-PLLA为相容剂。Maglio等将PLLA/PCL/PLLA-PCL-PLLA在200℃、于密炼机中、氮气保护下，在40r/min的转速下熔融共混10min，制备了不同比例的试样，结果如表2-31所示，很明显，共混物的断裂伸长率得到了大幅度的提高。从图2-87的SEM看出，PLLA-PCL-PLLA有助于PCL在PLLA中的分散，添加4%（质量分数）的PLLA-PCL-PLLA后PCL的分散尺度从10～15μm减小到

3~4μm，进而提高了 PLLA 的韧性。

表 2-31 PLLA/PCL（70/30）及 PLLA/PCL/PLLA-PCL-PLLA（70/30/4）共混物的力学性能

共　混　物	拉伸模量/MPa	屈服应力/MPa	断裂伸长率（%）
PLLA/PCL（70/30）	1400	—	2
PLLA/PCL/PLLA-PCL-PLLA（70/30/4）	1400	16	53

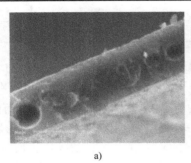
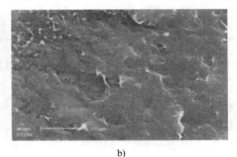

a)   b)

图 2-87　PLLA/PCL 共混物的 SEM

a) PLLA/PCL（70/30）　　b) PLLA/PCL/PLLA-PCL-PLLA（70/30/4）

3）以亚磷酸三苯酯（TPPi）为相容剂。用亚磷酸三苯酯（TPPi）增容 PLA/PCL 共混物时发现 TPPi 对共混物有协同或接枝作用，这可能是在两种组分间发生了酯交换反应，生成了界面相容剂，促使组分均匀分布，进而有效地提高共混物的断裂伸长率，即有效地改善了 PLA 的脆性（图 2-88）。

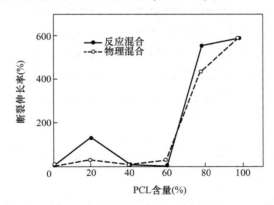

图 2-88　PLA/PCL 共混物断裂伸长率与 PCL 含量的关系

2. 熔融与结晶性能

采用熔融法制备的不同配比的 PLA/PCL 共混物（PLA：99% L-LA，M_W = 100000~200000；PLA/PCL = 100/0、90/10、85/15、80/20、70/30、60/40、50/50、40/60、20/80 和 0/100）的 DSC 表明，纯 PLA 的冷结晶峰温为 T_c = 102.5℃，熔融

峰为 $T_m = 171.5℃$，而纯 PCL 的 $T_m = 59.6℃$。从图 2-89 可以看出，与纯 PLA 和 PCL 相比，PLA/PCL 共混物中，PLA 和 PCL 的 T_m 分别移向低温和高温方向，其中 PLA/PCL = 70/30 共混物偏移最大，这说明在所有共混物中，其相互作用最强。

从图 2-90 的 POM 中可以看出，纯 PLA 为球晶，但是 PLA/PCL 共混物的球晶中有很多斑点。PLA 及其共混物的球晶半径随着时间的延长而线性增加。此外，在 PCL 含量≤30%（质量分数）之前 PLA/PCL 共混物球晶的大小随着其含量的增加先增加而后下降。PLA/PCL = 70/30 共混物的球晶最大，这说明共混物球晶的径向增长速率取决于 PCL 的含量。从表 2-32 看出，PLA/PCL 共混物的球晶增长速率先升后降，其中 PLA/PCL = 70/30 共混物的增长速率最大。此外，除了 PLA/PCL = 50∶50共混物外，所有共混物的球晶增长速率都高于纯 PLA，因此将 PCL 加入 PLA 中有助于 PLA 球晶的长大，加快 PLA 的结晶。但是，在 PCL 过量［> 30%（质量分数）］后 PLA 球晶的增长速率降低（表2-32），这是因为过量 PCL 阻碍了 PLA 分子链的运动，进而阻碍了其球晶的增长。

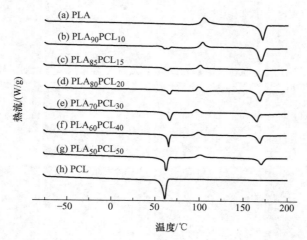

图 2-89　PLA、PCL 和 PLA/PCL 共混物的二次加热 DSC 曲线

表 2-32　130℃时 PLA/PCL 共混物的球晶径向增长速率

PLA/PCL	球晶径向增长速率/（μm/min）
100/0	0.218
90/10	0.253
85/15	0.265
80/20	0.278
70/30	0.282
60/40	0.258
50/50	0.180

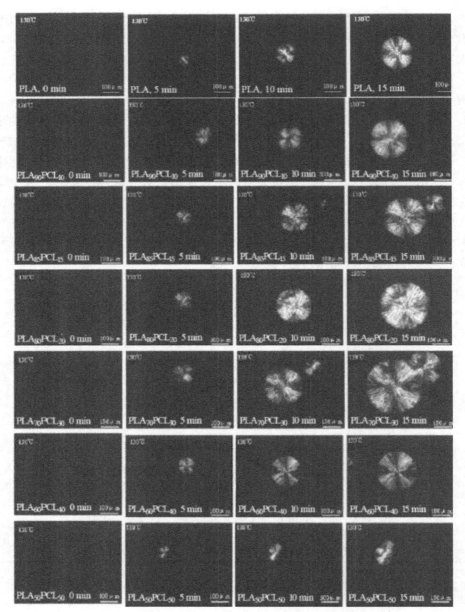

图 2-90　130℃时 PLA/PCL 共混物的球晶增长情况

3. 力学性能

从图 2-91a 可以看出，纯 PLA 的拉伸断裂面光滑，表明出现了脆性断裂；而与此相反的是，纯 PCL 表现的是韧性断裂特征。从图 2-91a～e 可以看出，PCL 的韧性被赋予给了 PLA。图 2-91f、g 表明，在 PCL 含量较高时［如高于 30%（质量分数）］，PLA/PCL 共混物的拉伸断裂面上 PLA 与 PCL 之间有拔出的痕迹和明显的边界。推测断裂面处的这些拔出痕迹是 PLA 与 PCL 之间界面作用弱造成的，这与两种聚合物在 DSC 中热转换中没有明显的偏移相一致。

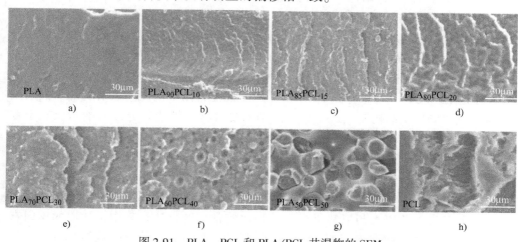

a) b) c) d)

e) f) g) h)

图 2-91　PLA、PCL 和 PLA/PCL 共混物的 SEM

a) PLA/PCL = 100/0　b) PLA/PCL = 90/10　c) PLA/PCL = 85/15　d) PLA/PCL = 80/20
e) PLA/PCL = 70/30　f) PLA/PCL = 60/40　g) PLA/PCL = 50/50　h) PLA/PCL = 0/100

从图 2-92 可以看出，纯 PLA 是一种拉伸强度高（55.9MPa）、断裂伸长率低（4.9%）的高模量脆性材料。PLA/PCL 共混物的拉伸强度和断裂伸长率分别随着 PCL 含量的增加而单调下降和增加。在 PCL 的含量从 0 增加到 40wt% 的过程中，PLA/PCL 共混物的拉伸强度急剧下降，而之后变化平缓。PCL 的含量对断裂伸长率的影响类似于其对拉伸强度的影响。当 PCL 含量从 0 增加到 50%（质量分数），共混物的拉伸强度从 55.9MPa 下降到 27.1MPa，而断裂伸长

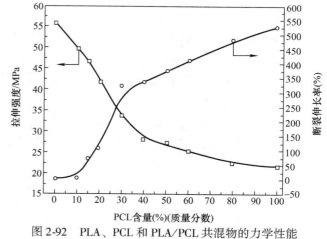

图 2-92　PLA、PCL 和 PLA/PCL 共混物的力学性能

率却从 4.9% 增加到 379.3%，说明随着 PCL 的添加 PLA 从脆性转变为韧性。

2.7　PLA/层状硅酸盐纳米复合材料

层状硅酸盐纳米颗粒具有厚度为 1nm 左右、宽度为 100nm 左右、初始层间距为 1nm 左右的片层所组成的"堆栈"结构，径厚比大，在几十到几千之间，使其

具有很强的纳米尺寸效应和吸附能力。聚合物插层于硅酸盐片层之间形成纳米复合材料时，可以得到 3 种结构——插层型结构、剥离型结构以及插层与剥离混合型结构的聚合物/层状硅酸盐纳米复合材料，其强度、热性能、阻隔性能、阻燃性能等得到大幅度提高，其中蒙脱土（黏土）是制备聚合物/层状硅酸盐纳米复合材料最为常用的层状硅酸盐之一。

通过不同的制备方法，PLA 分子链可以插入层状硅酸盐片层之间，形成黏土颗粒尺寸达纳米级（一维尺寸在 100nm 以下）、黏土片层层间距增大的所谓"插层型结构"或"剥离型结构"。在 PLA/黏土纳米复合材料中均匀分散的纳米级黏土颗粒以及这种插层型结构或剥离型结构为其性能等的改善带来了契机。目前的研究表明，通过适当的加工方法，添加适量黏土的 PLA/黏土纳米复合材料的熔体强度、力学性能、热性能、阻燃性能、气体阻透性能等均可以得到不同程度的改善。

PLA 要在商业化领域中得到广泛应用就需要大幅度降低其价格，并具备可靠可控的加工工艺。将 PLA 与填料复合是一种比较常用的方法。其中，常用的填料有纳米黏土、纳米碳酸钙等，通过不同工艺可以获得 PLA/层状硅酸盐纳米复合材料（PLA/MLS）、PLA/纳米碳酸钙复合材料等。近年来，PLA/层状硅酸盐纳米复合材料从制备方法、结构与性能等方面都得到了广泛而深入的研究，有望推动其工业应用。

2.7.1　制备方法

PLA/层状硅酸盐纳米复合材料的制备方法主要有原位插聚合层法、溶液插层法、熔融插层法、扩链改性后插层等。这几种方法都广泛用于 PLA/黏土纳米复合材料的制备，表 2-33 对其进行了总结，并给出了所用黏土和所得到的 PLA/层状硅酸盐复合材料的结构。

表 2-33　PLA/黏土纳米复合材料的制备技术及其结构

制 备 方 法	PLA/溶剂/催化剂	黏　　土	结　　构
溶液流延	PLA/三氯甲烷	MMT-C$_{18}$（二甲基二硬脂铵）	层片对叠体
		MMT-Na$^+$	微米复合材料
		MMT-CAB	插层
		C30B	插层
		C20A	插层
		MMT-FA（脂肪族胺）	插层
		MMT-FHA	插层
		MMT-CDFA	部分插层
	PLA/DMAc	MMT-C$_{16}$（十六铵）	插层
		云母-C$_{16}$（十六铵）	插层
	PLA/二氯甲烷	C30B	剥离
		C25A	插层/剥离共存
		C15A	插层
	PLA/甲基氯化物	m-MMT-CTAB（壳聚糖改性）	剥离

（续）

制备方法	PLA/溶剂/催化剂	黏 土	结 构
熔融插层	PLA/o-PCL	MMT-C_{18}（十八烷基铵）	插层-絮凝
	PLA/甘油四乙酸	MMT-C_{18}（十八烷基铵）	插层
	PLA/柠檬酸乙炔三乙酯	C25A	插层
	PLA/o-PEG	MMT-聚乙二醇十八铵	插层
	PLA/PEG（5%~20%）	MMT-CNa$^+$	插层
		C30B	插层
		C25A	插层
		C20A	插层
	PLA	MMT-C_{18}（十八烷基铵）	插层-絮凝
		MMT-$^3C_{18}$（三甲基十八烷基铵）	插层
		SFM-O（N-（cocoalkyl）-N, N-[双（2-羟乙基）-N-乙基铵离子	插层/剥离 [4%（质量分数）]
		SAP-O	无序插层
		十六烷基三丁酯磷阳离子 MMT-C_{16}（n-十六烷基三-n-丁基溴化磷）	插层
		云母-C_{16}	有序插层
		蒙脱石-C_8（n-辛基三-n-丁基溴化磷）	无插层
		蒙脱石-C_{12}（n-十二烷基三-n-丁基溴化磷）	插层
		蒙脱石-C_{16}	无序插层
		蒙脱石-Ph（甲基三苯基溴化磷）	微米复合材料
		C15A	插层
		C93A	插层
		C30B/DK2	插层/剥离
		C25A	插层
		C15A	插层
		C20A	插层
		TFC-（缩水甘油醚丙基三甲氧基硅烷）	剥离/插层
		OMMT（用2MHTL8和2MBHT改性）	堆叠插层/部分剥离
原位插层	PLLA/三乙基铝	C30B	剥离
		MMT-Na$^+$	插层
		C25A	插层
	PLA/辛酸亚锡	C30B	剥离
		C20A	插层
母料法	PLA	C30B	插层/剥离
	PLA/PCL	DK4（二甲基溴化铵改性 MMT）	插层/剥离
	PLA/三乙基铝/PEG	C30B	插层/剥离
	PLA/辛酸亚锡	C30B	插层/剥离

注：DMAc——N, N'-二甲基乙酰胺；CTAB——n-十六烷基三甲基溴化铵离子；CAB——椰油酰胺丙基甜菜碱；CDFA——焦基二脂肪酸酰胺；FHA——脂肪酸异羟肟酸。

1. 溶液插层法

溶液插层法是先将层状硅酸盐在溶剂中溶胀，然后将与溶剂相容的聚合物与其混合，聚合物分子链插入层状硅酸盐中，同时将溶剂排出。去除溶剂后，插层结构得以保留，得到聚合物/层状硅酸盐纳米复合材料。不同溶液、不同的表面活性剂改性的 OMLS 制备的 PLA/OMLS 纳米复合材料的结构与性能不同。

最先是通过将 PLA 溶于二硬脂基二甲基铵改性 MMT（OMLS）的氯仿溶液中制得了 PLA/OMLS 复合材料。WAXD 结果表明，形成黏土的硅酸盐没有被 PLA 插层，也就是说，黏土是以片状团聚体的形式存在的，由数个叠加的硅酸盐层组成。这些层片在复合材料中形成了特殊的几何结构，在复合材料膜中产生了超结构，这种结构特性增加了复合材料的弹性模量。

采用表 2-34 所示的 3 种不同 OMLS、通过溶液插层法制备的 PLA/OMLS 纳米复合材料的 XRD 表明，不论所用的为何种 OMLS，均形成了插层结构的纳米复合材料；TEM 显示，尽管还有一些颗粒束或者是团聚的颗粒，但是大多数黏土层都被均匀分散于 PLA 基体中了。

表 2-34　不同表面活性剂改性黏土的层间距

OMLS 种类	原土	表面活性剂	原层间距/Å	插层后的层间距/Å
Na^+-MMT	蒙脱土	—	1.99	11.99
C16MMT	蒙脱土	十六铵	15.96	25.96
DTA-MMT	蒙脱土	溴化十二烷基三甲基铵	6.85	16.85

注：1Å = 0.1nm。

同样是采用溶液插层法，用 3 种商业化的 OMLS——Cloisite 30B、Cloisite25A 和 Cloisite15A 制备了 PLA/OMLS 纳米复合材料，其中采用了 3 种不同化学结构的有机改性剂分别对蒙脱土改性（表 2-35）。对于每一种配方，将 100mg 的 PLA 溶解在 10mL 的二氯甲烷中。OMLS 的分散 [<0.1%（质量分数）] 是通过将充分干燥的 OMLS 悬浮于独立的烧杯中实现的。在室温下将 PLA 溶液和 OMLS 悬浮液各自超声处理 30min，将最终的混合物再超声处理 30min，然后将混合物流延在玻璃表面，并放在干燥器中 48h 以上，以实现溶剂的可控挥发。所制备的纳米复合材料的组成如表 2-36 所示。

表 2-35　有机黏土的特性

黏 土 种 类	改性程度/（毫当量/100g 黏土）	有机改性剂的化学结构
Cloisite 30B	90	$H_3C-\overset{CH_2CH_2OH}{\underset{CH_2CH_2OH}{\overset{\mid}{\underset{\mid}{N^+}}}}-T$
Cloisite 25A	95	$H_3C-\overset{CH_3}{\underset{HT}{\overset{\mid}{\underset{\mid}{N^+}}}}-$

（续）

黏 土 种 类	改性程度/（毫当量/100g 黏土）	有机改性剂的化学结构
Cloisite 15A	125	$H_3C-\overset{\overset{\displaystyle CH_3}{\|}}{\underset{\underset{\displaystyle HT}{\|}}{N^+}}-HT$

表 2-36　所制备的 PLA/OMLS 纳米复合材料的组成

纳米复合材料组成	OMLS 种类	黏土含量/［％（质量分数）］
PLLA/15A2	15A	2
PLLA/15A5	15A	5
PLLA/15A10	15A	10
PLLA/15A15	15A	15
PLLA/25A2	25A	2
PLLA/25A5	25A	5
PLLA/25A10	25A	10
PLLA/25A15	25A	15
PLLA/30B2	30B	2
PLLA/30B5	30B	5
PLLA/30B10	30B	10
PLLA/30B15	30B	15

　　XRD 表明，PLA/OMLS（Cloisite15A）体系为插层结构的纳米复合材料，而 PLA/OMLS（Cloisite25A）体系为插层结构与剥离结构共存结构，PLA/OMLS（Cloisite 30B）体系则为完全剥离结构。TEM 也同样证明了这一结果。XRD 和 TEM 表明，表面活性剂与基体相容性的提高增大了层状硅酸盐剥离的倾向。使用 Cloisite 30B 时，有机改性剂中的二醇与 PLA 中的 C＝O 键有力的焓作用是驱使体系剥离的重要动力。

　　图 2-93 为 PLA、有机黏土以及黏土用量分别为 2％（质量分数）、5％（质量分数）、10％（质量分数）和 15％（质量分数）的 PLLA 纳米复合材料的 XRD 谱图。根据图 2-93a，Cloisite15A（C15A）的特征峰对应于层间距 $d(001)=32.36$Å，在 PLLA 插层到黏土的层间后移到了 38.08Å。这种插层黏土峰（A）随着有机黏土的添加峰强度逐渐增加。至于 Cloisite25A（C25A）基纳米复合材料，图 2-93b 表明，有机黏土的特征峰 $d(001)=20.04$Å（B），移到了层间距更大处，$d(001)=36.03$Å，而且变宽了。层间距远大于 C15A，而且所有组分的纳米复合材料都是如此。峰变宽了是平行堆叠的有机黏土部分破坏所致，这说明存在一些剥离的黏土片。所以，在所有不同 C25A 用量时都观察到了剥离与插层结构共存。至于 Cloisite

30B（C30B），图 2-93c 表明，在所有的纳米复合材料组成中都没出现有机黏土的基准间距峰，纯有机黏土的是 18.26Å。小角 X 衍射数据（图 2-93c 中的内嵌图）在小角/大层间距位置也没有出现有序结构。没有层间黏土衍射是 PLLA 基体内黏土层片完全剥离，且无规分布造成的。

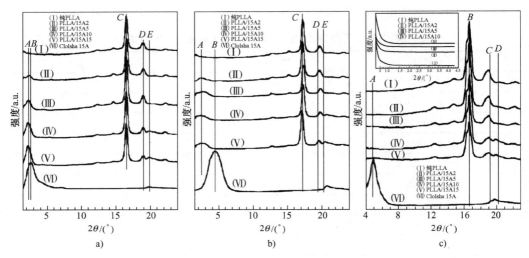

图 2-93　不同 PLA/OMLS 体系的 XRD 谱图

a）PLA/15A　b）PLA/25A　c）PLA/30B

a）、c) 中，（C）和（D）为纯 PLLA 结晶区的强衍射峰，对应的间距分别为 5.34Å 和 4.67Å。

b）中（A）第一顺序的反射源于 PLLA 插层后片层间距扩大，为 36.03Å；（B）第一顺序
反射 d(001) 源于纯 C25A 的层间距扩大，对应的是 24.04Å。

另一方面，PLLA 结晶区的衍射有数个特征峰，两个最强的在图 2-93 中标示为 C 和 D。PLLA 有两种晶体结构：准正交 α 结构，3/1 左旋链构象，以及不很稳定的正交 β 结构链构象。此处的 PLLA 衍射峰很接近 α 晶结构。在所有纳米复合材料中，由于对应于 PLLA 晶体结构的峰位置没有改变，因此改变黏土添加量不会改变晶格参数。XRD 谱图上出现的峰表明有机黏土没有对结晶造成很大的破坏，也没有改变 PLLA 基体中的晶体结构。但是，不考虑黏土所用的改性剂，添加有机黏土后，这些峰的强度有一些减小，表明有机黏土层片造成了结晶度的下降。

图 2-94 为纳米黏土含量为 10%（质量分数）、不同黏土改性剂改性的 PLA/黏土纳米复合材料的 TEM。图 2-94a 清楚地展示了纳米范围的插层黏土层片。黑色线对应的是厚约 1nm 的黏土层片的横截面，相邻两条线之间的间隙是层间距。根据 TEM 所测得的插层的相邻黏土层片的间距与 XRD 相符。图 2-94b PLLA 与 C25A 复合材料的 TEM 表明无序、剥离的黏土层片和插层的层片共存。图 2-94c PLLA/C30B 复合材料试样为完全剥离型黏土结构。更深入的 TEM 观察发现黏土层片在纳米尺度上均匀分布于 PLLA/C30B 试样中，没有团聚，也没有层片堆叠。

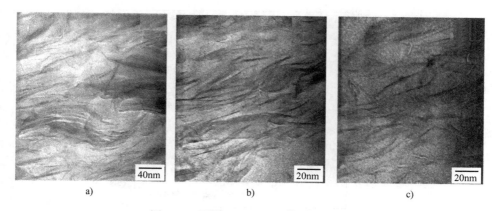

图 2-94　不同 PLA／OMLS 体系的 TEM

a）黏土种类：Cloisite15A　b）黏土种类：Cloisite25A　c）黏土种类：Cloisite 30B

2. 熔融插层法

熔融插层法就是在静态或者是剪切条件下将熔融的聚合物与层状硅酸盐混合，聚合物分子链扩散插入层状硅酸盐层间，得到插层型、剥离型以及插层与剥离混合型聚合物/层状硅酸盐纳米复合材料。

Christopher Thellen 等将蒙脱土层状硅酸盐与 PLA 通过熔融挤出造粒后再挤出吹塑薄膜，制得了 PLA／OMLS 纳米复合材料薄膜（表 2-37）。图 2-95 的 XRD 谱图表明，不同工艺条件下得到的 PLA／OMLS 纳米复合材料吹塑薄膜均为剥离型结构。

表 2-37　试样编号

试 样 编 号	螺杆转速/（r/min）	喂料速率/（g/min）	机头温度/℃
Neat no. 1	80	40.5	175
Neat no. 2	110	40.5	175
Neat no. 3	130	40.5	175
Neat no. 4	80	48.5	175
Nano no. 1	80	40.5	165
Nano no. 2	110	40.5	165
Nano no. 3	95	40.5	165
Nano no. 4	80	48.5	165

不同的黏土采用熔融插层法得到了不同结构的 PLA／OMLS 复合材料。通过双螺杆熔融挤出制备的 4 种 OMLS（表 2-38）与 PLA 复合材料体系的 TEM 显示，PLA／ODA4 和 PLA／SBE4 两种体系为插层型纳米复合材料，而 PLA／SAP4 体系为无规插层型（近乎剥离结构）纳米复合材料，而 PLA／MEE4 为插层和剥离共存型结构（图 2-96）。

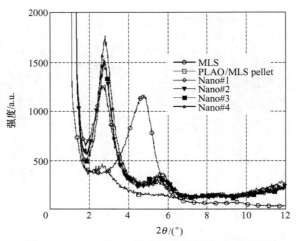

图 2-95 PLA/OMLS 纳米复合材料的 XRD 谱图

表 2-38 实验所用 OMLS 的性能

OMLS	原层状硅酸盐	颗粒长/nm	CEC/（毫当量/100g）	层状硅酸盐改性用的有机盐	样品编号[a]
ODA	蒙脱土	150~200	110	十八烷基铵阳离子	PLA/ODA4
SBE	蒙脱土	100~130	90	十八烷基铵阳离子	PLA/SBE4
SAP	海泡石	50~60	86.6	十六烷基三丁基磷阳离子	PLA/SAP4
MEE	合成氟云母	200~300	120	聚氧乙烯烷基铵阳离子	PLA/MEE4

注：a—4 为 OMLS 的用量。

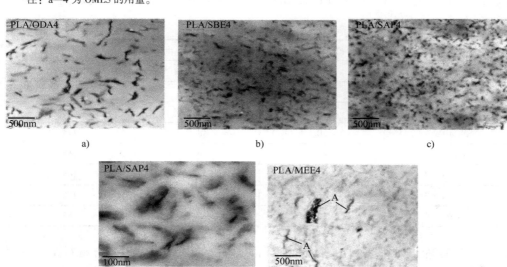

图 2-96 不同 PLA/OMLS 纳米复合材料的 TEM

a) PLA/ODA4，插层与絮凝 b) PLA/SBE4，插层 c) PLA/SAP4，无序插层或近乎剥离

d) SAP4，无序插层或近乎剥离 e) PLA/MEE4，剥离与插层共存

采用熔融插层法制备出的 PLA/有机改性合成氟化云母（OMSFM）复合材料（表 2-39）的 XRD（图 2-97）测得的 OMSFM（001）面的平均层间距为 2.08nm。在 PLACN4（数字表示纳米黏土的用量的质量分数为 4%，下同）中在 $2\theta = 2.86°$ 处有一个尖锐峰，对应于 PLA 基体中堆叠的硅酸盐层和被插层的硅酸盐层的（001）面，同时在 $2\theta = 5.65°$ 处还出现了一个小峰。通过 Braggs 方程计算，证实这一个峰是分散在 PLA 基体中的 OMSFM 层（002）面。随着 OMSFM 用量的增加，这些峰变得越来越强，而且分别向大衍射角方向移动；对于 PLACN10，分别为 $2\theta = 3.13°$ 和 $5.92°$。这是因为随着 OMSFM 用量的增加，插层到硅酸盐层中的聚合物分子链少了，增加了硅酸盐层片的堆叠。XRD 峰的宽度、β（半峰时的全宽）反比于散射强度 D 的相干长度，所以，反映了硅酸盐层片的相干序列。由于用 PLA 制备纳米复合材料后 OMSFM 的层间距大幅度减小，所以，插层硅酸盐的相干性远高于未插层，而且随着 OMSFM 用量的增加而增大。因而，根据 XRD 数据，他们认为，PLA 分子链插层到了硅酸盐层中了，而且对 OMSFM 的层结构有强烈影响，随着 OMSFM 用量的增加，大大改变了插层硅酸盐层的相干性。

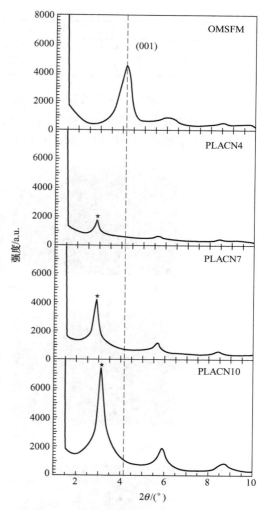

图 2-97 OMSFM 和各种 PLACNs 的 XRD 谱图
虚线表示 OMSFM 硅酸盐（001）的反射位置。
星号表示 PLA 基体中分散的 OMSFM 的（001）峰。

表 2-39 PLA 和 PLACNs 的特征参数

特征参数	纯 PLA	PLACN4	PLACN7	PLACN10
OMSFM	–	4	7	10
$M_w / (10^{-3} g/mol)$	177	150	140	130
PDI	1.58	1.55	1.60	1.66
$T_g / ℃$	60	56	55	55
$T_m / ℃$	168.0	168.6	167.7	166.8

（续）

特 征 参 数	纯 PLA	PLACN4	PLACN7	PLACN10
T_c/℃	127.2	99.4	97.6	96.5
X_c（%）	36	40	46	43

图 2-98 给出的是两种不同放大倍数时 PLACNs 粒料的 CTEM（传统投射电镜），图中黑色的部分是插层的 OMSFM 层的横截面，明亮的部分是 PLA 基体。TEM 清楚地展示出了堆叠的和插层的硅酸盐层片很好地分散在了 PLA 基体中。

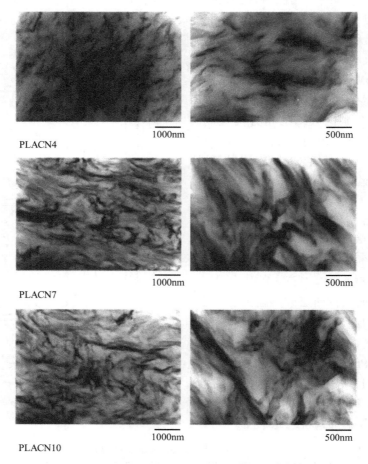

图 2-98　各种结晶 PLACNs 粒料的亮场 CTEM 图像

3. 原位聚合插层法

原位聚合插层法就是将层状硅酸盐在液态聚合物单体或者单体的溶液中溶胀，使单体在层状硅酸盐层间聚合，得到聚合物/层状硅酸盐纳米复合材料。

在 Paul 等的研究中采用原位聚合插层聚合方法制备了剥离型 PLA/OMLS 复合

材料，他们在实验中采用了两种不同的 OMLS（C30B 和 C25A）。其实验步骤如下：首先在通风的烘箱中将黏土干燥 24h，然后在相同的温度下在低压下直接在火焰干燥聚合瓶中保持 3.5h。之后，在氮气环境下，将四氢呋喃中的 0.025 mol L，L-丙交酯溶液转移到聚合瓶中，在低压下排出溶剂。待黏土在单体中溶胀 24h 后，在 120℃ 下聚合 48h。用 C30B 时，聚合在 1mol 当量的 $AlEt_3$ 和黏土的铵基阳离子产生的羟基的共同引发下进行，以形成烃氧基铝活性物质，在 L，L-丙交酯之前加入。图 2-99 给出了两种不同的 OMLS 及其 PLA 的复合材料的 XRD 谱图，其中 OMLS 的用量为 3%（质量分数）。PLA/C30B 纳米复合材料没有表现出强的衍射，而 PLA/C25A 纳米复合材料则为完全插层型结构。图 2-100 给出了其 TEM。尽管 PLA/C30B 纳米复合材料在 XRD 中没有特征峰，但是 TEM 清楚地表明，硅酸盐层处于堆叠状态，得到的不是剥离结构，应该是插层结构或者更精确地说是无序的插层纳米复合材料。

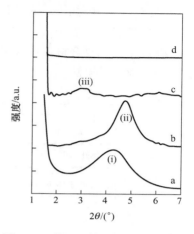

图 2-99 黏土及其与 PLA 的纳米
复合材料的 XRD 谱图
a—C25A b—C30B c—PLA/C25A（质量
分数为 3%） d—PLA/C30B（质量分数为 3%）
层间距/nm 分别为：(i) 2.04 (ii) 1.84 (iii) 3.28

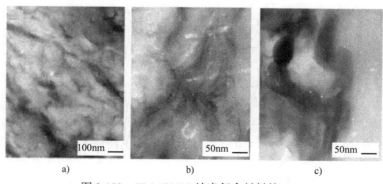

图 2-100 PLA/OMLS 纳米复合材料的 TEM
a）、b）无序插层型 PLA/C30B c）PLA/C25A
a）OMLS 添加量（%）=0.5 b）OMLS 添加量（%）=0.5 c）OMLS 添加量（%）=1

4. 扩链改性

OMLS 的加入会加速 PLA 的降解和相对分子质量下降，为此人们采用对 PLA 进行扩链的方法，提高其相对分子质量，改善其性能。例如，将 3 种扩链剂聚碳二酰亚胺（PCDI）、亚磷酸（三壬基苯）酯（TNPP）和 Joncryl® ADR 4368 分别加到 PLA（PLA 4032D）中制备 PLA/黏土纳米复合材料（PLA/2wt% Cloisite® 30B），一是将 PLA、纳米黏土、PCDI 和 PLA、纳米黏土、TNPP 分别在密炼机中混炼，对 PLA 进行扩链；二是将 PLA、纳米黏土、Joncryl® ADR 4368 在啮合型同向旋转双螺杆中熔融挤出扩链。图 2-101、图 2-102、图 2-103 的 FT-IR 表明，扩链使 PCDI 基和 TNPP 基 PLA 纳米复合材料形成了更长的线形链，而在 Joncryl 基 PLA/黏土纳米复合材料中形成了长支链。

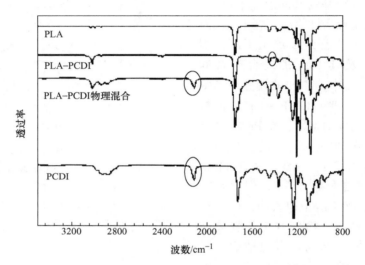

图 2-101 PCDI、PLA、物理混合的 PLA/PCDI 和 PCDI 处理的 PLA 四者的 FT-IR 谱图

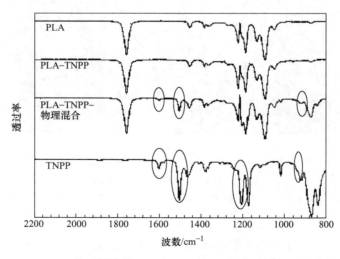

图 2-102 TNPP、PLA、物理混合的 PLA-TNPP 和 TNPP 处理的 PLA 四者的 FT-IR 谱图

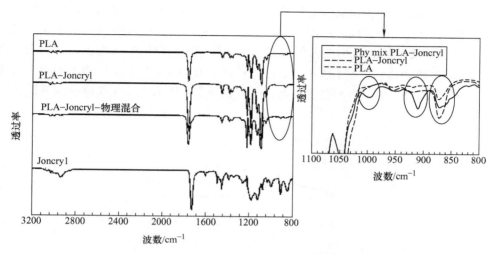

图 2-103　Joncryl®ADR 4368、PLA、物理混合的 PLA-Joncryl®ADR 4368 和
Joncryl®ADR 4368 处理的 PLA 四者的 FT-IR 谱图

2.7.2　结构与性能

PLA/OMLS 可生物降解纳米复合材料含有可生物降解聚合物和层状硅酸盐（有机改性及未改性的），其力学性能等较纯 PLA 基体有很大提高，如模量高、拉伸强度增加、热稳定性改善、气体透过性以及可生物降解性提高等。与传统填料增强体系相比，这主要得益于基体与层状硅酸盐间强烈的界面相互作用。

1. 微观结构

研究表明，不论是采用溶液插层法、熔融插层法还是原位聚合插层法制备 PLA/OMLS 纳米复合材料，所得到的复合材料既有剥离结构、插层结构，又有插层与剥离共存结构。

采用溶剂法制备的 PLLA/层状硅酸盐纳米复合材料（PLLA，$M_n = 81000$，比利时 Galactic 公司；钠基蒙脱土 NaMMT，CEC = 92.6 毫当量/100g，美国 Southern Clay Products 公司；对其进行有机改性得到 C_{16} MMT）的 XRD（图 2-104）和 TEM（图 2-105）表明，尽管在层状硅酸盐含量较低时得到了剥离型结构；但是在其含量高于 5%（质量分数）时，得到的是剥离型和插层型结构共存。

从表 2-40、图 2-106 看出，所制得的 OMLS 含量在 3%（质量分数）的 PLA/OMLS 黏土纳米复合材料为插层结构［PLA/3%（质量分数）CL 20A 和 PLA/10%（质量分数）CL 20A］。从图 2-107 看出，所得到的 PLA/3%（质量分数）CL 30B

纳米复合材料为剥离结构；PLA/10%（质量分数）CL 30B 为无序体系。此外，随着 OMLS 含量的增加，插层衍射峰消失，层间距逐渐减小，这是因为位阻太大，无法使 OMLS 层片完全剥离。从图 2-108 看出，稀释后得到的不同种类 OMLS 含量在 3%（质量分数）的 PLA/OMLS 纳米复合材料分别为插层结构（图 2-108a）和剥离结构（图 2-108b）。这说明 PLA 分子链接枝到了 OMLS 层片上，增强了 OMLS 与聚合物间的亲和力，使 OMLS 有效剥离，同时也说明不同 OMLS 在基体中的分散状态不同。

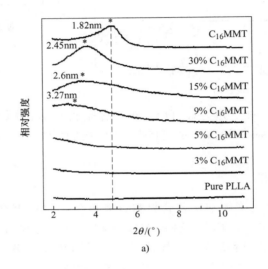

a)

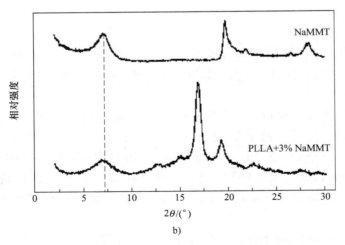

b)

图 2-104　不同 PLA/OMLS 纳米复合材料的 XRD 谱图
a）不同含量 C_{16}MMT　b）含 3% NaMMT

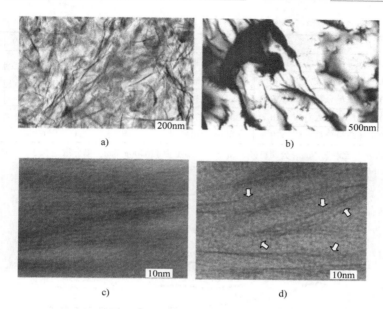

图 2-105　不同 PLLA/OMLS 纳米复合材料的 TEM

a) 15%（质量分数）C_{16}MMT　b) 3%（质量分数）NaMMT

含 15%（质量分数）C_{16}MMT 的 PLLA 复合材料：c) 插层结构　d) 剥离结构

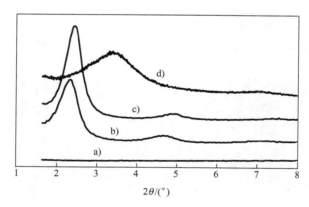

图 2-106　纯 PLA、黏土及其与 PLA 的纳米复合材料的 XRD 谱图

CL20 A 含量（%）（质量分数）：a—0　b—3　c—10　d—100

表 2-40　黏土种类与用量对在超临界 CO_2 中聚合 PLA 的产率和纳米黏土层间距的影响

编号	试　　样	黏 土 种 类	初始黏土含量（%）	转化率（%）	层间距/nm
1	PLA	不含	0	100	无
2	PLA/3%（质量分数）CL 20A	Cloisite®20A	3	100	3.8
3	PLA/10%（质量分数）CL 20A	Cloisite®20A	10	72	3.6
4	PLA/3%（质量分数）CL 30B	Cloisite® 30B	3	100	无信号

（续）

编号	试　　样	黏土种类	初始黏土含量（%）	转化率（%）	层间距/nm
5	PLA/10%（质量分数）CL 30B	Cloisite® 30B	10	87	宽分布
6	PLA/35%（质量分数）CL 30B	Cloisite® 30B	35	72	3.6
7	PLA/50%（质量分数）CL 30B-1	Cloisite® 30B	50	57	3.3
8	PLA/50%（质量分数）CL 30B-2	Cloisite® 30B	50	69	3.3
9	PLA/50%（质量分数）CL 30B-3	Cloisite® 30B	50	69	3.4

注：商用 PLA 为比利时 Natiss 公司产品，相对分子质量为 130000g/mol，多分散性为 2.1；纳米黏土为美国 Southern Clay Products 公司产品，为有机改性蒙脱土。

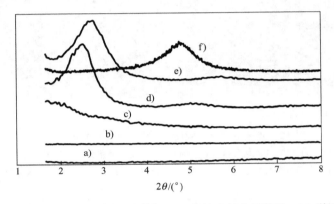

图 2-107　纯 PLA、黏土及其与 PLA 的纳米复合材料的 XRD 谱图

Cloisite® 30B 含量（%）（质量分数）：a）—0　b）—3　c）—10　d）—35　e）—50　f）—100

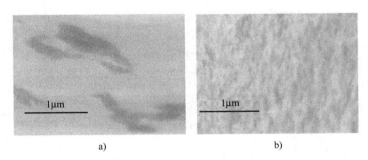

a) b)

图 2-108　OMLS 含量在 3% 的 PLA/OMLS 纳米复合材料的 TEM

a）Cloisite® 20A　b）Cloisite® 30B

　　图 2-109 的 XRD 表明，将 PLA、纳米黏土、Joncryl® ADR 4368 在啮合型同向旋转双螺杆中熔融挤出扩链所得 PLA/OMLS 纳米复合材料均为剥离型结构。

　　用 Cargill-Dow 的 PLA（L-丙交酯 95.9%，D-丙交酯 4.1%）、美国 Southern Clay Products 公司的 OMLS－Cloisite® 30B、ExxonMobil Chemical 公司的增容剂 Exxelor™ VA 1803（马来酸酐接枝的多官能团乙烯共聚物，弹性体，非结晶）在异向

旋转的密炼机中进行熔融共混制备 PLA/OMLS 纳米复合材料试样，组成如表 2-41 所示。

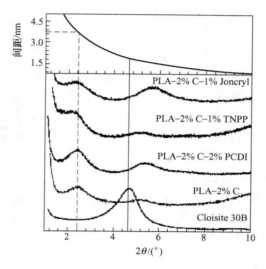

图 2-109　有与没有扩链剂时 PLA/黏土纳米复合材料的 XRD 谱图

表 2-41　试样组成

体　系	组　成	M_w	M_w/M_n
PLA	加工过的 PLA	94400	1.48
N3M	97%（质量分数）PLA + 3%（质量分数）Cloisite® 30B	73700	1.25
N10M	90%（质量分数）PLA + 10%（质量分数）Cloisite® 30B	89000	2.00
PLA-C	97%（质量分数）PLA + 3%（质量分数）Exxelor™ VA 1803	118000	1.68
N3M-C	94%（质量分数）PLA + 3%（质量分数）Cloisite® 30B + 3%（质量分数）Exxelor™ VA 1803	72000	1.25

图 2-110 的 XRD 表明，OMLS 含量为 3%（质量分数）的 PLA/OMLS 复合材料为剥离结构，增容剂显著增强了纳米黏土的剥离效果，这是 OMLS 与 PLA 分子链和增容剂马来酸酐基团共同作用的结果。OMLS 含量为 10%（质量分数）的 PLA/OMLS 复合材料为插层与剥离混合结构，这是 OMLS 用量大所致。

2. 结晶性能

结晶是用于控制聚合物分子链插层到硅酸盐层中的程度、进而控制材料的力学性能与其他性能的最为有效的过程之一。这里介绍层状硅酸盐对纯 PLA 及其与 OMLS 的纳米复合材料的结晶与熔融行为的影响。

（1）PLA/OMLS 体系　图 2-111 为 PLA 及 PLACN4［4 表示 OMLS 添加量为 4%（质量分数），下同］复合材料在 110℃结晶 1.5h 后的 XRD 谱图。从图中看出，纯 PLA 在 $2\theta = 17.1°$ 处有一个强反射峰，这是（200）面和/或（110）面的衍射结果；另一个峰出现在（203）面 $2\theta = 19.5°$ 处。而 PLACN4 纳米复合材料相应的峰向小角度方向偏移，另一个峰出现在 $2\theta = 15.3°$ 处。经过计算，证实这一反射是（010）衍射面。这些谱图表明，纯 PLA 晶体是正交晶体；但是，PLACN4 试样是富缺陷晶体。OMLS 存在时 PLA 晶体不能长大，这可能是 PLA 分子链插层到硅酸盐层中所致。

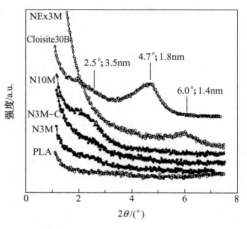

图 2-110　PLA/OMLS 复合材料及其增容体系的 XRD 谱图

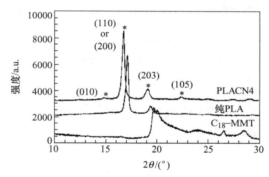

图 2-111　PLA 及 PLACN4 复合材料在 110℃结晶 1.5h 后的 XRD 谱图

图 2-112 为宽的等温结晶温度 T_c 范围内纯 PLA 和 PLACN4 的 POM。从图中可以看出，等温结晶后纯 PLA 和 PLACN4 都形成了球晶，而且球晶的大小随着结晶温度的升高而增大。纯 PLA 的球晶为负的双折射，而且是高度有序的球晶结构。在 $T_c = 140℃$ 时，纯 PLA 中形成了高度有序的环状球晶，而 PLACN4 的球晶有序度比纯 PLA 的差。$T_c = 120 \sim 140℃$ 时，可以清楚地看到球晶尺寸随着 C_{18}MMT 的添加而减小。在 T_c 比较低（≤120℃）时，球晶很小，超出了 POM 实验范围。

PLLA/NaMMT 复合材料的 DSC 曲线（图 2-113）表明，所有试样的放热峰都在 95 ~ 120℃，这是 PLLA 的结晶峰，其中纯 PLLA 的结晶温度为 107℃。引入 MMT 促进了 PLLA 的结晶，降低了其 T_c，主要是纳米尺寸的 MMT 起到了成核剂的作用。与有机改性的 MMT 相比，未改性的钠基蒙脱土 NaMMT 对 PLLA 的结晶与熔融性能没有大的影响，说明 NaMMT 对 PLA 基体的插层效果较差。

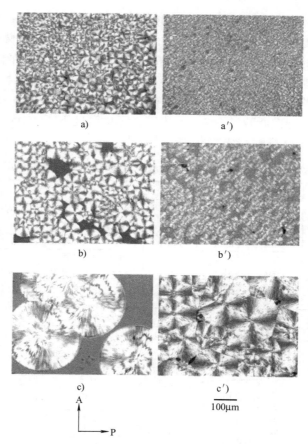

图2-112 纯 PLA a)、b)、c) 和 PLACN4 a′)、b′)、c′) 在 T_c 时的 POM

T_c/℃分别为：a)、a′) 120 b)、b′) 130 c)、c′) 140

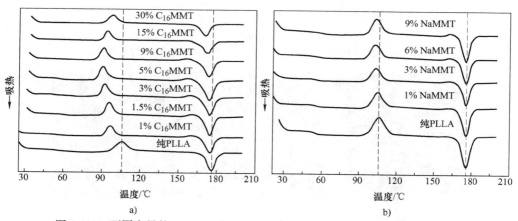

图2-113 不同含量的 C_{16}MMT 和 NaMMT 时 PLLA/MMT 复合材料的 DSC 曲线

a) 纳米复合材料 b) 微米复合材料

（2）PLA/OMLS/增容剂体系　熔融共混法制备的 PLA/OMLS 纳米复合材料及其增容剂体系的 DSC 表明（表2-42），加入 OMLS 后，PLA 的 T_c 降低（图2-114），这是其成核作用的结果。同时 OMLS 的表面改性剂对冷结晶温度的降低也起到了一定作用，因为其有增塑作用。但是，增容体系的冷结晶温度高于纯 PLA，这表明增容剂降低了 PLA 分子的运动性，而且含有 OMLS 的增容体系这一现象更为明显，这是 OMLS 的均匀分散所致。图 2-115 为其在环境温度下于 120℃ 时得到的 POM，可见，黏土颗粒起到了 PLA 结晶的成核剂作用。

表 2-42　PLA/OMLS 纳米复合材料及其增容体系的结晶与熔融参数

试样	$T_g/℃$	冷 结 晶		熔 融				
		$T_c/℃$	ΔH_{cc} / (J/g)	T_{m1} /℃	ΔH_{m1} / (J/g)	T_{m2} /℃	ΔH_{m2} / (J/g)	ΔH_{mTotal} / (J/g)
PLA	57.7	104.6	29.1	148.8	12.8	156.8	16.9	29.0
N3M	56.9	98.3	29.2	147.3	8.1	155.4	21.5	29.6
N10M	53.0	92.0	31.4	—	—	154.0	33.4	33.0
PLA-C	58.6	105.2	29.0	149.4	14.7	156.8	14.7	29.4
N3M-C	57.1	107.8	30.3	149.6	15.6	156.3	15.9	31.5

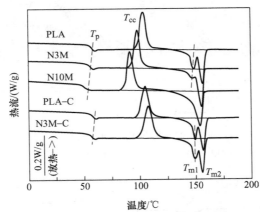

图 2-114　PLA/OMLS 纳米复合材料及其增容体系的熔融与结晶性能

图 2-115　环境温度下，试样从熔融态时在 120℃ 结晶的 POM

a）纯 PLA　b）PLA 基微米复合材料　c）PLA 基纳米复合材料

在 PLA 基体中引入多环氧基增容剂（REC）会对 PLA 分子链结构产生影响，从而影响到 PLA 的结晶行为。图 2-116 为 PLA/OMLS 纳米复合材料在 10℃/min 速率下的玻璃化转变、冷结晶和熔融曲线。从图 2-116a 中可以看出，REC 的加入对于 PLA 的 T_g 影响不大，都维持在 60℃左右；但对 T_c 和 T_m 有显著的影响。PLA 冷结晶峰的产生与其分子链结构有关。一般认为 PLA 的结晶较慢，在熔融态下降温过快导致 PLA 分子链段来不及结晶形成有序结构就失去运动能力；而在升温过程中，温度达到一定程度后原来被束缚的 PLA 链段吸收一定能量后开始运动并排列成有序结构，由此出现了在玻璃化转变和熔融之间的冷结晶现象。加入 REC 后，PLA 分子链形成支化结构，这种支化结构有利于 PLA 结晶成核，冷结晶过程可以在较低的温度下发生。PLA 的 T_c 随着 REC 的加入向低温方向移动，由 125℃ 降低至 102℃。对于 PLA 的熔融峰，REC 的加入也有一定的影响。从图 2-116b 中可以看出，PLA 在 153℃附近出现熔融峰。PLA/OMLS 纳米复合材料中加入 REC 后在 153～154℃范围内依然存在一个熔融峰，不过在熔融峰的低温方向出现一个次级熔融峰。PLA 的熔融双峰与其结晶形态有关。低温熔融峰的出现是在结晶过程中形成了部分有缺陷的晶体，这些晶体由于结构上的缺陷在较低的温度下就会发生熔融，从而产生熔融双峰现象。从图 2-116c 中可以看出，REC 的加入使 PLA 出现熔融双峰，且 REC 含量增加时，低温熔融峰逐渐明显，这主要源于 PLA 扩链后形成支化结构。具有支化结构的 PLA 在结晶过程中容易形成不完整的晶型，从而产生熔融双峰。

PLA 的绝对结晶度计算结果如表 2-43 所示，从中可以看出，随着 REC 含量的增加，PLA 的绝对结晶度出现先增后降的趋势。未加入 REC 时，PLA 的结晶度为 4.72%，加入 0.1 份 REC 后，PLA 的结晶度提高至 8.11%。此后，随着 REC 含量的增加，PLA 的结晶度逐渐降至 4.90%。扩链后的 PLA 具有典型支链结构的分子链，支链的存在一方面作为结晶成核点，同时也因为本身位阻作用而使得 PLA 分子链折叠进入晶区更加困难。对于加入少量 REC 的 PLA，因为形成一定程度的支化点，有利于结晶成核，同时支链的数量较少，不会明显阻碍分子链折叠进入晶区，所以结晶度提高。然而随着 REC 含量的增加，支链数量逐渐增加，对结晶阻碍作用应更加明显，结晶度逐渐降低。

表 2-43　PLA/黏土纳米复合材料的结晶性能参数

PLA/OMLS/REC	100/7/0	100/7/0.1	100/7/0.3	100/7/0.5	100/7/0.7
T_g/℃	59.95	59.63	60.12	60.14	59.37
T_{cc}/℃	125.43	105.71	103.90	102.55	102.33
H_{cc}/（J/g）	17.08	17.41	17.94	15.48	15.18
T_m/℃	153.94	154.95	154.77	153.66	154.39
H_m/（J/g）	21.51	25.07	23.83	21.12	19.77
X_c（%）	4.72	8.11	6.28	6.02	4.90

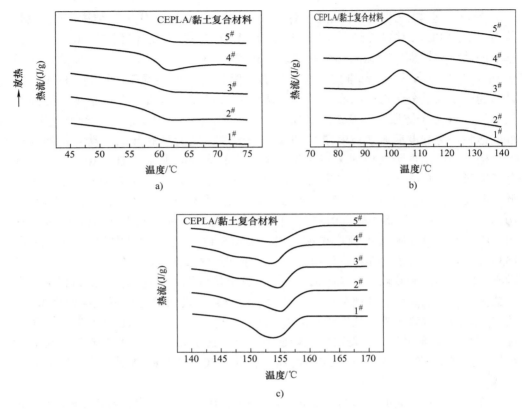

图 2-116　PLA/OMLS 纳米复合材料的 DSC 曲线

a）玻璃化转变　b）冷结晶曲线　c）熔融曲线

1#—PLA/OMLS/REC = 100/7/0　2#—PLA/OMLS/REC = 100/7/0. 1　3#—PLA/OMLS/REC = 100/7/0. 3

4#—PLA/OMLS/REC = 100/7/0. 5　5#—PLA/OMLS/REC = 100/7/0. 7

为了进一步研究 REC 对 PLA 结晶形态的影响，利用 POM 对 PLA/OMLS 纳米复合材料的球晶数量、球晶尺寸等形态进行观察，如图 2-117 所示。从图中可以看出，虽然体系中的纳米黏土能一定程度促进结晶成核，但是 PLA 的球晶尺寸较大，且数量较少。在加入 REC 后，球晶数量明显增加，且球晶尺寸减小。这与之前的 DSC 相同，因为加入 REC 后，PLA 形成具有支化结构的分子链，这种支化结构有利于结晶成核，球晶数量明显上升。但是支化结构的分子链在结晶过程中具有一定的阻碍作用，容易造成 PLA 的不完善结晶。这两种作用使得加入 REC 后的 PLA 球晶尺寸下降，同时球晶数量增加。

（3）不同种类 PLA/OMLS 纳米复合材料　对通过双螺杆熔融挤出制备的 4 种 OMLS 与 PLA 的 PLA/OMLS 纳米复合材料进行 DSC 实验时，首先将试样在 190℃ 下熔融，并保持 3min，然后将其迅速冷却。图 2-118 中所有纳米复合材料的结晶峰都很尖锐，而且 T_c 都低于 PLA，说明 OMLS 都起到了 PLA 结晶成核剂的作用，促进了其结晶。可以看出，PLA/OMLS 纳米复合材料的 T_c 与 OMLS 的种类有很大关系，PLA/SAP4 的 T_c 最低。但是，在进行 DSC 分析之前将其所有试样都在 110℃ 下淬冷 1.5h，结果表明所有试样都没有显示出放热峰，这表明 PLA 基体是在 110℃ 下加热 1.5h 的过程中结晶的（表2-44）。图 2-119 的 POM 表明，纯 PLA 是规则的大球晶，而 4 种复合材料的球晶要小得多，这说明 OMLS 起到了 PLA 结晶成核剂的作用，增加了成核的数量，形成了更小的球晶。

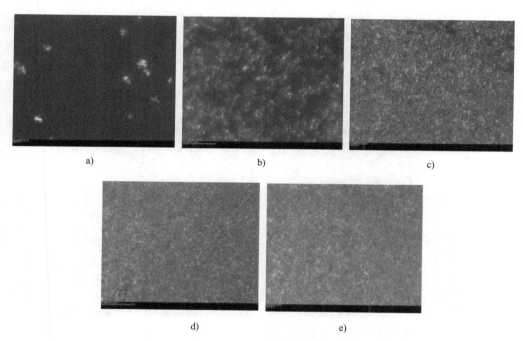

图 2-117　PLA/OMLS 纳米复合材料的 POM

a）PLA/OMLS/REC = 100/7/0　b）PLA/OMLS/REC = 100/7/0.1　c）PLA/OMLS/REC = 100/7/0.3
d）PLA/OMLS/REC = 100/7/0.5　e）PLA/OMLS/REC = 100/7/0.7

注：放大倍率400

表 2-44　PLA 及其 4 种 PLA/OMLS 复合材料的结晶度

试样	$M_w/10^{-3}$/（g/mol）	M_w/M_n	T_g/℃	T_m/℃	T_c/℃	χ_c（%）	$N \times 10^5 \mu m$
PLA	177	1.58	60.0	168.2	127.2	36.0	8
PLA/ODA4	161	1.58	59.3	169.8	98.5	49.1	100
PLA/SBE4	163	1.61	59.7	169.3	100.1	65.0	80
PLA/SAP4	149	1.60	56.0	168.1	89.7	39.7	3
PLA/MEE4	150	1.55	56.4	168.6	99.4	39.6	70

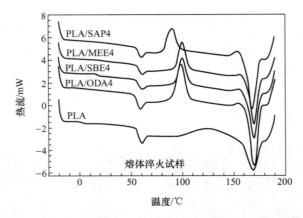

图 2-118　PLA 及其 4 种 PLA/OMLS 纳米复合材料的 DSC 降温曲线

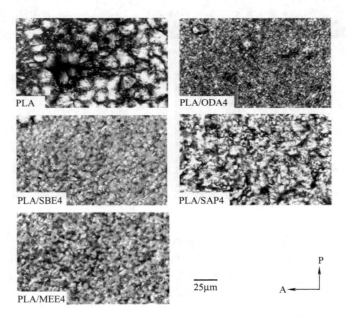

图 2-119　PLA 及其 4 种 PLA/OMLS 复合材料在 110℃下等温结晶 1.5h 的 POM

　　总的说来，在 PLA 中添加 OMLS 能够起到结晶成核剂的作用，加快其结晶，减小晶体尺寸。在 OMLS 含量较低时，能够提高 PLA 的结晶度，但含量较高时，由于其位阻作用，反而会降低结晶度。

　　3. 力学性能

　　（1）动态力学性能　动态力学性能分析（DMA）测量的是材料对振动形变反应随着温度的变化，结果有 3 个参数：储能模量（G' 或 E'）、损耗模量（G'' 或 E''）以及 tanδ（G''/G' 或者是 E''/E'），用于确定分子运动转变的出现，如 T_g 等。

图 2-120 给出了 PLA 及 PLA/有机改性合成氟化云母（OMSFM）复合材料的 G'、G'' 和 tanδ 随着温度的变化情况。结果表明，在所研究的温度范围内，所有 PLA/OMSFM 复合材料的 G' 都高于 PLA 的，说明 OMSFM 对 PLA 的弹性有很大影响。在 $T < T_g$ 时，所有体系的 G' 都增加明显。另一方面，与纯 PLA 相比，高温时，G' 的增加更大，这是高温时硅酸盐层的力学增强和拓展插层造成的。$T > T_g$ 时，所有材料都变软，硅酸盐层的增强效应明显，这是聚合物分子链受限运动造成的，同时还伴随着 G' 的增加。

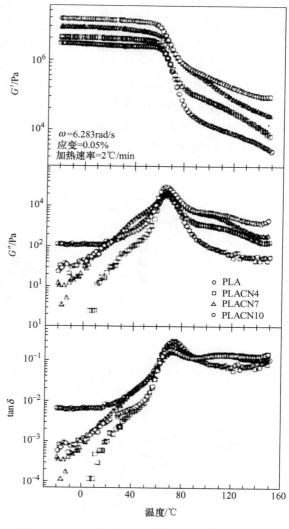

图 2-121 的 PLA 及其与不同 OMLS 的纳米复合材料的 DMA 测试结果表明，3 种 Cloisite OMLS 都使 PLA 的刚性增加。E' 曲线上出现了增强橡胶平台，说明是 OMLS 的加入产生的增强效果，而高温时这种增强效果减弱，说明高温时其热-力学稳定性下降。

Pluta 等制得的 PLA/OMLS 纳米复合材料及其增容体系的动态力学性能表明（图 2-122），在 PLA 中添加 MMT 或者是增容剂，都增加了体系的储能模量 E'。在

图 2-120　PLA 及 PLA/ OMSFM 纳米复合材料的
G'、G'' 和 tanδ 随着温度的变化

$T < T_g$ 时，E' 增加的顺序为：PLA ＜ PLA-C_ ≈N3M－C ＜ N3M＜ N10M。这说明，E' 随着 MMT 用量的增加而增加，但是增容剂也对其有提高。这说明分散在 PLA 基体中的增容剂与基体之间有一定的相互作用。此外，增容体系中的 OMLS 也使其 E' 增加。

（2）拉伸性能　研究已经表明，在与层状硅酸盐复合制备纳米复合材料后聚合物的拉伸性能有明显提高。对于可生物降解聚合物基纳米复合材料，大多数研究都表明，拉伸性能是黏土含量的函数。在大多数传统添加型聚合物体系中，模量随

着填料含量的增加而线性增加，而对于纳米复合材料，很少量的填料就能将模量大幅度提高。在黏土含量极低的情况下模量大幅度增加的原因不能简单地归因于高模量无机填料层的引入。理论模型是假设受影响的聚合物层叠加在填料表面上，模量就远高于本体聚合物。可以将受影响的聚合物看成是聚合物基体区，物理吸附在硅酸盐表面上，因而通过其与填料表面黏附而刚性化。显然，将高径厚比填料如层状硅酸盐层曝置于聚合物的表面很大，添加很少量的黏土就能使模量大幅度增加并不奇怪。此外，超过临界值后，再在已经受到硅酸盐层影响的聚合物中添加硅酸盐层，预计模量的增加就不会太大了。

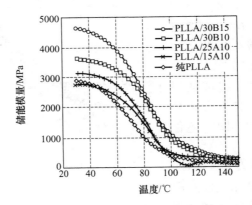

图 2-121　纯 PLLA、PLLA/30B10［10 表示 OMLS 的含量为 10%（质量分数），下同］、
PLLA/15A10、PLLA/25A10 和 PLLA/30B15 复合材料的储能模量与温度之间的关系

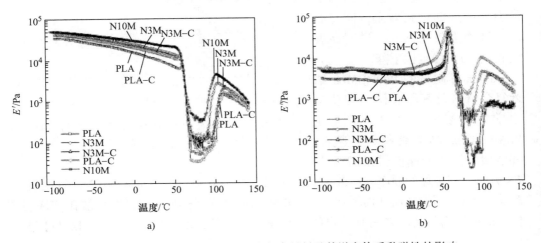

a)　　　　　　　　　　　　　　b)

图 2-122　温度对 PLA/OMLS 纳米复合材料及其增容体系黏弹性的影响
a) E'　b) E''

图 2-123a 给出了纯 PLA 和 PLA/OMLS 纳米复合材料的拉伸模量。在 C_{16}MMT

的添加量达到4%（质量分数）、C25A的添加量达到6%（质量分数）之前，模量随着二者的添加量线性增加。在C25A的添加量增加到6%（质量分数）时，纳米复合材料的拉伸模量增加到296MPa，是纯PLA的1.4倍（208MPa），这归因于黏土本身产生的阻力以及插层硅酸盐层的取向与径厚比。此外，层间聚合物分子链取向产生的拉伸阻力也使模量增加。对于C_{16}MMT基和C25A基PLA纳米复合材料，在OMLS添加量大于临界添加量时，模量开始下降。但是PLA/DTAMMT的初始模量在其添加量从2%（质量分数）增加到8%（质量分数）之间时随着OMLS添加量的增加而线性增加。图2-123b给出了PLA/OMLS纳米复合材料薄膜的拉伸强度。从图中清楚看出，复合材料的极限拉伸强度随着OMLS含量的增加而明显增加，而且在OMLS临界用量处有一个最大值。高于临界添加量后，拉伸强度开始下降，这是OMLS添加量高时材料变脆所致。图2-123c给出了不同OMLS含量时纳米复合材料的断裂伸长率。纯PLA的断裂伸长率随着OMLS的加入而增加，而且也随着OMLS添加量的增加而增加。与其他拉伸性能一样，断裂伸长率也是在OMLS添加量超过临界值后开始下降。根据上述结果，很显然复合材料中OMLS添加量有一个最佳值，才能使其性能提高最大。

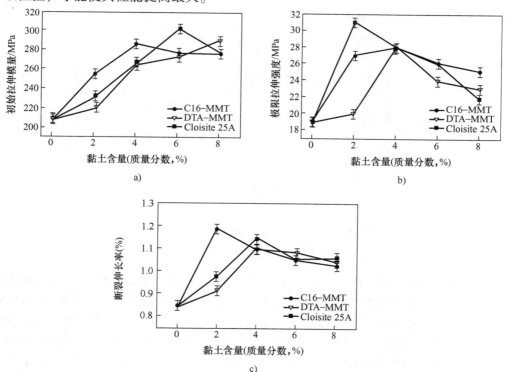

图2-123　OMLS添加量对PLA/OMLS纳米复合材料薄膜力学性能的影响
a）初始拉伸模量　b）极限拉伸强度　c）断裂伸长率

但在另外一项研究中发现拉伸性能并不是全都提高。如图 2-124 所示，拉伸模量随着 OMLS 用量的增加而增加，这是 OMLS 抗拉能力和取向作用以及插层结构的层状硅酸盐大径厚比所致，但拉伸强度和断裂伸长率都随着 OMLS 用量的增加而下降，这是体系脆性增加所致。

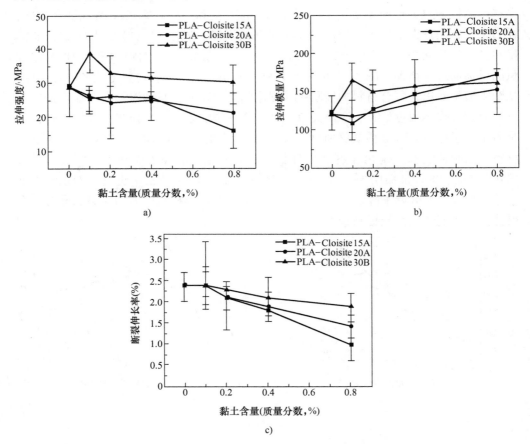

图 2-124　OMLS 用量对体系力学性能的影响
a）拉伸强度　b）拉伸模量　c）断裂伸长率

另外一项研究的结果与上述两种结果都不完全一致。OMLS 在聚合物基体中如果分散均匀，能够起到优异增强剂的作用，增强、增韧聚合物，这从 PLA/OMLS 复合材料薄膜的应力—应变曲线（图 2-125）上可以看出。但是将 OMLS 添加到 PLA 基体中对薄膜的拉伸强度产生的影响不大。将填料加到聚合物中一般都会大大降低伸长率，但是在 PLA/OMLS 体系中 OMLS 的情况并非如此。实际情况是，PLA/OMLS 薄膜的伸长率高于纯 PLA 16%～40%（图 2-125）。尽管 PLA/OMLS 纳米复合材料体系的韧性没有很大的提高，但是至少保持不变，与其他填充型聚合物不同。

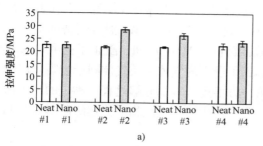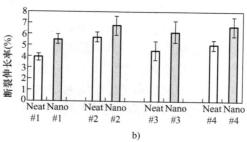

a)   b)

图 2-125   PLA/OMLS 纳米复合材料体系的力学性能
a) 拉伸强度   b) 断裂伸长率

纳米复合材料的研究人员一般都是对最终材料的拉伸性能感兴趣，对可生物降解聚合物及其与 OMLS 的纳米复合材料弯曲性能的有关公开报道很少。最近公开的纯 PLA 及其各种 PLACNs 的弯曲模量和弯曲强度（测试温度 25℃，表 2-45）可以看出，PLACN4〔OMSFM 的用量为 4%（质量分数）〕的弯曲模量有很大提高，之后，随着 OMLS 用量的增加而缓慢增加。另外，PLACN7 的弯曲强度增加明显，之后随着 OMLS 用量的增加而逐渐下降，这可能是 OMLS 含量高时，材料变脆。这同样说明要使纳米复合材料性能提高最大，纳米复合材料中 OMLS 的用量有一个最佳值。

表 2-45   纯 PLA 及其各种纳米复合材料 PLACNs 的弯曲性能（测量温度 25℃）

试 样	纯 PLA	PLACN4	PLACN7	PLACN10
弯曲模量/GPa	4.84	6.11	5.55	7.25
弯曲强度/MPa	86	94	101	78

4. 热稳定性

一般来说，将黏土添加到聚合物中提高了其热稳定性，因为黏土起到了分解过程中产生的挥发性物质的超级阻隔材料和质量传递阻隔层的作用。

（1）PLA/OMLS 纳米复合材料体系   Paul 等通过 TGA 分析发现 PLA 基纳米复合材料的热稳定性随着 OMLS 用量的增加而提高，OMLS 的最大用量在 5%（质量分数）。进一步增加 OMLS 用量时，热稳定性下降。这种行为可以通过 OMLS 剥离/插层的相对程度来解释。实际上，在黏土用量比较低时，剥离是主要的，但是剥离的硅酸盐层的量不足以使体系的热稳定性有大幅度的提高。增加黏土的用量使剥离的黏土颗粒更多，进而增加了黏土纳米复合材料的热稳定性。但是，在硅酸盐用量超过临界值后，这种高径厚比硅酸盐层的完全剥离受到的阻碍作用越来越大，因为聚合物基体中受限空间内的几何限制，热稳定性没有更多的提高，甚至会有一定程度的下降。在 OMLS 用量增加到 5%（质量分数）之前，热稳定性随着 OMLS 用量的增加而提高，之后趋于稳定。

（2）不同种类 PLA/OMLS 纳米复合材料体系　Bandyopadhyay 等公开了其首次通过熔融插层法将 PLA 与有机改性的氟锂蒙脱石（FH）、MMT 混合制备的纳米复合材料的热稳定性。其结果表明，PLA 插层到 FH、MMT 层间，阻止了使纯 PLA 完全分解的热分解。他们认为，硅酸盐层起到了进入的气体以及气体副产物阻隔层的作用，一方面提高了分解的起始温度；另一方面还拓宽了分解过程。黏土的加入增强了成炭性能，所形成的炭起到了分解过程中产生的挥发性物质的超级阻隔材料和质量传递阻隔层的作用。

Chang 等人对 3 种 OMLS 制备的 PLA/OMLS 纳米复合材料进行了热稳定性实验，结果如表 2-46 所示。对于 C16MMT 或 C25A 基 PLA 纳米复合材料，其起始分解温度 T_D^i 随着 OMLS 用量的增加而线性下降，而 PLA/DTAMMT 纳米复合材料的 T_D^i 在黏土用量从 2%（质量分数）增加到 8%（质量分数）时几乎恒定不变，这表明纳米复合材料的热稳定性直接与 OMLS 的稳定性有关。体系热性能的改善归因于黏土片层很高的径厚比所产生的阻隔作用，黏土片层分散在 PLLA 基体中，延长了挥发性分解产物在纳米复合材料中逃逸的时间。但是，未改性的 NaMMT 所制得的微米复合材料的热稳定性并没有得到改善（图 2-126）。

表 2-46　PLA/OMLS 纳米复合材料薄膜的 TGA 数据

黏/（%）（质量分数）	C16MMT		DTAMMT		C25A	
	T_D^i	600℃时的质量保留率（%）	T_D^i	600℃时的质量保留率（%）	T_D^i	600℃时的质量保留率（%）
0	370	2	370	2	370	2
2	343	4	368	4	359	4
4	336	6	367	5	348	4
6	331	6	368	7	334	6
8	321	8	367	8	329	7

5. 气体阻透性

普遍认为，层状硅酸盐纳米材料能够提高聚合物基纳米复合材料的气体阻隔性能，因为其在聚合物基体中产生了迷宫，使气体透过基体时路径更加曲折，阻碍了气体分子通过的进程（图 2-127）。

这种路径的形成所带来的直接益处在近乎剥离结构的 PLA/OMSFM 纳米复合材料中看得很清楚。相对透过率系数，即将 P_{PCN}/P_p 描述成 OMSFM 用量的函数。用 Nielsen 理论表达式对数据进行分析，能够预测气体透过率。

$$\frac{P_{PCN}}{P_p} = \frac{1}{1 + (L_{LS}/2W_{LS})\phi_{LS}} \tag{2-6}$$

式中　P_{PCN}——纳米复合材料的透过率系数；

　　　P_p——纯聚合物的透过率系数；

L_{LS}、W_{LS}——层状硅酸盐片层的长度和宽度；

ϕ_{LS}——层状硅酸盐用量。

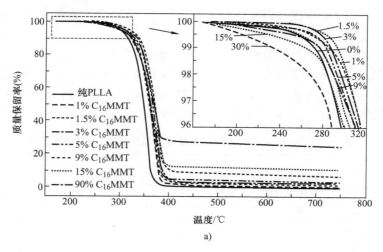

a)

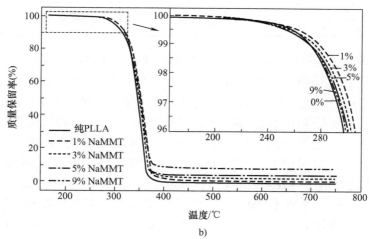

b)

图 2-126　不同 PLLA/OMLS 复合材料体系的 TGA 曲线（N_2 氛围）

a) C_{16}MMT　b) NaMMT

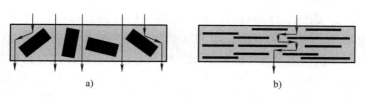

图 2-127　气体通过聚合物/层状硅酸盐纳米复合材料时的曲折路径形成示意图

a) 传统复合材料　b) 聚合物/层状硅酸盐纳米复合材料

上式清楚表明，纳米复合材料的气体透过率主要取决于两个因素：一个是分散的硅酸盐层颗粒的尺寸；另一个是硅酸盐在聚合物基体中的分散。当层状硅酸盐在聚合物基体中的分散程度一样时，纳米复合材料的阻隔性能直接取决于分散于其中的层状硅酸盐颗粒的尺寸，即径厚比。

根据上式所描述的理论公式，Sinha Ray 等用实验得到的 L_{LS} 和 W_{LS} 估算了 O_2 在各种 PLA 基纳米复合材料中的透过率，结果如表 2-47 所示。在 5 种纳米复合材料中，计算值几乎完全与实验值吻合，只有 PLA/qC_{16}SAP4 例外，这表明尽管与其他体系相比，径厚比要小得多，但是其透过率高出很多。

表 2-47　纯 PLA 及其各种纳米复合材料薄膜的 O_2 透过率比较

试　　样	O_2 透过率 /[mL · mm/(m^2 · 24h · MPa)]	L_{LS}/nm	W_{LS}/nm
PLA	200	—	—
PLA/C_{18}MMT4	172	450	38
PLA/qC_{18}MMT4	171	655	60
PLA/qC_{18}MMT	177	200	36
PLA/qC_{16}SAP4	120	50	2~3
PLA/qC_{13}(OH)-Mica4	71	275	1~2

Guesev 等认为还有一个因素也决定着阻隔性能，即硅酸盐层存在时聚合物基体中分子水平上的传递改变了局部透过率。这一因素直接与硅酸盐基聚合物纳米复合材料的分子插层程度有关。PLA/qC_{16}SAP4 是一种无序的插层体系，PLA 与硅酸盐层之间有利的相互作用可能是磷氧化物的形成造成的，而磷氧化物是 PLA 端羟基与烷基磷离子反应产生的。因此，PLA/qC_{16}SAP4 的阻隔性能远高于其他体系。

用 Cargill Dow 公司的 PLA（L-/D-异构体比例为 98：2）、美国 Southern Clay Products 公司的 OMLS——Cloisite®15A、Cloisite®20A 和 Cloisite®30B，采用溶剂法制得厚为 25~40μm 的 PLA/OMLS 纳米复合材料薄膜，对其气体透过性的研究表明，体系的气体透过率随着 OMLS 含量的增加而降低。对于 3 种 OMLS 而言，PLA/Cloisite®15A 为插层型纳米复合材料，气体透过率是最高的；而 PLA/Cloisite®20A 为插层与剥离混合型纳米复合材料，气体透过率处于三者中的中间水平；而 PLA/Cloisite®30B 为完全的剥离型纳米复合材料，气体透过率是最低的，因为其层状硅酸盐的间距最大，因此气体透过时的路径最为曲折（图 2-128）。

Christopher Thellen 等将 OMLS 与 PLA 造粒后挤出吹塑成型 PLA/纳米复合材料薄膜。对 O_2 和水蒸气的阻透性能的测试结果表明，所有纳米复合材料薄膜的 O_2 阻透性均优于纯 PLA 薄膜，O_2 透过率下降 15%~48% 不等。但是，实验表明，纳米复合材料薄膜的 O_2 透过率与螺杆转速和加料速度无关，这说明是薄膜中的 OMLS 组分控制着其透过率。而与之相反的是，PLA 均聚物的 O_2 透过率对加工工艺条件相当敏感。PLA/OMLS 纳米复合材料薄膜的水蒸气阻透性也高于纯 PLA 薄膜。总的来说，将纳米层状硅酸盐加到 PLA 中后得到的复合材料薄膜的水蒸气透过率下降了 40%～50%（图2-129）。

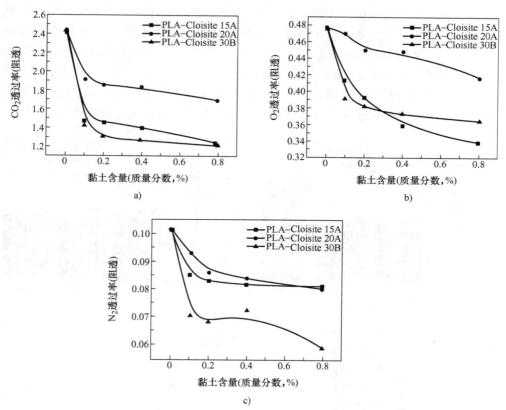

图 2-128　PLA/OMLS 纳米复合材料对气体的阻隔性能

a）CO_2　b）O_2　c）N_2

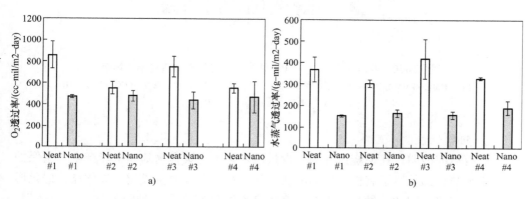

图 2-129　PLA/OMLS 纳米复合材料的 O_2 和水蒸气透过率

a）O_2　b）水蒸气

挤出吹塑薄膜时吹胀比对 PLA/OMLS 纳米复合材料的阻透性能也有影响（图 2-130）。与未吹胀的薄膜相比，吹胀比为 2 或 7 时，PLA/OMLS 纳米复合材料薄膜的 3 种气体透过率没有大的变化；而在吹胀比为 4 和 5 时，3 种气体的透过率大大降低。之所以产生如此好的结果，与挤出吹塑对 OMLS 在 PLA 基体中的分布和取向有关。从图 2-131 可以看出，PLA/OMLS 纳米复合材料薄膜的内在结构明显改变了，在整个截面上，OMLS 层片沿着吹胀方向有序排列，并且均匀分布，大部分都被很大程度地拉直了；而且 OMLS 片束尺寸减小，单片数量增加；另外还有一种可能，即大多数 OMLS 层片在吹塑过程中双向重排，而且纵向的效果优于横向。

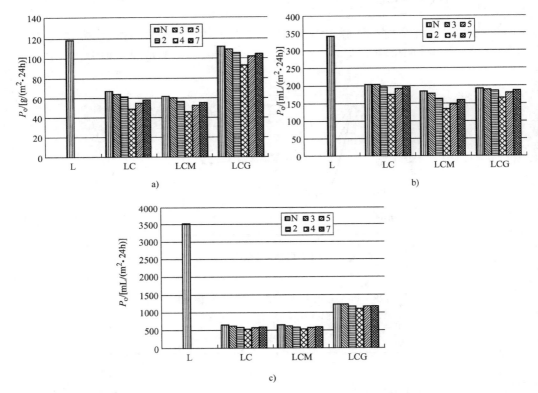

图 2-130　吹胀比对 PLA/OMLS 纳米复合材料气体透过率的影响

PLA/OMLS/PMMA/PEG：L-100/0/0/0　LC-95/5/0/0　LCM-85/5/10/0　LCG-85/5/0/10

a）水蒸气　b）O_2　c）CO_2

6. 阻燃性能

已有研究表明，在燃烧过程中，少量纳米黏土在聚合物基体中能产生一层保护层。而且热传递促进了有机改性剂的热分解，在黏土表面生成质子催化点，催化形成稳定的残炭。因此，纳米黏土在聚合物表面积聚起到了一种阻隔保护层的作用，阻止热量向基体中的传递，进而减少可燃性分解产物的挥发和 O_2 向基体中的扩散。

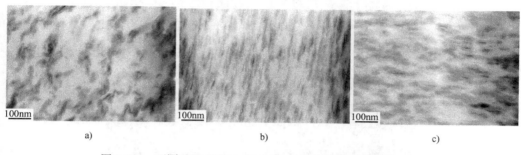

图 2-131 不同 PLA/OMLS（95/5）纳米复合材料薄膜的 TEM
a）未吹塑，吹胀比为4 b）纵向 c）横向

在双螺杆挤出机中采用熔融复配技术制备海泡石和 OMLS 的 PLA/海泡石、PLA/OMLS 纳米复合材料并对其阻燃性能进行了研究。图 2-132 和图 2-133 的 XRD 和 TEM 表明，所得到的 PLA/OMLS 和 PLA/海泡石以及 PLA/OMLS/海泡石体系均为剥离型纳米复合材料；从图 2-134 的热释放速率曲线上看出，纳米复合材料，尤其是 PLA/OMLS 纳米复合材料的曲线都移到了纯 PLA 的左边，说明这些材料开始燃烧的时间早。这可能源于：（a）聚合物的挥发使浓缩相表面产生的气体纳米级催化氧化；（b）产生燃料的材料薄。此外，酸性层状硅酸盐会使碳氢化合物裂解，进而导致聚合物分解。$25kW/m^2$ 和 $35kW/m^2$ 时，PLA 及其纳米复合材料的锥形量热仪数据和氧指数见表 2-48。图 2-132、图 2-133、图 2-134、表 2-48 中各曲线代号的含义：P_0 为 PLA/OMLS/海泡石/硼酸锌/PVA＝100/0/0/0/0，P_1 为 PLA/OMLS/海泡石/硼酸锌/PVA＝95/0/5/0/0，P_2 为 PLA/OMLS/海泡石/硼酸锌/PVA＝95/5/0/0/0，P_3 为 PLA/OMLS/海泡石/硼酸锌/PVA＝90/5/5/0/0，P_4 为 PLA/OMLS/海泡石/硼酸锌/PVA＝85/5/5/4/1。

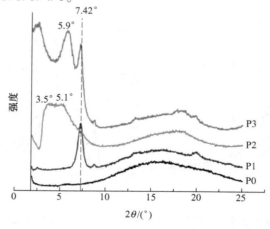

图 2-132 PLA 及其二元、三元纳米复合材料的 XRD 谱图

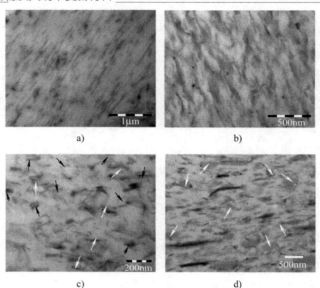

图 2-133　PLA 及其二元、三元纳米复合材料的 TEM 照片

a) P_1　b) P_2　c) P_3　d) P_4

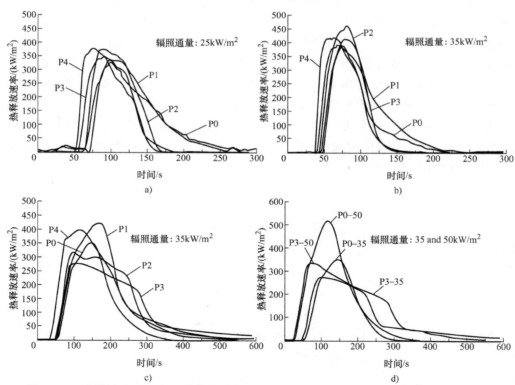

图 2-134　不同辐照通量时，不同厚度的 PLA 及其二元、三元纳米复合材料的热释放速率

a) 25kW/m² ，1mm 试样　b) 35kW/m² ，1mm 试样　c) 35kW/m² ，3mm 试样

d) 比较 PLA 和 P3 3mm 厚试样在 35kW/m² 和 50kW/m² 的热流率曲线

表 2-48　25kW/m² 和 35kW/m² 时，PLA 及其纳米复合材料的锥形量热仪数据和氧指数
（锥形量热仪测试试样厚 1mm，氧指数测试试样厚 3mm）

试样	点燃时间/s		HRR 峰值 / (kW/m²)		达到 HRR 峰值时间/s		火焰中断时间/s		总放热量 / (MJ/m²)		LOI (%)
	辐照通量/ (kW/m²)										
	25	35	25	35	25	35	25	35	25	35	
P0	66	43	332	394	101	74	300	220	26.88	22.82	20
P1	66	42	332	419	105	79	258	212	28.93	29.28	20.6
P2	63	39	371	467	90	82	162	129	24.34	24.88	20.8
P3	54	36	345	398	90	69	154	133	22.82	23.75	20.8
P4	51	32	376	423	75	62	150	150	24.92	25.12	20.6

7. 生物降解性

相对于废弃物的累积速率，PLA 基体的一个主要问题是降解速率低。图 2-135 为不同堆肥时间时纯 PLA 和 3 种不同的 PLA/OMLS 纳米复合材料回收试样的照片。图 2-136 为重均相对分子质量 M_W 和初始测试试样残留量（R_W）随着时间的变化情况。从图 2-135 可以看出，PLA/C$_{18}$MMT4 和 PLA/qC$_{18}$MMT4 没有大的区别，尽管 qC$_{18}$MMT4 被认为是可以作为生物降性的增强剂。在 1 个月的时间内，纯 PLA 和 PLA/qC$_{18}$MMT4 的 M_W 下降和失重率几乎一样。但是，1 个月以后，PLA/qC$_{18}$MMT 的失重率急剧变化，在 2 个月的时间内，在堆肥条件下其完全降解。

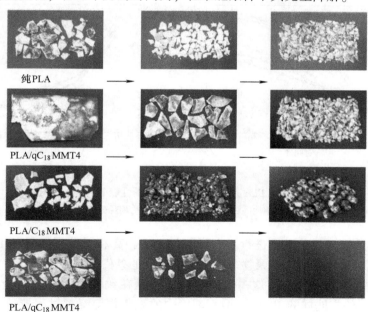

图 2-135　不同堆肥时间时纯 PLA 和 3 种不同的 PLA/OMLS 纳米复合材料回收试样的照片
注：结晶试样的初始尺寸为 3cm×10cm×0.1cm。

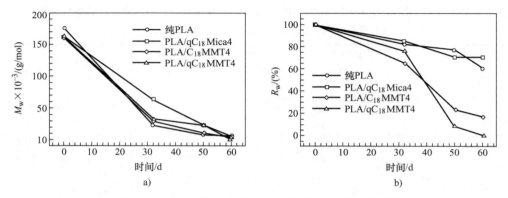

图 2-136　PLA 及其纳米复合材料在堆肥条件下的性能随时间的变化
a）重均相对分子质量 M_W　b）失重率 R_W

对复合材料的透气性进行测定，研究堆肥环境下 PLA 基体的降解性。试样失重或者是碎片反映的是试样的结构变化，与此不同的是，CO_2 的产生是最终可生物降解性的度量，也就是试样的矿物质化。图 2-137a 为纯 PLA 及其各种纳米复合材料的生物降解性（即 CO_2 的变化）与时间的关系。图中数据清楚表明，PLA/qC$_{13}$(OH)-Mica4 和 PLA/qC$_{16}$SAP4 中 PLA 的生物降解性得到大大提高。此外，PLA/C$_{18}$MMT4 中 PLA 的降解速率也稍微高一些，而纯 PLA 和 PLA/qC$_{18}$MMT4 的降解速率几乎一样。

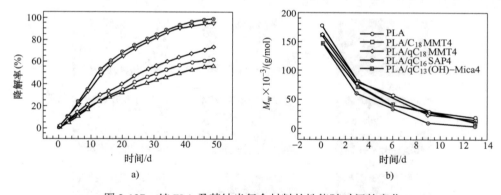

图 2-137　纯 PLA 及其纳米复合材料的性能随时间的变化
a）生物降解性（CO_2 产生量）　b）重均相对分子质量 M_W

PLA 的堆肥降解分两步进行。在降解的初期，高相对分子质量的 PLA 分子链酶解为低相对分子质量的齐聚物。在酸或碱存在的条件下这一过程会被加速，而且温度和湿度都对其有影响。这一步出现的碎片是在数均相对分子质量 M_n 降低到 40000 以下。约在同样的 M_n 处，堆肥环境中的微生物使降解过程持续进行，将这些低相对分子质量的组分转变成 CO_2、水和腐殖质。所以，增加 PLA 基体水解倾向的因素最终控制着 PLA 的降解。将 OMLS 添加到 PLA 基体中使其相对分子质量有一些下降。众所周知，PLA 的相对分子质量比较低的话，其酶解速率可能会比较高，因为其接触的链端基的量多。但是，纯 PLA 及其各种纳米复合材料的相对分子质量变化速率几乎相同。所以，初始相对分子质量不是控制纳米复合材料生物降解性的主要因素。控制 PLA 生物降解性的另一个因素是结晶度，因为非晶相比晶相易于降解。但是，除 PLA/qC$_{16}$SAP4 和 PLA/qC$_{13}$(OH)-Mica4 外，纯 PLA 的结晶度低于纳米复合材料试样。这两种纳米复合材料试样的结晶度没有增加。

上述数据表明，将不同的 OMLS 添加到 PLA 中时对 PLA 组分的分解产生了各种不同的形式，这可能是层状硅酸盐上不同的表面改性剂造成的。由于 PLA 是脂肪族聚酯，可以认为不同 OMLS 的添加造成酯链的断裂方式不同，同样是层状硅酸盐上不同的表面改性剂造成的。qC$_{13}$(OH)-Mica 和 qC$_{16}$SAP 存在时，酯键的断裂要温和得多，而 qC$_{18}$MMT 则相反。所以，这些结果表明 OMLS 作为纳米填料增强纯 PLA 生物降解性的作用，PLA 的生物降解性可以通过审慎选择 OMLS 来控制。

2.7.3　加工

1. 流变性能与结构、性能间的关系

聚合物在熔融态时的流变性能是控制其加工性能的关键。对于聚合物/层状硅酸盐纳米复合材料，熔体流变性能不仅对其加工性能十分重要，而且非常有助于探求聚合物/层状硅酸盐界面作用强度和结构—性能之间的关系，这是因为流变性能受其纳米尺度结构和界面性能影响巨大。

（1）动态剪切性能　聚合物动态振动剪切测试一般是将与时间有关的应变 $\gamma(t) = \gamma_0 \sin(\omega t)$ 作用在试样上，测量产生的剪切应力 $\sigma(t) = \gamma_0 [G' \sin(\omega t) + G'' \cos(\omega t)]$，式中 G' 和 G'' 分别为储能模量和损耗模量。一般来说，聚合物熔体的流变性能与测试时的温度关系很大。对于聚合物试样，预计在流变性能测试时的温度和频率下，聚合物熔体应表现出特征类均聚物末端流体性质，表示为幂律关系 $G' \propto \omega^2$ 和 $G'' \propto \omega$。

Sinha Ray 等测试了具有插层结构的 PLA/OMLS 纳米复合材料的动态振动剪切性能。测试是在动态流变分析仪（RDAII）上进行的，转矩传感器的测量范围为 0.2~200g/cm。测试用了一套直径 25mm 的平行板，厚约 1.5mm，温度设定在 175~205℃。应变幅度固定在 5%，即使是在高温或者是低 ω 时也能获得合理的信号强度，避免非线性响应。对于所研究的每一种纳米复合材料，通过在一系列固定频率时进行应变扫描，测定线性黏弹性的极限值。利用时间-温度叠加原理生成主曲线，平移到通常的参考温度（T_{ref}）175℃（这一温度是 PLA 加工最为典型的温度）。

图 2-138 为纯 PLA 及其各种 C$_{18}$MMT 含量时的纳米复合材料的 G' 和 G'' 主曲线。高频时（$a_T \cdot \omega > 10$），所有纳米复合材料的黏弹性都一样。而在低频时（$a_T \cdot \omega < 10$），两个模量随着 C$_{18}$MMT 用量的增加与频率有很弱的关系，即随着 C$_{18}$MMT 用量的增加，材料逐渐从类液行为（$G' \propto \omega^2$ 和 $G'' \propto \omega$）变成类固行为。G' 和 G'' 主曲

线的末端区斜率见表2-49。PLA 基体主曲线末端区的 G' 和 G'' 斜率分别为1.85 和1，这在多分散性聚合物的预期值内。此外，所有 PLACNs 的 G' 和 G'' 的斜率都大大低于纯 PLA。实际上，含 $C_{18}MMT$ 的纳米复合材料的 G' 在低 $a_T \cdot \omega$ 时完全不相关，而且超过了 G''，PLA 表现出准类固性。

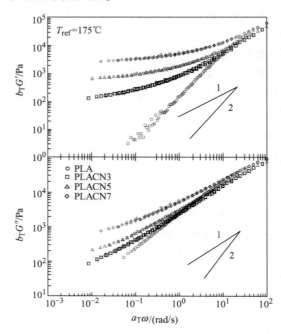

图2-138　纯 PLA 及其与 OMLS 的各种纳米复合材料的 G' 和 G'' 与频率的简化关系

表2-49　G' 和 G'' 主曲线的末端区斜率

试　样	G'	G''
PLA	1.85	1
PLACN3	0.25	0.5
PLACN5	0.18	0.4
PLACN7	0.1	0.3

　　图2-139 为根据 Arrhenius 方程得到的纯 PLA 及其各种纳米复合材料的流动活化能（E_a）与 $C_{18}MMT$ 用量之间的关系。PLA/$C_{18}MMT3$ 的 E_a 大幅度增加，之后，随着 $C_{18}MMT$ 用量的增加，增速就小得多。这种性能可能是插层和堆叠的 $C_{18}MMT$ 硅酸盐层分散于 PLA 基体中所致。

　　图2-140 为 PLA 及其纳米复合材料的动态复数黏度 $|\eta^*|$，数据来源于线性动态振动剪切测量结果。在低 $a_T \cdot \omega$ 区（<10rad/s），纯 PLA 表现为近乎牛顿行为，而所有纳米复合材料都呈现出强烈的剪切变稀趋势。而另一方面，纯 PLA 及其各

种纳米复合材料的 M_w 和多分散性几乎是一样的，因此 PLACNs 的高黏度可以由 OMLS 存在时熔融态聚合物的分子链流动受限来解释。

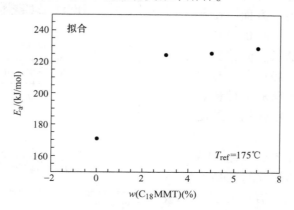

图 2-139　流动活化能与 $C_{18}MMT$ 用量之间的关系

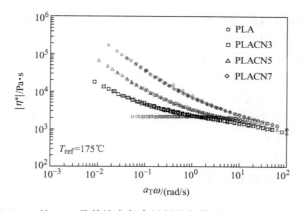

图 2-140　纯 PLA 及其纳米复合材料的复数黏度与频率间的关系

（2）稳态剪切性能　首先分析 PLA/OMLS 纳米复合材料体系。图 2-141 为纯 PLA 和一系列插层型纳米复合材料的稳态剪切黏度与时间的关系。稳态黏度测试是在 175℃下进行的，锥板直径为 25mm，锥角为 0.1rad。在所有剪切速率下，PLACNs 的剪切黏度都随着时间大幅度增加，在某一剪切速率处，随着 OMLS 用量单调增加。另外，所有插层型纳米复合材料都表现出强烈的流凝性，而且在低剪切速率（$\dot{\gamma}$ =0.001/s）时尤为明显，但纯 PLA 的黏度在所有剪切速率时都与时间有关。随着剪切速率的增加，经过一定时间（图中的箭头）后，剪切-黏度到达一个平台，而且达到这一平台所需时间随着剪切速率的增加而缩短。这可能是在剪切作用下硅酸盐颗粒沿着流动方向在平面内排列所致。剪切速率很低（0.001s^{-1}）时，硅酸盐颗粒需要更长的时间才能实现沿着流动方向的完全平面排列，而测量时间

（1000s）太短，不能实现这种排列，因此，纳米复合材料表现出强烈的流凝性。另一方面，在高剪切速率（0.005s⁻¹或0.01s⁻¹）下，测量时间足够长，能够实现这种排列，因此，经过一段时间后，PLA/OMLS纳米复合材料表现出与时间有关的剪切—黏度关系。

图2-142为175℃时纯PLA和各种PLACNs的黏度与剪切速率之间的关系。在所有剪切速率下纯PLA都表现出近乎牛顿流体的行为，而所有PLACNs则均为非牛顿流体，都表现出强烈的剪切变稀行为，这与振动剪切测试结果类似。此外，剪切速率很高时，PLACNs的稳态剪切黏度与纯PLA接近。上述结果表明，高剪切速率时，硅酸盐层沿着流动方向（硅酸盐层可能垂直于拉伸方向）强烈取向，而且纯PLA决定了高剪切速率时的剪切变稀行为。

Krishnamoorti等在研究插层结构的聚（苯乙烯-异戊二烯）嵌段共聚物/MMT纳米复合材料

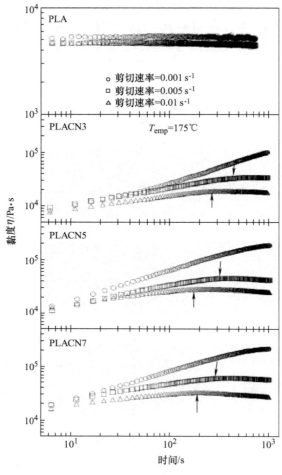

图2-141　纯PLA及其纳米复合材料的稳态剪切黏度与时间的关系

时发现，纳米复合材料的稳态剪切黏度在低剪切速率时剪切变稀增强了。换句话说，就是高剪切速率时随着黏土用量的增加，黏度从零切黏度下降的值更大，下降值与纯聚合物相同。尽管造成剪切变稀行为的确切机理还不是很清楚，但是可以推测，剪切作用下硅酸盐层的取向是主因。随着剪切速率的增加，插层聚合物分子链构象随着卷曲排列变成平行于流动方向而变化。但是，由于剪切变稀，可以采用传统设备在熔融态对纳米复合材料进行加工。

PLS/OMLS纳米复合材料总是与经验公式Cox-Merz有很大偏离，而所有纯PLA都遵循这一经验公式，要求$\dot{\gamma}=\omega$时，黏弹性遵从关系式$\eta(\dot{\lambda})=|\eta^*|(\omega)$。纳

米复合材料偏离 Cox-Merz 公式可能有两个原因，一是该公式可能只适用于均聚体系如均聚物熔体等，而纳米复合材料是非均相体系；二是纳米复合材料在动态剪切作用下与稳态剪切测试时所形成的结构不同。

对 PLA/OMLS/扩链剂体系进行分析。将 PLA、纳米黏土、Joncryl® ADR 4368 在啮合同向旋转双螺杆挤出机中熔融挤出扩链后所得的 PLA/OMLS 纳米复合材料中长支链对线性黏弹性影响很大，如零切黏度和损耗角（图 2-143）。

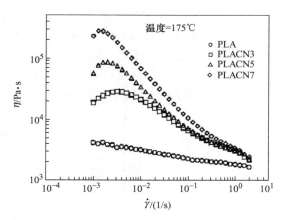

图 2-142　纯 PLA 及其纳米复合材料的稳态剪切黏度与剪切速率之间的关系

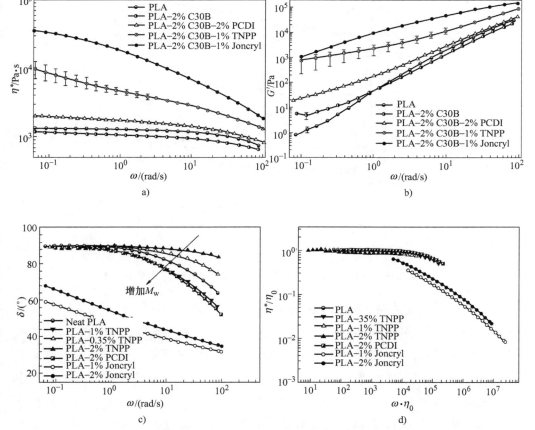

图 2-143　PLA 和含不同扩链剂的 PLA/OMLS 纳米复合材料的流变性能（$T = 190$℃）

a）复数黏度　b）储能模量　c）损耗角　d）复数黏度曲线平移

对 PLA/OMLS/增容剂体系进行分析。对 PLA/OMLS 纳米复合材料及其增容体系的流变性能研究表明（图 2-144），由于熔融 PLA 基体中分散了 OMLS，因此，复合材料的黏度增加明显。而且，这种增加效果随着增容剂的加入和 OMLS 含量的增加而更加显著。未添加 OMLS 的 PLA 的流变性能与增容的 PLA 具有可比性，说明增容剂对熔融 PLA 的影响可以忽略。

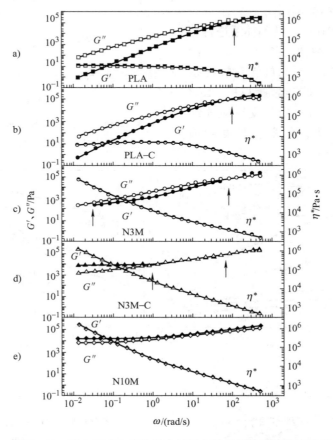

图 2-144　PLA/OMLS 纳米复合材料及其增容体系的流变性能

（3）拉伸流变性能　Sinha Ray 等最先用拉伸流动流变仪在恒定 Hencky 应变速率 $\dot{\varepsilon}_0$ 下对熔融态的 PLACN5［在 PLA 中添加 5%（质量分数）C_{18}MMT］进行了拉伸流变性能测试。在每次拉伸时，在流变仪中进行测试之前，在预设的温度下将 60mm×7mm×1mm 试样淬火 3min，在应变速率 $\dot{\varepsilon}_0$ 从 0.01/s 下降到 1/s 的过程中进行单向拉伸试验。图 2-145 为瞬态拉伸黏度 $\eta_E(\dot{\varepsilon}_0;t)$ 随时间 t 变化的双对数坐标曲线。从图中看出，PLACN5 有明显的应变诱导硬化行为。在初始阶段，η_E 随着时间 t 逐渐增加，但是几乎与 $\dot{\varepsilon}_0$ 没有关系，这一般称为黏度曲线的线性区。经

过一定时间 $t\eta_E$ 后，即向后延长的时间（图中箭头方向），与 $\dot{\varepsilon}_0$ 的关系很大，而且可以看到很快偏离曲线的线性区。此外，Sinha Ray 等曾尝试测试纯 PLA 的拉伸黏度，但是未果，纯 PLA 的黏度低可能是主要原因。不过，他们证实，具有与 PLACN5 同样相对分子质量和多分散性的纯 PLA 既未产生应变硬化，在剪切流动中也没有产生流凝性。

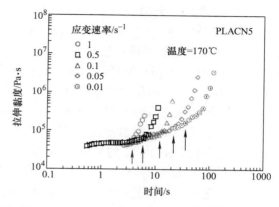

图 2-145　170℃时 PLACN5 的拉伸黏度随时间的变化

与 PP/OMLS 体系一样，拓展的 Trouton 规则，即 $3\eta_0(\dot{\gamma};t) \cong \eta_E(\dot{\varepsilon}_0;t)$，并不适用于 PLACN5 熔体，与纯聚合物不同。这说明，对于 PLACN5 来说，在拉伸流动中流动诱导了内部结构变化，但是这种变化与剪切流动差异很大。在极低剪切速率下对 PLACN5 进行的剪切试验中发现的流凝性说明一个事实，即剪切诱导的结构变化与超长松弛时间的过程有关。

至于拉伸诱导的结构变化，图 2-146 为 170℃时 PLACN5 的上升 Hencky 应变 $(\varepsilon\eta_E) = \dot{\varepsilon}_0 \times t\eta_E$ 与应变速率之间的关系。$\varepsilon\eta_E$ 随着 $\dot{\varepsilon}_0$ 线性增加。$\dot{\varepsilon}_0$ 降低，$\varepsilon\eta_E$ 减小。这一趋势可能与低剪切流动下 PLACN5 的流凝性有关。

2. 成型加工

（1）成型加工过程对 PLA/OMLS 纳米复合材料结构与性能的影响　制备过程也可能对纳米生物复合材料的

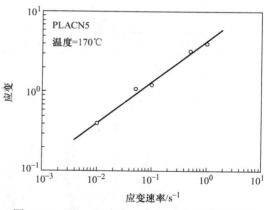

图 2-146　Hencky 应变与应变速率之间的关系

结构和性能起重要作用。例如，Lewitus 等用 PLLA 基母料制备了几种纳米生物复合材料，就是将 PLLA 基母料分散到不同的基体（PLLA、PDLLA 和 PBAT）中。结果表明，与纯 PLLA 相比，相应的纳米生物降解材料的薄膜性能提高，表明可以将其扩大到薄膜中，如堆肥包装。最突出的改进是将 PLLA/纳米黏土母料分散到同一牌号的 PLLA 基体中时，添加 5%（质量分数）的黏土就将拉伸模量和断裂伸长率分别提高 36% 和 48%，而拉伸强度没有大的变化。他们将这种增韧作用归结为纳米黏土与 PLA 之间的分子作用。此外，剥离程度高也是其中一个原因。

挤出和注射过程对 PLA 及 PLA/OMLS 纳米复合材料性能也有影响。用 Nature

Works PLA 2002D、美国 Southern Clay Products 公司的 OMLS——Cloisite®30B ［有机改性剂为有机阳离子 ［N(CH$_3$)(C$_2$H$_4$OH)$_2$R］$^+$（R 为 16～18 个碳原子的脂肪基团）］（表 2-50）进行不同成型过程实验。实验时先用同向双螺杆挤出机制得 PLA/OMLS 粒料，然后再用双螺杆挤出机将其稀释，得到 OMLS 含量分别为 0.5%（质量分数）和 2.5%（质量分数）的 PLA/OMLS 复合材料，之后再将其干燥，注射得到样条。研究表明，黏土和 PLA 基体的加工对纳米复合材料最终性能的影响很大，而且，加工时热应力也会诱使 PLA 分解，进而导致 PLA 的分子结构和平均相对分子质量变化。图 2-147 的 GPC 测试结果表明，与纯 PLA 相比，注射过的 PLA 的平均相对分子质量下降很大；而相比之下，纳米复合材料的平均相对分子质量下降更大，这是因为纳米复合材料在注射成试样之前经历了 3 次挤出过程，是 PLA 相对分子质量大幅度降低的主要原因，尤其是在 OMLS 含量高时。

表 2-50　试样编号（括号内的百分数为质量分数）

试样编号	加工过程
PLA-V	未加工，纯 PLA 料
PLA-1	注射 PLA
NC（0.5%）-E	挤出 3 次的 PLA/OMLS 纳米复合材料（OMLS 的质量分数为 0.5%）
NC（0.5%）-E1	挤出 3 次并注射过的 PLA/OMLS 纳米复合材料（OMLS 的质量分数为 0.5%）
NC（2.5%）-E	挤出 3 次的 PLA/OMLS 纳米复合材料（OMLS 的质量分数为 2.5%）
NC（2.5%）-E1	挤出 3 次并注射过的 PLA/OMLS 纳米复合材料（OMLS 的质量分数为 2.5%）

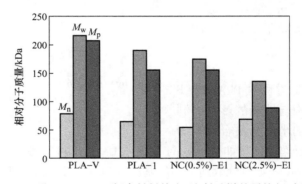

图 2-147　PLA 及 PLA/OMLS 复合材料挤出/注射试样的平均相对分子质量

　　图 2-148 的 XRD 表明，挤出 3 次并注射过的 PLA/OMLS 纳米复合材料（OMLS 的质量分数为 2.5%）的衍射峰减弱，OMLS 层间距增大，表明纳米复合材料中存在着一定量的插层和有序分布的 OMLS。OMLS 含量降低时（质量分数为 0.5%），同一位置处的衍射峰消失，表明所得到的复合材料为剥离型纳米复合材料。

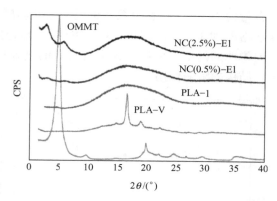

图 2-148 OMLS、PLA 粒料、注射过的 PLA 及挤出与注射过的 PLA/OMLS 复合材料
（OMLS 的质量分数分别为 0.5% 和 2.5%）的 XRD 谱图

表 2-51 的热稳定性分析表明，加工后材料热稳定性下降。从表中看出，T_5（质量损失 5% 时的温度）从纯 PLA 的 338℃ 下降到 332℃（挤出与注射过的 PLA/OMLS 复合材料，含 0.5% 的 OMLS）和 324℃（挤出与注射过的 PLA/OMLS 复合材料，含 2.5% 的 OMLS），也就是初始分解温度分别下降了 6℃ 和 14℃，这主要是三次挤出和一次注射所致的 PLA 相对分子质量下降造成的。

表 2-51 OMLS、PLA 粒料、注射过的 PLA 及挤出与注射过的 PLA/OMLS 复合材料
（OMLS 的质量分数分别为 0.5% 和 2.5%）的热稳定性分析

	$T_5/℃$	$T_{50}/℃$	$T_{95}/℃$	$T_m/℃$	IPDT/℃
PLA-V	337.5	360.8	377.0	364.9	367.6
PLA-I	333.1	361.2	378.9	366.2	365.6
NC（0.5%）-E	332.2	362.7	380.5	368.5	367.3
NC（0.5%）-E1	331.7	362.8	380.2	369.1	369.5
NC（2.5%）-E	328.7	360.2	379.1	365.3	380.1
NC（2.5%）-E1	323.8	360.6	380.2	367.1	378.8

注：T_5——质量损失 5% 时的温度；T_{50}——质量损失 50% 时的温度；T_{95}——质量损失 95% 时的温度；T_m——热分解速率最大时的温度；IPDT——累积程式分解温度。

图 2-149 表明 T_5 与相对分子质量之间有很好的线性关系，即 $T_5(℃) = 301.9 + 0.166 M_w(kDa)$，也就是说，相对分子质量每下降 10kDa，初始分解温度就下降 1.2℃。通过 GPC 测量平均相对分子质量，这一线性关系就可以用作分析加工过的纯 PLA 及其纳米复合材料热稳定性的数学公式。

图 2-150 清楚表明，PLA 开始分解的温度稍微高一些，但是其纳米复合材料在分解的最后表现出了更高的耐温行为，尤其是 OMLS 含量为 0.5%（质量分数）时，此时要强调的是 OMLS 含量为 0.5%（质量分数）的 PLA/OMLS 复合材料是剥

离型体系，而 OMLS 含量为 2.5%（质量分数）的是插层和剥离型体系。考虑到复合材料体系经历了 4 次熔融加工（3 次挤出，1 次注射），热稳定性应该有大幅度的下降。正因如此，要说明的是 OMLS 对 PLA 复合材料的热分解起到了保护作用，这归因于其 OMLS 层片结构的阻隔作用。

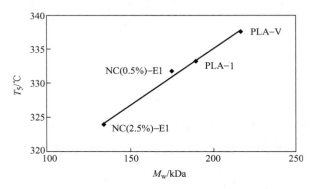

图 2-149　T_5 与 PLA 粒料、注射过的 PLA 及挤出与注射过的 PLA/OMLS 复合材料（OMLS 的质量分数分别为 0.5% 和 2.5%）相对分子质量之间的关系

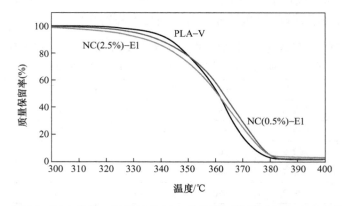

图 2-150　OMLS、PLA 粒料、注射过的 PLA 及挤出与注射过的 PLA/OMLS 复合材料（OMLS 的质量分数分别为 0.5% 和 2.5%）的 TG 曲线

（2）PLA/OMLS 纳米复合材料　吹塑薄膜 PLA 的 T_g 高（55℃），使其在室温时很脆，因此，常常要加增塑剂，改善其柔韧性和加工条件。此外，PLA 熔体强度低，用于吹塑薄膜、中空成型和发泡等时需要提高其熔体强度。常用的方法有扩链改性、反应挤出等。研究发现，将 PLA 与 OMLS 复配后，能够提高复合材料体系的熔体弹性、拉伸黏度等，进而提高其熔体强度，使之适合要求高熔体强度的成型。

PLA/OMLS 纳米复合材料在剪切流动中表现出流凝性，在拉伸过程中呈现出应变硬化性质。纯 PLA 表现出类牛顿行为，而 PLA/OMLS 纳米复合材料表现出显著的剪切变稀行为，并且由于高剪切速率下硅酸盐片层沿着流动方向强烈取向，其稳态剪切黏度可与纯 PLA 相比拟。而瞬态拉伸黏度显示了其强烈的应变诱导硬化现象，而纯 PLA 因黏度低而无法精确进行流变测试。

Christopher Thellen 等将 OMLS 与 PLA 造粒后挤出吹塑成型 PLA/OMLS 纳米复合材料薄膜。实验原料为 NatureWorks PLA 4041D ［吹塑薄膜级，相对分子质量 180000 Da，含 95%（质量分数）L-PLA 和 5%（质量分数）D-PLA］、乙酰柠檬酸三乙酯 ［Citroflex A-2（相对分子质量 = 318 Da），液体增塑剂］、OMLS（Cloisite25 A，是天然蒙脱土用四价铵盐处理）、有机改性剂二甲基氢化脂 2-乙基己基四价铵。按两步法制取 PLA 薄膜，即先将 PLA 和 OMLS 在同向旋转双螺杆挤出机上经造粒机头、过水槽后造粒，然后干燥，将经过增塑的聚合物粒料经同向旋转双螺杆挤出机挤出吹塑薄膜，得到的薄膜平均厚度为 0.076mm。吹塑薄膜的双向拉伸作用会提高 OMLS 颗粒的分散性，使其在基体中取向。聚合物基体的双向拉伸本身也会对力学性能产生影响，如模量、刚性等，这些性能都会在拉伸方向上有所提高。提高分子取向会降低渗透率，从而提高材料的阻透性能。因此，可以将 PLA 与 OMLS 复配，得到的纳米复合材料具有优异的阻透性，适合做包装薄膜，在食品包装领域有巨大的应用潜力。

（3）PLA/OMLS 纳米复合材料的发泡　PLA 用于发泡时受到一些限制，因为其表现不出高的应变诱导硬化效应，而这是发泡时泡孔长大后期承受拉伸应力的主要要求。聚合物分子链的支化，如与其他共聚物接枝或者是将支化和线形聚合物共混等可使其适宜于发泡。研究表明，PLACNs 具有很高的模量，在单向拉伸条件下，有强的应变硬化趋势。根据上述结果，Sinha Ray 等最先对 PLACNs 进行了发泡，以期得到具有理想性能的 PLA 泡沫。他们采用物理发泡工艺，即批处理工艺进行发泡，发泡过程包括四个阶段：①在理想的温度下将试样用 CO_2 饱和；②在 CO_2 开始释压时泡孔成核；③在 CO_2 释压过程中泡孔长大到平衡尺寸；④发泡试样冷却，稳定泡孔。

首先分析 PLA/OMLS 纳米复合材料体系的发泡。图 2-151 为 140℃下发泡的 PLA 与 PLA/C_{18}MMT5 以及 165℃下发泡的 PLA/qC_{18}MMT5 纳米复合材料泡沫脆断面的 SEM。从图中看出，所有纳米复合材料泡沫都具有很好的闭孔结构，泡孔均匀；而纯 PLA 泡沫的泡孔不均匀，而且泡孔大（230μm 左右）。此外，与纯 PLA 相比，纳米复合材料泡沫的泡孔小（d），泡孔密度（N_c）大，这表明分散的硅酸盐层起到了泡孔形成成核点作用。他们根据 SEM 计算了纳米复合材料泡沫的泡孔尺寸分布，结果如图 2-152 所示。可以看出，纳米复合材料泡沫的泡孔尺寸与高斯分布十分吻合。PLA/qC_{18}MMT5（图 2-152b）的分布峰宽（泡孔尺寸分散性的度量）在硅酸盐颗粒分布良好时变窄。他们根据 SEM 定量地计算出两种不同纳米复合材料泡沫的各种结构参数，如表 2-52 所示。与 PLA/C_{18}MMT5 相比，PLA/qC_{18}MMT5（纳米泡孔）的泡孔直径 d 小（约为 360nm），泡孔密度 N_c 大（1.2×10^{14} 个泡孔/cm^3），而前者的相应值分别为 2.59μm 和 3.56×10^{11} 个泡孔/cm^3。这表明，分散性质在发泡过程中控制泡孔尺寸上发挥着重要作用。此外，PLA/qC$_{18}$MMT5 的泡孔密度 N_c 很高，表明最终的泡沫密度是泡孔成核、泡孔长大和泡孔塌陷三者竞争的结果。在纳米复合材料泡沫中，泡孔的成核发生在聚合物基体与分散的硅酸盐颗粒之间的边界处。因此，泡孔长大和塌陷在加工过程中受材料结构参数、储能模量和损耗模量（近似为黏度项）影响巨大（表 2-52）。对于纳米复合材料来说，这可能产生纳米泡孔，但会降低某些力学性能。

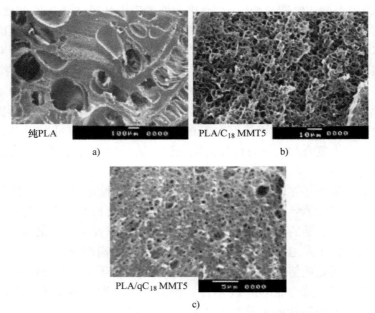

图 2-151　纯 PLA 及其纳米复合材料泡沫脆断面的 SEM
a) PLA　b) PLA/C$_{18}$MMT5　c) PLA/qC$_{18}$MMT5

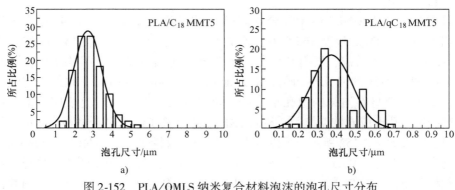

图 2-152　PLA/OMLS 纳米复合材料泡沫的泡孔尺寸分布
a) PLA/C$_{18}$MMT5　b) PLA/qC$_{18}$MMT5

表 2-52   PLA/C_{18}MMT5 和 PLA/qC_{18}MMT5 纳米复合材料泡沫的结构参数

纳米复合材料	ρ_f/g·cm^{-3}	d/μm	$N_c \times 10^{-11}$个泡孔·cm^{-3}	δ/μm	d/ξ_{LS}	d/L_{LS}	δ/L_{LS}
PLA/C_{18}MMT5	0.46	2.59	3.56	0.66	10.1	5.8	1.47
PLA/qC_{18}MMT5	0.57	0.36	1172	0.26	4.5	1.8	1.3

日本 UNITIKA 公司在成功开发耐热级 PLA/OMLS 纳米复合材料的基础上，通过纳米水平的分子设计、化学修饰技术和特殊的熔融共混技术开发耐热、高倍率挤出发泡片材的 PLA，其开发的挤出发泡级 PLA 树脂 HV-6200 的熔体流动速率与通用的 PLA 的对比见表 2-53，其熔体强度为 460mN，约为纯 PLA 的 46 倍。图 2-153 是其拉伸黏度随时间的变化情况，可以看出其具有高熔体强度，且呈现出较高的应变硬化性能。

表 2-53   高耐热 PLA 挤出发泡树脂的熔体流动速率和熔体强度

树脂种类	熔体流动速率（190℃，2.16kg）/（g/10min）	熔体强度（190℃）/mN
高耐热 PLA	12	460
纯 PLA	80	10

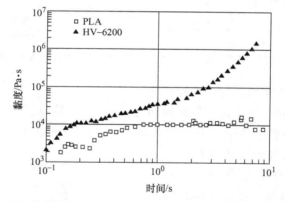

图 2-153   高耐热级挤出发泡 PLA 的拉伸黏度变化曲线（170℃，应变速率 0.5/s）

2.7.4   不同表面活性剂处理的纳米黏土对 PLA/黏土纳米复合材料性能的影响

研究表明，不同表面活性剂处理的纳米黏土对 PLA/黏土纳米复合材料性能有影响。通过选用适宜的纳米黏土表面处理剂，实现其在 PLA 中的完全剥离，以最大限度地改善其性能。所以，人们进行了很多尝试，在相应的纳米生物复合材料中实现纳米复合材料的剥离。

Chang 等研究了不同有机改性剂处理的层状硅酸盐的长径比（MMT，氟化合成云母）和黏土用量对纳米填料在 PLA 基体中分散的影响。XRD 和 TEM 表明，实验得到了插层结构的纳米复合材料，在只有很少的纳米黏土时，就使材料的力学性能和阻透性能得到提高。与纯 PLA 相比，在分别添加 2%（质量分数）的 C25A、4%（质量分数）的 C_{16}-MMT 和 C_{16}-云母时，最终强度分别提高 65%、47% 和 131%。但是，看起来力学性能的提高只有在黏土含量的一个小的范围内［最多 4%（质量分数）~6%（质量分数）］。高于这一用量，层状硅酸盐团聚，性能下降。关于 O_2 的透过率，在 OMLS 用量为 10%（质量分数）时，下降超过一半。在 C_{16}-MMT 和 C25A 用量为 8%（质量分数）时，初始降解温度随着 OMLS 用量的增加而线性下降，最大分别下降 49℃ 和 41℃。C_{16}-云母在同一用量时，下降只有 16℃。但 DTA-MMT 的热性能特殊，因为其初始分解温度不受黏土用量的影响。

　　Wu 等采用溶液混合法也得到了 PLA 基纳米复合材料的剥离结构。他们将 MMT 先用溴化十六烷基三甲基铵（CTAB）离子处理，然后再用脱乙酰壳多糖对其改性，增加了填料与基体之间的相互作用，得到了可生物降解和可生物相容的聚合物（图 2-154）。

图 2-154　溴化十六烷基三甲基铵（CTAB）和脱乙酰壳多糖有机改性 MMT 的结构示意图

　　Toyota 技术研究院（日本名古屋）Okamoto 和他的研究小组研究了一系列 PLA 基黏土纳米复合材料，考察了有机层片的长径比、有机改性剂的性质和黏土用量对复合材料性能的影响。根据这些参数，得到了插层、插层-絮凝、近乎剥离和插层与剥离态共存的各种 PLA/黏土纳米复合材料。他们甚至提出了纳米复合材料结构与黏土长径比和有机改性剂链长的关系。有关长径比的结果表明，硅酸盐层的尺寸越小，物理干扰越小，限制有机改性剂烷基分子链的构形，因而，有机黏土的内聚越轻（图 2-155）。由于有机改性的云母的堆叠结构很好，聚合物分子链几乎无法插入

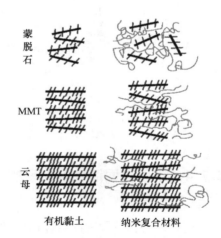

图 2-155　不同有机改性层状硅酸盐的结构及其与 PLA 的纳米复合材料的结构

硅酸盐的中心处，而与之相反的是，小尺寸的硅酸盐层如蒙脱石和 MMT。

　　Nam 等用二（4，羟丁基）甲基十八烷基铵改性的 MMT［$MMTN^+$（Me）

（ButOH）$_2$（C$_{18}$）〕进一步研究了絮凝结构。结果表明，絮凝结构的纳米复合材料的形成可能是活性剂、纳米层片边缘以及 PLA 链两端的羟基之间的键接所致。

总的说来，最适宜的 OMLS 的添加能提高 PLA/OMLS 纳米复合材料的性能。所以，通过 OMLS 的恰当选择，有可能调控其与 PLA 的复合材料的结构与性能。

参 考 文 献

［1］ Thibaut Gerard, Tatiana Budtova. Morphology and molten-state rheology of polylactide and polyhydroxy alkanoate blends ［J］. European Polymer Journal, 2012, 48: 1110-1117.

［2］ Auras R, Harte B, Selke S. Effect of water on the oxygen barrier properties of poly（ethylene terephthalate）and polylactide films ［J］. J Appl Polym Sci, 2004, 92: 1790-1803.

［3］ Auras RA, Singh SP, Singh JJ. Evaluation of oriented poly（lactide）polymers vs. existing PET and oriented PS for fresh food service containers ［J］. Packag Technol Sci, 2005, 18: 207-216.

［4］ Lehermeier H, Dorgan J, Way JD. Gas permeation properties of poly（lactic acid）［J］. J Membr Sci, 2001, 190: 243-251.

［5］ Dorgan JR, Lehermeier H, Mang M. Thermal and rheological properties of commercial-grade poly（lactic acid）s ［J］. J Polym Environ, 2000, 8: 1-9.

［6］ Drumright RE, Gruber PR. Polylactic acid technology ［J］. Adv Mater, 2000, 23: 1841-1846.

［7］ Lunt J. Large-scale production, properties and commercial applications of polylactic acid polymers ［J］. Polym Degrad Stab, 1998, 59: 149-152.

［8］ Garlotta D. A literature review of poly（lactic acid）［J］. J Polym Environ, 2002, 9: 63-84.

［9］ Fang Q, Hanna MA. Rheological properties of amorphous and semicrystalline polylactic acid polymers ［J］. Indus Crops Pdts, 1999, 10: 47-53.

［10］ Palade LI, Lehermeier HJ, Dorgan JR. Melt rheology of high l-content poly（lactic acid）［J］. Macromolecules, 2001, 34: 1384-1390.

［11］ Hakkarainen M, Karlsson S, Albertsson AC. Rapid（bio）degradation of polylactide by mixed culture of compost microorganism-low molecular weight products and matrix changes ［J］. Polymer, 2000, 2331-2338.

［12］ Yamane H, Sasai K. Effect of the addition of poly（D-lactide acid）on the thermal property of poly（L-lacticacid）［J］. Polymer, 2003, 44: 2569-2575.

［13］ Lindblad MS, Liu Y, Albertsson AC, et al. Polymers from renewable sources ［J］. Adv Polym Sci, 2002, 157: 139-161.

［14］ Auras R, Harte B, Selke S. An overview of polylactides as packaging materials ［J］. Macromol Biosci, 2004, 4: 835-864.

［15］ Garlotta D. A literature review of poly（lactic acid）［J］. J Polym Environ, 2001, 9: 63-84.

［16］ Ikada Y, Tsuji H. Biodegradable polyesters for medical and ecological applications ［J］. Macromol Rapid Commun, 2000, 21: 117-132.

［17］ Urayama H, Moon SI, Kimura Y. Microstructure and thermal properties of polylactides with different l- and d-unit sequences: importance of the helical nature of the l-sequenced segments

［J］. Macromol Mater Eng, 2003, 288：137-143.

［18］Tsuji H, Okino R, Daimon H, et al. Water vapor permeability of poly（lactide）s：effects of molecular characteristics and crystallinity［J］. J Appl Polym Sci, 2005, 99：2245-2252.

［19］Sarasua JR, Arraiza AL, Balerdi P, et al. Crystallinity and mechanical properties of optically pure polylactides and their blends［J］. PolymEng Sci, 2005, 45：745-753.

［20］Bigg DM. Effect of copolymer ratio on the crystallinity and properties of polylactic acid copolymers［C］. Annu Techn Conf—Soc Plastics Eng, 1996：2028-2039.

［21］Tsuji H, Ikada Y. Crystallization from the melt of PLA with different optical purities and their blends［J］. Macromol Chem Phys, 1996, 197：3483-3499.

［22］Hutchinson M, Dorgan J, Knauss D, et al. Optical properties of polylactides［J］. J Polym Environ, 2006, 14：119-124.

［23］Dorgan J R, Jansen J, Clayton MP. Melt rheology of variable l-content poly（lactic acid）［J］. J Rheol, 2005, 49：607-619.

［24］Drumright R E, Gruber PR, Henton DE. Polylactic acid technology［J］. Adv Mater, 2000, 12：1841-1846.

［25］杨斌. 绿色塑料聚乳酸［M］. 北京：化学工业出版社, 2007：32, 37, 42-44, 86, 87-88, 91, 92, 98-102, 103, 104, 128, 129, 130, 138, 145.

［26］Tsukegi T, Motoyama T, Shirai Y. Racemization behavior of l, l-lactide during heating［J］. Polym Degrad Stab, 2007, 92：552-559.

［27］Fan Y, Nishida H, Shirai Y, et al. Control of racemization for feedstock recycling of PLLA［J］. Green Chem, 2003, 5：575-579.

［28］Kopinke FD, Remmler M, Mackenzie K, et al. Thermal decomposition of biodegradable polyesters. II. Poly（lactic acid）［J］. Polym Degrad Stab, 1996, 53：329-342.

［29］Khabbaz F, Karlsson S, Albertsson AC. Py-GC/MS an effective technique to characterizing of degradation mechanism of poly（l-lactide）in the different environment［J］. J Appl Polym Sci, 2000, 78：2369-2378.

［30］Westphal C, Perrot C, Karlsson S. Py-GC/MS as a means to predict degree of degradation by giving microstructural changes modelled on LDPE and PLA［J］. Polym Degrad Stab, 2001, 73：281-287.

［31］Henton DE, Gruber P, Lunt J, et al. Polylactic acid technology. In：Mohanty AK, Misra M, Drzal LT, et al. Natural fibers, biopolymers, and biocomposites［M］. Boca Raton, FL：Taylor & Francis, 2005：527-577.

［32］L-T Lim, RAuras, M Rubino. Processing technologies for poly（lactic acid）［J］. Progress in Polymer Science, 2008, 33：820-852.

［33］Jamshidi K, Hyon S-H, Okada Y. Thermal characterization of polylactides［J］. Polymer, 1988, 29：2229-2234.

［34］Celli A, Scandola M. Thermal properties and physical ageing of poly（l-lactic acid）［J］. Polymer, 1992, 33：2699-2703.

［35］Cai H, Dave V, Gross RA, et al. Effects of physical aging, crystallinity, and orientation on the enzymatic degradation of poly （lactic acid） ［J］. J Polym Sci, 1996, B34: 2701-2708.

［36］ Hartmann MH. High molecular weight polylactic acid polymers. In: Kaplan DL, editor. Biopolymers from renewable resources ［M］. Berlin/Heidelberg: Springer-Verlag, 1998: 367-411.

［37］ Ray Smith. 生物降解聚合物及其在工农业中的应用 ［M］. 戈进杰, 王国伟, 译. 北京: 机械工业出版社, 2011: 189-196, 197, 199-203, 208, 209-211.

［38］ Kister G, Cassanas G, VertM, et al. Vibrational analysis of poly （l-lactic acid） ［J］. J Raman Spectrosc, 1995, 26: 307-311.

［39］ Kawashima N, Ogawa S, Obuchi S, et al. Polylactic acid "LACEA" . In: Doi Y, Steinbuchel A, editors. Biopolymers polyesters Ⅲ applications and commercial products ［M］. Weinheim: Wiley-VCHVerlag GmbH, 2002: 251-274.

［40］ Hartmann MH. Advances in the commercialization of poly （lactic acid） ［J］. Polym Prepr （Am Chem Soc, Div Polym Chem）, 1999, 40 （1）: 570-571.

［41］ Kister G, Cassanas G, Vert M. Effects of morphology, conformation and configuration on the IR and Raman spectra of various poly （lacticacid） s ［J］. Polymer, 1998, 39: 267-273.

［42］ Kishore K, Vasanthakumari R. Nucleation parameters for polymer crystallization from non-isothermal thermal analysis ［J］. Colloid Polym Sci, 1988, 266: 999-1002.

［43］ Kishore K, Vasanthakumari R, Pennings AJ. Isothermal melting behavior of poly （l-lactic acid） ［J］. J Polym Sci Part B: Polym Phys, 1984, 22: 537-542.

［44］ Kolstad J J. Crystallization kinetics of poly （l-lactide-co-mesolactide） ［J］. J Appl Polym Sci, 1996, 62: 1079-1091.

［45］ Vasanthakumari R, Pennings AJ. Crystallization kinetics of poly （l-lactic acid） ［J］. Polymer, 1983, 24: 175-178.

［46］ Kalb B, Pennings AJ. General crystallization behavior of poly （l-lacticacid） ［J］. Polymer, 1980, 21: 607-612.

［47］ Perego G, Cella GD, Bastioli C. Effect of molecular weight and crystallinity on poly （lactic acid） mechanical properties ［J］. Polymer, 1996, 59: 37-43.

［48］ Li H, Huneault MA. Nucleation and crystallization of PLA ［C］. In: ANTEC2007, 2007: 2615-2618.

［49］ Ou X, Cakmak M. X-ray studies of structural development during sequential and simultaneous biaxial of polylactic acid film ［C］. In: ANTEC 2003. 2003: 1701-1705.

［50］ Lee JK, Lee KH, Jin BS. Structural development and biodegradability of uniaxially stretched poly （l-lactide） ［J］. Eur Polym J, 2001, 37: 907-914.

［51］ CooperWhite JJ, Mackay ME. Rheological properties of poly （lactides） . Effect of molecular weight and temperature on the viscoelasticity of poly （l-lactic acid） ［J］. J Polym Sci Part B: Polym Phys, 1999, 37: 1803-1814.

［52］ Fang Q, Hanna MA. Rheological properties of amorphous and semicrystalline polylactic acid polymers ［J］. Ind Crops Prod, 1999, 10: 47-53.

［53］ Lehermeier H J, Dorgan J R. Poly （lactic acid） properties and prospect of an environmentally benign plastic: melt rheology of linear and branched blends ［C］. In: Fourteenth symposium on thermophysical properties, 2000.

[54] Palade LI, LehermeierH J, Dorgan JR. Melt rheology of high content poly (lactic acid) [J]. Macromolecules, 2001, 34: 1384-1390.

[55] Yamane H, Sasai K, Takano M. Poly (d-lactic acid) as a rheological modifier of poly (l-lactic acid): shear and biaxial extensional flow behavior [J]. J Rheol, 2004, 48: 599-609.

[56] Grijpma D W, Penning A J. Chain entanglement, mechanical properties and drawability of poly (lactide) [J]. Colliod Polym Sci, 1994, 272: 1068-1081.

[57] Lu L, Mikos A G. Poly (lactic acid), Polymer data handbook [M]. Oxford University Press, 1999: 627-633.

[58] Taubner V, Shishoo R. Influence of processing parameters on the degradation of poly (l-lactide) during extrusion [J]. J Appl Polym Sci, 2001, 79: 2128-2135.

[59] Sodergard A, Stold M. Properties of lactic acid based polymers and their correlation with composition [J]. Prog Mater Sci, 2002, 27: 1123-1163.

[60] McNeill IC, Leiper HA. Degradation studies of some polyesters and polycarbonates. 1. Polylactide: degradation under isothermal conditions, thermal degradation mechanism and photolysis of the polymer [J]. Polym Degrad Stab, 1985, 11: 309-326.

[61] Bashir A, AlUraini AA, Jamjoom M, et al. Acetaldehyde generation in poly (ethylene terephthalate) resins for water bottles [J]. J Macromol Sci, 2002, A39: 1407-1433.

[62] Villain F, Coudane J, Vert M. Titration of aldehydes present in poly (ethylene terephthalate) [J]. J Appl Polym Sci, 1994, 52: 55-60.

[63] Sugaya N, Nakagawa T, Sajurai K, et al. Analysis of aldehydes in water by headspace-GC/MS [J]. J Health Sci, 2001, 47: 21-27.

[64] Kolstad JJ, Witzke DR, Hartmann MH, et al. Lactic acid residue containing polymer composition and product having improved stability, and method for preparation and use thereof: US, Patent 6353086B1 [P]. 2002.

[65] Gruber PR, Kolstad JJ, Ryan CM, et al. Melt-stable amorphous lactide polymer film and process for manufacturing thereof: US, Patent 5484881 [P]. 1996.

[66] Gogolewski S, Jovanovic M, Perren SM. The effect of melt processing on the degradation of selected polyhydroxyacids: polylactides, polyhydroxybutyrate, and polyhydroxybutyrate-covalerates [J]. Polym Degrad Stab, 1993, 40: 313-322.

[67] Gruber PR, Jeffrey SP, Kolstad JJ, et al. Hydroxyl terminated lactide polymer composition: US, Patent 5446123 [P]. 1995.

[68] Suizu H, Takagi M, Ajioka M, et al. Purification process of aluphatic polyester: US, Patent 5496923 [P]. 1996.

[69] 翁云宣. 生物分解塑料与生物基塑料 [M]. 北京: 化学工业出版社, 2010: 121, 115, 114, 116, 117, 118, 121.

[70] Mukherjee S, Jabarin SA. Aging characteristics of oriented poly (ethylene terephthalate) [J]. Polym Eng Sci, 1995, 35: 1145-1154.

[71] Cink K, Bopp RC, Sikkema K. Injection stretch blow molding process using polylactide resins:

WO, Patent 2006/002409 [P]. 2006.

[72] Ljungberg N, Andersson T, Wesslen B. Film extrusion and film weldability of poly (lactic acid) plasticized with triacetine and tributylcitrate [J]. J Appl Polym Sci, 2003, 88: 3239-3247.

[73] Rosenbaum S, Rosenbaum M, Rosenbaum M, et al. Polylactic acid (PLA) film having good antistatic properties US, Patent 7144634 [P]. 2006.

[74] Noda I, Bond EB, Melik DH. Polyhydroxyalkanoate copolymer and polylactic acid polymer compositions for laminates and films: US, Patent 6808795 [P]. 2004.

[75] Auras R. Investigation of polylactide as packaging material [D]. East Lansing: Michigan State University. 2004.

[76] Tweed EC, Stephens HM, Riegert TE. Polylactic acid blown film and method of manufacturing same: US, Patent Application2006/0045940A1 [P]. 2006.

[77] Hiltunen E, Selin J F, Skog M. Polyactide films: US, Patent 6117928 [P]. 2000.

[78] Selke SEM, Culter JD, Hernandez RJ. Plastics packaging, properties, processing, applications and regulations [M]. 2nd ed. Cincinnati: OH: Hanser, 2004.

[79] Bosiers L, Engelmann S. Thermoformed packaging made of PLA [J]. Kunststoffe Plast Europe, 2003, 12: 21-24.

[80] Auras R, Singh JJ, Singh SP. Performance evaluation of PLA, existing PET and PS containers [J]. J Test Eval, 2006, 34: 530-536.

[81] Mathieu LM, Mueller TL, Bourban PE, et al. Architecture and properties of anisotropic polymer composite scaffolds for bone tissue engineering [J]. Biomaterials, 2006, 27: 905-916.

[82] Maquet V, Martin D, Malgrange B, et al. Peripheral nerve regeneration using bioresorbable macroporous polylactide scaffolds [J]. J Biomed Mater Res, 2000, 52: 639-651.

[83] Busby W, Cameron NR, Jahoda CAB. Tissue engineering matrixes by emulsion templating [J]. Polym Int, 2002, 51: 871-881.

[84] Preechawong D, Peesan M, Supaphol P, et al. Preparation and characterization of starch/poly (l-lactic acid) hybrid foams [J]. Carbohydr Polym, 2005, 59: 329-337.

[85] Ray SS, Yamada K, Okamoto M, et al. New polylactide/layered silicate nanocomposites. 3. High-performance biodegradable materials [J]. Chem Mater, 2003, 15: 456-1465.

[86] Quirk RA, France RM, Shakesheff KM, et al. Supercritical fluid technologies and tissue engineering scaffolds [J]. Curr Opin Solid State Mater Sci, 2004, 8: 313-321.

[87] Xu Q, Pang M, Peng Q, et al. Application of supercritical carbon dioxide in the preparation of biodegradable polylactide membranes [J]. J Appl Polym Sci, 2004, 94: 2158-2163.

[88] Fujiwara T, Yamaoka T, Kimura Y, et al. Poly (lactide) swelling and melting behavior in supercritical carbon dioxide and postventing porous material [J]. Biomacromolecules, 2005, 6: 2370-2373.

[89] MooneyDJ, Baldwin DF, SuhNP, et al. Novel approach to fabricate porous sponges of poly (d, l-lactic-co-glycolic acid) without the use of organic solvents [J]. Biomaterials, 1996, 17: 1417-1422.

[90] Matuana LM. Solid state microcellular foamed poly (lactic acid): morphology and property

characterization [J]. Bioresource Technol, 2008, 99: 3643-3650.

[91] Cicero JA, Dorgan JR, Garrett J, et al. Effects of molecule ararchitecture on two-step, melt-spun poly (lactic acid) fibers [J]. J Appl Polym Sci, 2002, 86: 2839-2846.

[92] Cicero JA, Dorgan JR. Physical properties and fiber morphology of poly (lactic acid) obtained from continuous two-step melt spinning [J]. J Polym Environ, 2002, 9: 1-10.

[93] Cicero JA, Dorgan JR, Janzen J, et al. Supramolecular morphology of two-step, melt-spun poly (lactic acid) fibers [J]. J Appl Polym Sci, 2002, 86: 2828-2838.

[94] Yuan X, Mak AFT, Kwok KW, et al. Characterization of poly (l-lactic acid) fibers produced by melt spinning [J]. J Appl Polym Sci, 2001, 81: 251-260.

[95] Farrington DW, Davies JL, Blackburn RS. Poly (lactic acid) fibers. In: Blackburn RS, editor. Biodegradable and sustainable fibers [M]. Cambridge, England: Woodhead Publishing Limited. 2005.

[96] Agrawal AK, Bhalla R. Advances in the production of poly (lactic acid) fibers-a review [J]. J Macromol Sci C, 2003, 43: 479-503.

[97] 任 杰. 生物可降解聚乳酸材料的制备、改性、加工与应用 [M]. 北京: 清华大学出版社, 2011: 39, 78.

[98] 曲敏杰. 聚乳酸/淀粉共混复合材料研究进展 [J]. 塑料科技, 2008, 36 (7): 74-80.

[99] 徐喻琼, 瞿金平. 可降解聚乳酸/淀粉共混复合材料的研究进展 [J]. 材料导报, 2007, 21 (6): 59-62.

[100] 赵晓东, 刘文广, 姚康德. L-聚乳酸/低相对分子质量壳聚糖共混膜的制备和特性 [J]. 离子交换与吸附, 2003, 19 (4): 304~310.

[101] 唐舫成, 孔力. 开发全生物降解材料——聚乳酸/壳聚糖 [J]. 塑料包装, 2009, 10 (1): 49-53.

[102] 任杰, 杨军, 任天斌. 生物可降解材料聚乳酸结晶行为研究进展 [J]. 高分子通报, 2006, (12): 51-56.

[103] Sajjad Saeidlou, Michel A Huneaul, Hongbo Li, et al. Evidence of a dual network/spherulitic crystalline morphology in PLA stereocomplexe [J]. Polymer, 2012, 53: 5816-5824.

[104] 吕瑞华, 邹淑芬, 那兵, 等. 热处理对 PLLA/PDLLA 共混物冷结晶行为的影响 [J]. 东华理工大学学报 (自然科学版), 2012, 35 (4): 394-397.

[105] 程海波, 陈学思, 肖海华, 等. 多臂聚乳酸对线型聚乳酸结晶的促进作用 [J]. 应用化学, 2010, 27 (7): 754-758.

[106] Ikada Y, Jamshidi K, Tsuji H, et al. Stereocomplex formation between enantiomeric poly (lactides) [J]. Macromolecules, 1987, 20: 904-906.

[107] 徐亚雷, 侯连龙, 夏鹏. 聚乳酸高性能化的研究进展 [J]. 塑料工业, 2012, 40 (10): 14-19.

[108] Hongzhi Liu, Jinwen Zhang. Research Progress in Toughening Modification of Poly (lactic acid) [J]. J Polym Sci B: Polym Phys, 2011, 49: 1051-1083.

[109] Weifu Dong, Benshu Zou, Piming Ma, et al. Influence of phthalic anhydride and bioxazoline on the mechanical and morphological properties of biodegradable poly (lactic acid) /poly [(butyle-

nesadipate) -co-terephthalate] blends [J]. Polym Int, 2013, 62: 1783-1790.

[110] Hua Yuan, Zhiyong Liu, Jie Ren. Preparation, Characterization, and Foaming Behavior of Poly (lactic acid) /Poly (butylene adipate-co-butyleneterephthalate) blend [J]. Polym Eng & Sci, 2009: 1004-1012.

[111] JenTaut Yeh, ChiHui Tsou, ChiYuan Huang, et al. Compatible and Crystallization Properties of Poly (lactic acid) /Poly (butylene adipate-co-terephthalate) blends [J]. Journal of Applied Polymer Science, 2010, 116: 680-687.

[112] Enic Quero, Alejandro J. Müller, et al. Isothermal Cold-Crystallization of PLA/PBAT Blends with and Without the Addition of Acetyl Tributyl Citrate [J]. Macromolecular Chemistry and Physics, 2012, 213: 36-48.

[113] Ke Li, Jun Peng, Lih-Sheng Turing, et al. Dynamic Rheological Behavior and Morphology of Polylactide/Poly (butylenesadipate-co-terephthalate) blends with Various Composition Ratios [J]. Advances in Polymer Technology, 2011, 30 (2): 150-157.

[114] 王亮, 顾书英, 詹辉, 等. 聚己内酯对聚乳酸/PBAT 共混物增容作用的研究 [J]. 工程塑料应用, 2007, 35 (8): 5-8.

[115] Mukesh Kumar, S Mohanty, SK Nayak, et al. Effect of glycidyl methacrylate (GMA) on the thermal, mechanical and morphological property of biodegradable PLA/PBAT blend and its nano-composites [J]. Bioresource Technology, 2010, 101: 8406-8415.

[116] Shan Lin, Weinan Guo, Chunyin Chen, et al. Mechanical properties and morphology of biode-gradable poly (lactic acid) /poly (butylene adipate-co-terephthalate) blends compatibilized by transesterification [J]. Materials and Design, 2012, 36: 604-608.

[117] 刘伟, 励杭泉, 王向东, 等. 聚乳酸/己二酸对苯二甲酸丁二酯共混体系发泡行为研究 [J]. 中国塑料, 2014, 28 (3): 81-86.

[118] 孟庆阳, 翁云宣. 环氧类增容剂反应增容 PLA/PBAT 共混体系的研究 [J]. 中国塑料, 2014, 28 (2): 91-95.

[119] Maria Beatrice Coltelli, Irene Della Maggiore, Monica Bertoldo, et al. Poly (lactic acid) Prop-erties as a Consequence of Poly (butylene adipate-co-terephthalate) Blending and Acetyl Tributyl Citrate Plasticization [J]. Journal of Applied Polymer Science, 2008, 110: 1250-1262.

[120] 林杉, 马建莉, 陈春银, 等. 聚乳酸/聚 (己二酸-对苯二甲酸丁二酯) 共混物的非等温结晶动力学 [J]. 塑料, 2012, 41 (1): 77-80.

[121] Long Jiang, Michael P Wolcott, Jinwen Zhang. Study of Biodegradable Polylactide/Poly (butyl-ene adipate-co-terephthalate) blends [J]. Biomacromolecules, 2006, 7: 199-207.

[122] 卢伟, 李雅明, 杨钢, 等. 丁二酯共聚物 (PBAT) /乙酰化柠檬酸三丁酯 (ATBC) 共混物的结晶行为 [J]. 胶体与聚合物, 2008, 26 (2): 19-21.

[123] Shuying Gu, Ke Zhang, Jie Ren, et al. Melt rheology of polylactide/poly (butylene adipate-co-terephthalate) blends [J]. Carbohydrate Polymers, 2008, 74: 79-85.

[124] 张玉霞, 聂鑫鑫, 汪文昭, 等. 己二酸-对苯二甲酸-丁二酯共聚物对聚乳酸的增韧改性 [J]. 中国塑料, 2013, 27 (7): 57-61.

[125] Srikanth Pilla, Seong G Kim, George Kauer, et al. Microcellular extrusion foaming of poly

(lactide) /poly (butylenes adipate-co-terephthalate) blends [J]. Materials Science and Engineering C, 2010, 30: 255-262.

[126] Christian Vogel, Guenter G Hoffmann, Heinz W Siesler. Rheo-optical FT-IR spectroscopy of poly (3-hydroxybutyrate) /poly (lactic acid) blend films [J]. Vibrational Spectroscopy, 2009, 49: 284-287.

[127] Zhang M, Thomas NL. Blending polylactic acid with polyhydroxybutyrate: the effect on thermal, mechanical, and biodegradation properties [J]. Adv Polym Technol, 2011, 30 (2): 67-79.

[128] 张义盛. 聚己内酯/聚乳酸共混材料的形态与性能 [D]. 扬州大学, 2009: 13.

[129] I Ohkoshi, H Abe, Y Doi. Miscibility and solid-state structures for blends of poly[(S)-lactide] with atactic poly[(R, S)-3-hydroxybutyrate][J]. Polymer, 2000, (41): 5985-5992.

[130] 李静, 刘景江. 聚 (β-羟基丁酸酯) 和 β-羟基丁酸酯-β-羟基戊酸酯共聚物与可生物降解高分子共混改性研究进展 [J]. 高分子通报, 2003, (6): 33-43.

[131] Mohamed A Abdelwahab, Allison Flynn, Bor Sen Chiou, et al. Thermal, mechanical and morphological characterization of plasticized PLA/PHB Blends [J]. Polymer Degradation and Stability, 2012, 97: 1822-1828.

[132] 张兆哲, 卢秀萍, 陈晨. P (3HB-co-4HB) /PLA 共混物的扩链改性研究 [J]. 天津科技大学学报, 2012, 27 (2): 34-38.

[133] 葛骏, 李志兵, 高桥功. 可生物降解高分子 PLLA/PHB 混合薄膜结晶性的研究 [J]. 中山大学学报 (自然科学版), 2011, 50 (5): 44-49.

[134] 陶剑, 胡丹, 刘莉, 等. PLA、PPC 和 PHBV 共混物的热性能、力学性能和生物降解性研究 [J]. 离子交换与吸附, 2010, 26 (1): 59-67.

[135] Schreck KM, Hillmyer MA. Block copolymers and melt blends of polylactide with Nodax™ microbial polyesters: Preparation and mechanical properties. In: Proceedings of the 10th international symposium on biological polyesters [C]. Minneapolis, MN: Elsevier Science Bv. 2006. 287-295.

[136] Haibin Zhao, Zhixiang Cui, Xiaofeng Wang, et al. Processing and characterization of solid and microcellular poly (lacticacid) /polyhydroxybutyrate-valerate (PLA/PHBV) blends and PLA/PHBV/Clay nanocomposites [J]. Composites: Part B, 2013, 51: 79-91.

[137] 王淑芳, 郭天瑛, 杨超, 等. 微生物合成的 β-羟基丁酸酯与 β-羟基己酸酯共聚物/聚乳酸共混材料 (PHBHHx/PLA) 的力学性能与生物降解性研究 [J]. 离子交换与吸附, 2006, 22 (1): 1-8.

[138] 张玉霞, 刘学, 马青. 聚乳酸/聚羟基烷酸酯全生物降解共混物研究进展 [J]. 塑料工业, 2014, 42 (3): 42-44.

[139] 朱志科. PLA/PPC 共混物力学性能及生物降解性能的研究 [D]. 河南: 郑州大学, 2012.

[140] Xiaofei Ma, Jiugao Yu, Ning Wang. Compatibility Characterization of Poly (lactic acid) /Poly (propylene carbonate) blends [J]. Journal of Polymer Science: Part B: Polymer Physics, 2006, 44: 94-101.

[141] Qiu ZB, Komura M, Ikehara T, et al. Miscibility and Crystallization Behavior of Biodegradable Blends of Two Aliphatic Polyesters Poly (butylene succinate) and Poly (epsilon-caprolactone)

［J］. Polymer, 2003, 44（25）: 7749-7756.

［142］曹聪. PPC 及 PLA/PPC 共混物的流变和降解特性研究［D］. 浙江: 浙江大学, 2012.

［143］舒友. 生物可降解聚乳酸薄膜改性材料的研究［D］. 江苏: 江苏科技大学, 2011.

［144］唐燕, 祁文军, 葛祥才. 聚乳酸/聚丙撑碳酸酯复合材料的制备［J］. 中国高新技术产业, 2009, 125（14）: 34-35.

［145］王淑芳, 陶剑, 郭天瑛, 等. 脂肪族聚碳酸酯（PPC）与聚乳酸（PLA）共混型生物降解性材料的热学性能、力学性能和生物降解性研究［J］. 离子交换与吸附, 2007, 23（1）: 1-9.

［146］陈卫丰, 肖敏, 王拴紧. 生物降解聚甲基乙撑碳酸酯/聚乳酸共混复合材料的制备与性能［J］. 高分子材料科学与工程, 2010, 26（3）: 142-145.

［147］王勋林, 吴胜先. 聚碳酸亚丙酯增韧聚乳酸研究［J］. 塑料工业, 2012, 12（40）: 26-28.

［148］招启强, 肖敏, 王拴紧, 等. 以二异氰酸酯为增容剂的聚甲基乙撑碳酸酯/聚乳酸共混材料的制备与性能［J］. 高分子材料科学与工程, 2011, 27（5）: 152-155.

［149］富露祥, 秦航, 李立, 等. 完全生物降解塑料 PLA/PPC 合金的结构与性能研究［J］. 塑料工业, 2006, 34（11）: 14-17.

［150］王星光, 王文昭, 王翔宇, 等. PLA/OMMT 体系的结晶行为［J］. 塑料, 2014, 42（6）: 1-4.

［151］K Aou, S Kang, SL Hsu. Morphological study on thermal shrinkage and dimensional stability associated with oriented poly（lactic acid）［J］. Macromolecules, 2005, 38（18）: 7730-7735.

［152］张玉霞, 刘学. PLA/PBAT 共混物全生物降解共混物研究进展［J］. 中国塑料, 2014, 28（3）: 7-15.

［153］Min Gao, Zhongjie Ren, Shouke Yan. An Optical Microscopy Study on the Phase Structure of Poly（L-lactideacid）/Poly（propylene carbonate）blends［J］. J Phys Chem B, 2012, 116: 9832-9837.

［154］苏璇, 韩常玉, 庄于刚, 等. 聚乳酸与聚丙撑碳酸酯共混体系的性能［J］. 应用化学, 2007, 4（24）: 480-482.

［155］王国全, 王秀芬. 聚合物改性［M］. 北京: 中国轻工业出版社, 2006: 24-25.

［156］马雪华, 桂宗彦, 陆冲, 等. 制备方法对聚乳酸/聚丙撑碳酸酯性能的影响［J］. 塑料工业, 2011, 39（10）: 103-107.

［157］刘慧宏. 聚碳酸亚丙酯的共混改性研究及复合薄膜材料研制［D］. 海南: 海南大学, 2010.

［158］翁云宣. 聚乳酸合成、生产、加工及应用研究综述［J］. 塑料工业, 2007, 6（35）: 69-73.

［159］王丹, 陈月君, 许华君, 等. 聚碳酸亚丙酯/聚乳酸共混熔纺纤维的制备与性能［J］. 合成纤维, 2014, 43（2）: 7-11.

［160］Christopher Thellen, Caitlin Orroth, Danielle Froio, et al. Influence of montmorillonite layered silicate on plasticized poly（L-lactide）blown films［J］. Polymer, 2005, 46: 11716-11727.

［161］王富玉, 高振勇, 马祥艳, 等. PLA/PPC 共混物研究进展［J］. 中国塑料, 2015, 29

（2）：15-21.

[162] Jun Wuk Park，Seung Soon Im. Phase Behavior and Morphology in Blends of Poly（L-lacticacid）and Poly（butylene succinate）[J]．J Apply Polym Sci，2002，86：647-655.

[163] Perrine Bordes，Eric Pollet，Luc Avérous. Nano-biocomposites：Biodegradable polyester/nano-clay systems [J]．Progress in Polymer Science，2009，34：125-155.

[164] 张义盛，吴德峰，张 明. 聚己内酯/聚乳酸共混物的相形态及其流变行为 [J]．化工学报，2008，59（10）：2644-2649.

[165] JenTaut Yeh，ChingJu Wu，ChiHui Tsou，et al. Study on the Crystallization，Miscibility，Morphology，Properties of Poly（lactic acid）/Poly（ε-caprolactone）blends [J]．Polymer-Plastics Technology and Engineering，2009，48：571-578.

[166] 郑林萍，柴云，张普玉. 聚内消旋乳酸/聚乙烯醇，聚内消旋乳酸/聚乙二醇300，聚内消旋乳酸/聚己内酯共混物的相容性及氢键作用 [J]．河南大学学报（自然科学版），2010，40（5）：73-76.

[167] Hideto Tsuji，Tamami Yamada，Masakazu Suzuki，et al. Part 7. Effects of poly（L-lactide-co-ε-caprolactone）on morphology，structure，crystallization，and physical properties of blends of poly（L-lactide）and poly（ε-caprolactone）[J]．Polymer International，2003，52：269-275.

[168] Giovanni Maglio，Anna Migliozzi，Rosario Palumbo，et al. Compatibilized poly（ε-caprolac-tone）/poly（L-lactide）blends for biomedical uses [J]．Macromolecular Rapid Communica-tions，1999，20：236-238.

[169] Ramiro Dell'Erba，Gabriel Groeninckx，Giovanni Maglio，et al. Immiscible polymer blends of semicrystalline biocompatible components：thermal properties and phase morphology analysis of PLLA/PCL blends [J]．Polymer，2001，42：7831-7840.

[170] Wang L，Ma W，Gross RA，et al. Reactive Compatibilization of biodegradable blends of Poly（lactic acid）and Poly（caprolactone）[J]．Polym Degrad Stab，1998，59：161-168.

[171] Wang Hua，Sun Xiuzhi，Seib Paul. Effects of starch moisture on properties of wheat starch/poly（lactic acid）blend containing methylenediphenyl diisocyanate [J]．J Polym Env，2002，10（4）：133-138.

[172] Jacobsen S，Fritz H G. Filling of poly（lactic acid）with native starch [J]．Polym Eng Sci，1996，36（22）：2799-2804.

[173] Ke Tainyi，Sun Xiuzhi. Physical properties of poly（lactic acid）and starch composites with vari-ous blending ratios [J]．Cereal Chemistry，2000，77（6）：761-768.

[174] Ke Tainyi，Sun Xiuzhi. Effects of moisture content and heat treatment on the physical properties of starch and poly（lactic acid）blends [J]．J Appl Polym Sci，2001，81（12）：3069-3082.

[175] 董建华. 高分子科学前沿与进展Ⅱ [M]．科学出版社，2009：150.

[176] Vincent Ojijo，Suprakas Sinha Ray. Processing strategies in bionanocomposites [J]．Progress in Polymer Science，2013，38：1543-1589.

[177] Ogata N，Jimenez G，Kawai H，et al. Structure and thermal/mechanical properties of poly（L-lactide)-clay blend [J]．J Polym Sci Part B：Polym Phys 1997，35：389-396.

[178] Bandyopadhyay S，Chen R，Giannelis EP. Biodegradable organic-inorganic hybrids based on

poly (L-lactide) [J]. Polym Mater Sci Eng, 1999, 81: 159-160.

[179] Chang JH, UkAn Y, Sur GS. Poly (lactic acid) nanocomposites with various organoclays. I. thermomechanical properties, morphology, and gas permeability [J]. J Polym Sci Part B: Polym Phys, 2003, 41: 94-103.

[180] Krikorian V, Pochan D. Poly (L-lactide acid) /layered silicate nanocomposite: fabrication, characterization, and properties [J]. Chem Mater, 2003, 15: 4317-4324.

[181] Lee JH, Park TG, Park HS, et al. Thermal and mechanical characteristics of poly (L-lactic acid) nanocomposite scaffold [J]. Biomaterials, 2003, 24: 2773-2778.

[182] Sinha Ray S, Okamoto K, Yamada K, et al. Novel porous ceramic material via burning of poly-lactide/layered silicate nanocomposite [J]. Nano Lett, 2002, 2: 423-426.

[183] Sinha Ray S, Yamada K, Okamoto M, et al. New polylactide/layered silicate nanocomposite: anovel biodegradable material [J]. Nano Lett, 2002, 2: 1093-1096.

[184] Sinha Ray S, Maiti P, Okamoto M, et al. New polylactide/layered silicate nanocomposites. 1. Preparation, characterization and properties [J]. Macromolecule, 2002, 35: 3104-3110.

[185] Sinha Ray S, Yamada K, Ogami A, et al. New polylactide layered silicate nanocomposite: nanoscale control of multiple properties [J]. Macromol Rapid Commun, 2002, 23: 493-497.

[186] Suprakas Sinha Ray, Kazunobu Yamada, Masami Okamoto, et al. New polylactide/layered silicate nanocomposites. 5. Designing of materials with desired properties [J]. Polymer, 2003, 44: 6633-6646.

[187] 马鹏程, 王向东, 刘本刚, 等. 聚乳酸/ 纳米蒙脱土复合材料的制备与挤出发泡研究 [J]. 中国塑料, 2011, 25 (4): 59-64.

[188] 孙广平, 贾树盛, 姚军, 等. 聚消旋乳酸/蒙脱土纳米复合材料热稳定性的研究 [J]. 化学与粘合, 2004, (4): 187-190.

[189] 余凤湄, 赵秀丽, 王建华, 等. 熔融共混制备 PLA/MLS 纳米复合材料及其性能研究 [J]. 塑料科技, 38 (9): 32-36.

[190] Sinha Ray S, Yamada K, Okamoto M, et al. New polylactide/layered silicate nanocomposites. 3. High performance biodegradable materials [J]. Chem Mater, 2003, 15: 1456-1465.

[191] Paul MA, Alexandre M, Degee P, et al. Exfoliated polylactide/clay nanocomposites by in situ coordination-insertion polymerization [J]. Macromol Rapid Commun, 2003, 24: 561-566.

[192] 车晶, 秦凡, 杨荣杰. 聚乳酸/ 蒙脱土纳米复合材料的原位聚合及表征 [J]. 材料工程, 2011, (1): 28-33.

[193] 曹海雷, 王鹏, 李媛. 微波辅助原位熔融缩聚法制备聚乳酸/有机蒙脱土纳米复合材料 [J]. 化工新型材料, 2010, 38 (12): 51-53.

[194] N Najafi, MC Heuzey, PJ Carreau, et al. Control of thermal degradation of polylactide (PLA) -clay nanocomposites using chain extenders [J]. Polymer Degradation and Stability, 2012, 97: 554-565.

[195] Sotirios I Marras, Ioannis Zuburtikudis, Costas Panayiotou. Nanostructure vs. microstructure: Morphological and thermomechanical characterization of poly (L-lactic acid) /layered silicate hybrids [J]. European Polymer Journal, 2007, 43: 2191-2206.

［196］ Laetitia Urbanczyk, Fred Ngoundjo, Michael Alexandre, et al. Synthesis of polylactide/clay nanocomposites by in situ intercalative polymerization in supercritical carbon dioxide ［J］. European Polymer Journal, 2009, 45: 643-648.

［197］ Hyung Chul Koh, Ji Soon Park, Mi Ae Jeong, et al. Preparation and gas permeation properties of biodegradable polymer/layered silicate nanocomposite membranes ［J］. Desalination, 2008, 233: 201-209.

［198］ Suprakas Sinha Ray, Kazunobu Yamada, Masami Okamoto, et al. New polylactide-layered silicate nanocomposites. 2. Concurrent improvements of material properties, biodegradability and melt rheology ［J］. Polymer, 2003, 44: 857-866.

［199］ M Pluta, JK Jeszka, G Boiteux. Polylactide/montmorillonite nanocomposites: Structure, dielectric, viscoelastic and thermal properties ［J］. European Polymer Journal, 2007, 43: 2819-2835.

［200］ 赵姗姗, 李媛, 曹海雷, 等. 聚乳酸/蒙脱土纳米复合材料的微波辅助制备与性能研究 ［J］. 材料工程, 2012, (2): 5-9.

［201］ Pluta M, Caleski A, Alexandre M, et al. Polylactide/montmorillonite nanocomposites and microcomposites prepared by melt blending: structure and some physical properties ［J］. J Appl Polym Sci, 2002: 1497-1506.

［202］ Hoogsteen W, Postema AR, Pennings AJ, et al. Crystal structure, conformation and morphology of solution-spun poly (L-lactide) fibers ［J］. Macromolecules, 1990, 23: 634-642.

［203］ Kobayashi J, Asahi T, Ichiki M, et al. Structural and optical properties of poly lactic acids ［J］. J Appl Phys, 1995, 77: 2957-2973.

［204］ Nam JY, Sinha Ray S, Okamoto M. Crystallization behaviour and morphology of biodegradable polylactide/layered silicate nanocomposite ［J］. Macromolecules, 2003, 36: 7126-7131.

［205］ Brizzolara D, Cantow HJ, Diederichs K, et al. Mechanism of the stereocomplex formation between enantiomeric poly (lactide) s ［J］. Macromolecules, 1996, 29: 191-197.

［206］ Nam JY, Kacomatsu S, Saito H, et al. Thermal reversibility in crystalline morphology of LLDPE crystallites ［J］. Polymer, 2002, 43: 2101-2107.

［207］ Okamoto M, Inoue T. Crystallization kinetics in poly (butylene terephthalate) /copolycarbonate blend ［J］. Polymer, 1995, 36: 2739-2744.

［208］ 刘伟, 王向东, 励杭泉, 等. 多环氧基扩链剂对聚乳酸/黏土纳米复合材料的发泡行为研究 ［J］. 中国塑料, 2013, 27 (12): 23-29.

［209］ 吴亮, 吴德峰, 吴兰峰, 等. 聚乳酸/蒙脱土纳米复合材料的冷结晶及熔融行为 ［J］. 高分子材料科学与工程, 2007, 23 (5): 124-127.

［210］ 沈斌, 刘亮, 林水兴, 等. 聚乳酸/蒙脱土纳米复合材料的制备及其性能研究 ［J］. 中国塑料, 2010, 24 (9): 17-21.

［211］ 余凤湄, 赵秀丽, 王建华, 等. 聚乳酸/有机蒙脱土纳米复合材料的结晶性能研究 ［J］. 化工新型材料, 2010, 38 (4): 94-97.

［212］ Maiti P, Nam PH, Okamoto M, et al. Influence of crystallization on intercalation, morphology, and mechanical properties of propylene/clay nanocomposites ［J］. Macromolecules, 2002, 35:

2042-2049.

[213] Sinha Ray S, Okamoto M. Polymer/layered silicate nanocomposites: a review from preparation to processing [J]. Prog Polym Sci, 2003, 28: 1539-641.

[214] Nam PH, Maiti P, Okamoto M, et al. A hierarchical structure and properties of intercalated polypropylene/clay nanocomposites [J]. Polymer, 2001, 42: 9633-9640.

[215] Shia D, Hui CY, Burnside SD, et al. An interface model for the prediction of Young's modulus of layered silicate-elastomer nanocomposites [J]. Polym Compos, 1998, 19: 608-615.

[216] Nielsen L. Platelet particles enhance barrier of polymers by forming tortuous path [J]. J Macromol Sci Chem, 1967, A1 (5): 929-942.

[217] Gusev AA, Lusti HR. Rational design of nanocomposites for barrier applications [J]. Adv Mater, 2001, 13: 1641-1643.

[218] Maiti P, Yamada K, Okamoto M, et al. New polylactide/layered silicate Nanocomposites: role of organoclay [J]. Chem Mater, 2002, 14: 4654-4661.

[219] Marian Zenkiewicz, Jozef Richert, Artur Rozanski. Effect of blow moulding ratio on barrier properties of polylactide nanocomposite films [J]. Polymer Testing, 2010, 29: 251-257

[220] Kojima Y, Usuki A, Kawasumi M, et al. Mechanical properties of nylon 6-clay hybrid [J]. J Mater Res, 1993, 8: 1185-1189.

[221] Chang JH, An YU, Cho D, et al. Polylactide nanocomposites: comparison of their properties with montmorillonite and synthetic mica (II) [J]. Polymer, 2003, 44: 3715-3720.

[222] Paul MA, Alexandre M, Degee P, et al. New nanocomposite materials based on plasticized poly (L-lactide) and organo-modified montmorillonites: thermal and morphological study [J]. Polymer, 2003, 44: 443-450.

[223] Park HM, Lee WK, Park CY, et al. Environmental friendly polymer hybrids: part 1. Mechanical, thermal, and barrier properties of thermoplastic starch/clay nanocomposites [J]. J Mater Sci, 2003, 38: 909-915.

[224] 袁龙飞, 甄卫军, 刘月娥, 等. 熔融插层法制备聚乳酸/有机蒙脱土纳米复合材料及其性能研究 [J]. 中国塑料, 2009, 23 (7): 34-38.

[225] Alfonso González, Aravind Dasari, Berta Herrero, et al. Fire retardancy behavior of PLA based nanocomposites [J]. Polymer Degradation and Stability, 2012, 97: 248-256.

[226] Sinha Ray S, Okamoto M. Biodegradable polylactide/layered silicate nanocomposites: open a new dimension for plastics and composites [J]. Macromol Rapid Commun, 2003, 24: 815-840.

[227] Taino T, Fukui T, Shirakura YS, et al. An extracellular poly (3-hydroxybutyrate) depolymerase from Alcaligenes faecalis [J]. Eur J Biochem, 1982, 124: 71-77.

[228] Marques AP, Reis RL, Hunt JA. The biocompatibility of novel starch-based polymers and composites: in vitro studies [J]. Biomaterials, 2002, 23: 1471-1478.

[229] Hoffmann B, Kressler J, Stoppelmann G, et al. Rheology of nanocomposites based on layered silicate and polyamide-12 [J]. Colloid Polym Sci, 2000, 278: 629-636.

[230] Williams ML, Landel RF, Ferry JD. The temperature dependence of relaxations mechanisms in

amorphous polymers and other gas-forming liquids [J]. J Am Chem Soc, 1955, 77: 3701-3707.

[231] Sinha Ray S, Okamoto M. New polylactide/layered silicate nanocomposites: 6. Melt rheology and foam processing [J]. Macromol Mater Eng, 2003, 288: 936-944.

[232] Krishnamoorti R, Ren J, Silva AS. Shear response of layered silicate nanocomposites [J]. J Chem Phys, 2001, 15: 4968-4973.

[233] Krishnamoorti R, Vaia RA, Giannelis EP. Structure and dynamics of polymer-layered silicate nanocomposites [J]. Chem Mater, 1996, 8: 1728-1734.

[234] Kotaka T, Kojima A, Okamoto M. Elongational flow opto-rheometry for polymer melts-1. Construction of an elongational flowopto-rheometer and some preliminary results [J]. Rheol Acta, 1997, 36: 646-657.

[235] Okamoto M, Nam PH, Maiti P, et al. A house-of-cards structure in polypropylene/clay nanocomposites under elongational flow [J]. Nano Lett, 2001, 1: 295-298.

[236] Lewitus D, McCarthy S, Ophir A, et al. The effect of nanoclays on the properties of PLLA-modified polymers Part 1: mechanical and thermal properties [J]. J Polym Environ, 2006, 14: 171-177.

[237] F Carrasco, J Gamez-Perez, OO Santana, et al. Processing of poly (lactic acid) /organomontmorillonite nanocomposites: Microstructure, thermal stability and kinetics of the thermal decomposition [J]. Chemical Engineering Journal, 2011, 178: 451-460.

[238] N Najafi, MC Heuzey, PJ Carreau. Polylactide (PLA)-clay nanocomposites prepared by melt compounding in the presence of a chain extender [J]. Composites Science and Technology, 2012, 72: 608-615.

[239] Nam PH, Maiti P, Okamoto M, et al. Foam processing and cellular structure of polypropylene/clay nanocomposites [J]. Polym Eng Sci, 2002, 42: 1907-1918.

[240] Okamoto M, Nam PH, Maiti M, et al. Biaxial flow-induced alignment of silicate layers in polypropylene/clay nanocomposite foam [J]. Nano Lett, 2001, 1: 503-505.

[241] Fujimoto Y, Sinha Ray S, Okamoto M, et al. Well-controlled biodegradable foams: from microcellular to nanocellular [J]. Macromol Rapid Commun, 2003, 24: 457-61.

[242] Tsujimoto T, Uyama H, Kobayashi S. Enzymatic synthesis of cross-linkable polyesters from renewable resources [J]. Biomacromolecules, 2001, 2: 29-31.

[243] Aranda P, RuizHitzky E. Poly (ethylene oxide)-silicate intercalation materials [J]. Chem Mater, 1992, 4: 1395-1403.

[244] Tsujimoto T, Uyama H, Kobayashi S. Enzymatic synthesis and curing of biodegradable crosslinkable polyesters [J]. Macromol Biosci, 2002, 2: 329-335.

[245] Uyama H, Kuwabara M, Tsujimoto T, et al. Enzymatic synthesis and curing of biodegradable epoxide-containing polyesters from renewable resources [J]. Biomacromolecules, 2003, 4: 211-215.

[246] A Tsimpliaraki, I Tsivintzelis, SI Marras, et al. The effect of surface chemistry and nanoclay loading on the microcellular structure of porous poly (d, l lactic acid) nanocomposites [J]. J

Supercritical Fluids, 2011, 57 : 278-287.

[247] Krikorian V, Pochan DJ. Unusual crystallization behavior of organoclay reinforced poly (l-lactic acid) nanocomposites [J]. Macromolecules, 2004, 37: 6480-6491.

[248] Krikorian V, Pochan DJ. Crystallization behavior of poly (l-lactic acid) nanocomposites: nucleation and growth probed by infrared spectroscopy [J]. Macromolecules, 2005, 38: 6520-6527.

[249] Wu TM, Wu CY. Biodegradable poly (lactic acid) /chitosan-modified montmorillonite nanocomposites: preparation and characterization [J]. Polym Degrad Stabil, 2006, 91: 2198-2204.

[250] Paul MA, Delcourt C, Alexandre M, et al. Polylactide/montmorillonite nanocomposites: study of the hydrolytic degradation [J]. Polym Degrad Stabil, 2005, 87: 535-542.

[251] Pluta M, Paul MA, Alexandre M, et al. Plasticized polylactide/clay nanocomposites. I. The role of filler content and its surface organo-modification on the physico-chemical properties [J]. J Polym Sci Polym Phys, 2006, 44: 299-311.

[252] Shibata M, Someya Y, Orihara M, et al. Thermal and mechanical properties of plasticized poly (l-lactide) nanocomposites with organo-modified montmorillonites [J]. J Appl Polym Sci, 2006, 99: 2594-2602.

[253] Paul MA, Delcourt C, AlexandreM, et al. (Plasticized) polylactide/ (organo-) clay nanocomposites by in situ intercalative polymerization [J]. Macromol Chem Phys, 2005, 206: 484-498.

第 3 章

聚羟基烷酸酯及其纳米复合材料

3.1 概述

聚羟基烷酸酯（PHA）是一类细胞体内的生物降解聚合物，是生物聚酯里的一大家族，目前已经发现有 150 多种不同的单体结构。虽然 PHA 结构变化多，物理性能各异，但都具有生物可降解性。PHA 的主要品种有聚 β-羟基丁酸酯（PHB）、聚 β-羟基戊酸酯（PHV）及其共聚物——聚 β-羟基丁酸酯/聚 β-羟基戊酸酯（PHBV）等。PHA 聚合度高，因而结晶性高，全同立构，不溶于水，与传统的 PP 类似，但其具有完全生物降解性，可在环境中完全降解为水和 CO_2。PHA 既具有完全生物分解性、生物相容性、憎水性、良好的阻透性等独特的性质，又具有石油基树脂的热塑加工性，可采用注塑、挤出、中空成型等工艺进行加工，成型注塑制品、薄膜、容器等，也可以和其他材料复合。其应用遍及高档包装材料、医药卫生（可被人体吸收的药物缓释材料、植入型生物材料等）、农业等各个领域。其中，PHB 是最常见的，是短链的 PHA，包括 PHBV，是目前大规模生产的生物聚酯。

3.2 PHAs 的合成

PHAs 的化学结构如图 3-1 所示，其中单体长度为 3 ~ 15 个碳不等，主要取决于侧基 R 的大小。

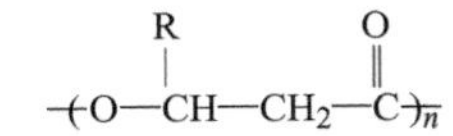

PHAs 的合成方法可分为生物合成法和化学合成法。化学合成法由于成本较高，目前已基本不采用。生物合成法又可分为细菌合成法和基因合成法。由于 PHAs 是许多细菌在营养不平衡的条件下合成的细胞内能量和碳源贮藏性物质，因此细菌合成仍是目前研究的重点，微生物种类、合成底物与

$$-\!\!\left(\!O\!-\!\!\overset{\displaystyle R}{\underset{\displaystyle |}{C}}H\!-\!CH_2\!-\!\overset{\displaystyle O}{\overset{\displaystyle \|}{C}}\!\right)_{\!\!n}$$

R=CH₃, PHB

R=CH₂CH₃, 聚羟基戊酸酯

R=己基，聚羟基壬酸酯

R=壬基，聚羟基十二酸酯

图 3-1 PHAs 的结构

合成途径都对 PHAs 的合成起关键作用。目前，科学家们在尝试各种组合方法，以取得更好的实验效果。随着转基因技术的日趋成熟，人们又把目光投向转基因植物。如果将细菌合成路径引入植物后，以 CO_2 为碳源、太阳能为能源合成 PHAs，就可大幅度降低生产成本。因此，基因合成法是最具发展前景的合成方法。

3.2.1 微生物合成路线

用微生物生产 PHB 和多羟基戊酸的聚合物技术早已经出现。1975 年，英国帝国化学公司（ICI，后改为 Zeneca）以葡萄糖为底物开发了 P（3HB），商品名为 Biopol®。1990 年前后，Wella 公司将之用作香波瓶材料。因 P（3HB）结晶度高，又硬又脆，成型加工性能差，后来又开发了加上底物中含有丙酸的聚（羟基丙酸/羟基戊酸）共聚物［P（HB/HV）］。我国研究人员把一种细菌的 P（3HB）合成基因无性繁殖后转入大肠杆菌，成功合成了高培养效率超高相对分子质量的 P(3HB)，可望制造延展性高的薄膜。

许多国家都在研究开发用微生物生产热可塑性高分子材料，其中以聚 3-羟基丁酸酯和聚 3-羟基丁酸/戊酸共聚酯的生产效率为最高。巴西工业公司以甘蔗中获取的糖为底物制造 P（3HB），成为欧美的供给源。日本的三菱气体化学株式会社以来源于天然气的甲醇为底物开发出名为 Biogreen® 的聚合物，通过与 PCL 和 PBS 共混，赋予了柔性生物分解性塑料以厌氧性生物分解性和硬度。所开发的 50mol% 以上的 3-羟基丁酸（3HB）和 2mol% 以上的 3-乙醇酸（3HH）的无规共聚物是低结晶性的柔性聚合物，好氧、厌氧生物分解都很快。

我国 PHA 的研究单位有中科院微生物所、清华大学生物系、中科院长春应用化学研究所等，目前生产单位有宁波天安生物材料有限公司、江苏南天集团股份有限公司等，其中宁波天安生物材料有限公司的生产规模为 2000t/a，是目前国际上较大规模生产商之一。

均聚聚 3-羟基丁酸酯（P3HB）的 T_m 约为 175℃，结晶度 70% 左右，性脆，韧性差，易热分解，难以加工，一般不能单独使用。通过共聚或共混可以获得力学性能和加工性能改善的产品。1980 年 ICI 公司从戊酮和葡萄糖出发，用微生物产碱杆菌（*Alcaligenes eutro-phus*）发酵合成了以 β-羟基丁酸酯和 β-羟基戊酸酯为聚合单元的共聚物——聚（β-羟基丁酸酯/β-羟基戊酸酯）共聚物［P（β-HB-co-β-HV）、P(3-HB-co-3-HV)］。

改善 PHB 性能的另外一种方法是引入第二成分基团进行共聚。根据微生物种类和底物的不同，可以形成不同的共聚酯。通过改变共聚物的种类和组成，可以得到从结晶性的硬质塑料到弹性橡胶状等物性多样的产品。目前，代表性的共聚酯有下述几种：引入了 3HV 的 P（3HB-co-3HV）（ICI 公司的 Biopol®）、引入了 3HH 的 P（3HB-co-3HH）（KANEKA 公司和 P&G 公司的 Nodax®）、引入了 4HB 的 P（3HB-co-3HB）(Tepha 公司) 等。最近，利用转基因大肠杆菌合成了超高相对分子质量 P（3HB），开发了可以用于钓鱼线和手术缝合线等强度和伸展性较好的高强度纤维和薄膜，并且证明，提高相对分子质量是改善 PHA 物性和加工性的有力手段（表 3-1）。

表 3-1　微生物合成 PHAs 的生产商及商品名

树脂名称	商品名	生　产　商	性质
聚 β-羟基丁酸酯（PHB）	Biogreen®	三菱瓦斯化学公司	硬
	Biomer®	Biomer 公司	硬
	Biocycle®	PHB 工业公司	硬
3-羟基丁酸酯-co-3-羟基戊酸酯共聚物（PHBV）	Biopol®	Metlibox，原 Monsanto	硬-软
羟基丁酸酯-co-羟基己酸酯共聚物（PHBH）	Nodax®	P&G 公司	硬-软
	PHBH	日本钟渊化学工业公司	硬-软

3.2.2　化学合成路线

人们也在探索化学合成 PHAs 的方法。20 世纪 90 年代，有报告称用锡类催化剂以化学合成方法制得了具有光学活性的高相对分子质量的 PHB 及 PHB 与各种内酯，如 ε-己内酯、δ-戊内酯、β-甲基-δ-戊内酯、丙交酯等的共聚物，但都处于研究阶段。

3.3　PHA 的性能

3.3.1　物理与力学性能

PHB 是最为典型的一类 PHA 聚合物，属于短链 PHA，包括 PHBV。除了生物降解性外，PHB 的力学性能与 PP 非常相似，但具有比 PP 高的刚性，脆且轻。聚羟基丁酸酯/羟基己酸酯共聚物（PHBHHx）综合了短链 PHA 和中等链长 PHA 的性能，是一类很好的热塑性塑料。PHB、PHBV、PHBHHx 等目前都是大规模生产的生物聚酯，因而得到了广泛的研究和关注（表 3-2）。

表 3-2　各种 PHA 与传统塑料的性能比较

树　脂	$T_m/℃$	$T_g/℃$	拉伸强度/MPa	断裂伸长率（%）
聚羟基丁酸酯（PHB）	177	4	43	5
聚（羟基丁酸酯-co-10%羟基戊酸酯）[P（HB-co-10%HV）]	150	—	25	20
聚（羟基丁酸酯-co-20%羟基戊酸酯）[P（HB-co-20%HV）]	135	—	20	100
聚（羟基丁酸酯-co-10%羟基己酸酯）[P（HB-co-10%HHx）]	127	-1	21	400

（续）

树　脂	$T_m/℃$	$T_g/℃$	拉伸强度/MPa	断裂伸长率（%）
聚（羟基丁酸酯-co-17%羟基己酸酯）［P（HB-co-17% HHx）］	120	−2	20	850
PP	170	—	34	400
PS	110	—	50	—
PET	262	—	56	7300
HDPE	135	—	29	—

由表3-2看出，与PHBV和PHBHHx相比，PHB的韧性差，但其价格较低。因此，目前的研究主要集中在如何提高PHB的力学性能方面。Iwata等将非晶PHB在低于其T_g附近采用冷拉的方法得到了单向拉伸的PHB薄膜，使其具有很好的强度和韧性。由熔融结晶和溶剂脱除法制备的薄膜通常比较脆，取向复杂，而且很难重复生产。由熔融淬火的方法制备的薄膜为橡胶态，容易拉伸，而且拉伸到1000%后能够完全复原，将其拉伸后再退火，就能使其具有很好的力学性能，拉伸强度、断裂伸长率和弹性模量分别可以达到237MPa、112%和1.5GPa。如果进行两步拉伸，PHB的力学性能将得到进一步的提高，拉伸强度、断裂伸长率和弹性模量可以分别达到287MPa、53%和1.8GPa。在高度取向纤维的X射线衍射图中可以看到归属于α型和β型斜方晶体的衍射线，力学性能的提高不仅仅是由分子链的高度取向所引起的，也是由纤维和片晶所形成的锯齿状及网状结构共同作用的结果。单向拉伸薄膜的力学性能在室温下经历4个月之后仍旧未发生改变，表明高取向度和结晶度可以避免二次结晶的发生。上述研究结果表明，可以通过加工来改善PHB的力学性能。

3.3.2　结晶性能与熔融行为

PHB的T_m约为175℃，T_g约为4℃，且具有很高的相对分子质量。通常情况下，PHB为无定形态，但是在挤出成型过程中可以转变为晶体，所以目前很多研究都集中在如何控制其由非晶态到结晶态的转变过程，进而抑制其力学性能的降低。

在PHB的球晶结构中，用正极化偏光器或不用偏光器都可以看到同心圆环，这些圆环曾经被认为是球晶的裂纹，但是通过原子力显微镜已经证实这些同心圆环是生长过程中形成的台阶，而不是所谓的裂纹。这些台阶的高度可以达到几百纳米，并且外部的台阶往往比内部台阶要高，这可能是由晶体的逐层生长所致。实时原子力显微镜的观察结果表明，这些台阶正是由相邻的两个球晶生长前沿碰撞所产生的结果，球晶结构中的台阶在被限制在玻璃板或聚亚胺板之间的熔体结晶过程中形成，但是在PET的载物片上却无法看到。所以，这些台阶也可能是由于不稳定移动的熔体膜边缘被限制在球晶表面和所覆盖的载物片中间所形成的。

在FTIR谱图中，通过比较晶区和非晶区吸收峰的偏移发现，PHB的熔融温度范围很窄，而PHBHHx却有一个很宽的熔融温度区间，表明后者片晶结构的厚度分布也很宽，这些结果刚好与 DSC 的结果吻合。在 PHB 的结晶过程中，烷基在结晶之前就能很好地紧密排列，而在 PHBHHx 的结晶过程中，由于长的丙基侧链的存在，侧链的排列和结晶同时发生。

在另外一项研究中发现，PHBV 无规共聚物的球晶结构可以在 90℃下等温结晶 10h 得到。利用触点式原子力显微镜可以看到同心圆环和球晶结构表面的凹陷分别组成了片层结构的边缘和平面部分。这些周期性同心圆环的边缘和凹陷刚好对应于由偏光显微镜观察到的周期性消光环。原子力显微镜结果表明，探针和晶体表面的相互作用很大程度上受到片晶取向的影响。

通过实时原子力显微镜还观察了手性 PHBHHx 共聚物薄膜的结晶过程，其片晶结构呈现出非常复杂的生长方式，即扭曲、弯曲、向后翻转和文化的形式。片晶的连续弯曲结构在球晶半径方向交替呈现边缘和平面结构，巨大的扭曲错位形成了新的片晶。前进和拖尾的协同作用促使了扭曲晶体的形成。扭曲片晶在螺旋错位之前形成，表明螺旋错位并不是弯曲作用所致。观察到的所有右旋扭曲晶体都很可能是晶体结构的手性作用所致。提高聚合物的结晶温度，相应地也会降低扭曲和弯曲片晶的尺寸。

3.3.3 生物降解性

PHA 的最大特点是具有生物降解性。在喜氧细菌作用下，PHA 可以完全降解成 CO_2 和 H_2O。PHA 的生物分解过程可以分为两类，即细胞外降解和细胞内降解，降解速率主要取决于环境条件，如温度、湿度、pH 值、养分供应情况，以及 PHA 自身结构因素，如单体的组成、结晶度、添加剂和表面积等。

细胞外降解酶对 PHB 在环境中的降解具有重要作用。通过在环境中分泌解聚酶，一些细菌可以将细胞外的 PHA 作为碳源并在其上生长。PHB 解聚酶主要有催化区、基质键合区和两个区之间的链接区。PHB 解聚酶的基质键合区主要通过疏水作用吸附到水不溶性聚合物链上，催化区可以水解 PHA 的酯键链接。细胞外解聚酶可以将 PHB 降解为齐聚物，主要是二聚体和少量的 3HB 单体。分泌的细胞外二聚体水解酶可以将齐聚物进一步降解为 R-3HB 单体。由 *Alcaligenes faecalis T1* 分离和纯化得到的解聚酶只能将三聚体或四聚体羟基末端邻近的第二个酯键链接断裂。

3.3.4 化学性能

PHB 具有很好的抗氧化能力，但是对化学物质却非常敏感。与其他生物大分子不同，PHB 不溶于水，且具有很好的耐水解能力。

3.4 PHAs 的改性

PHB 是一种全同立构结晶性的聚酯，结晶度高达 80%；弹性模量一般为

3.15Ga，类似于 PP 或 PET；而断裂伸长率为 5%，仅为 PP 的 1/8 ~ 1/7，PET 的 1/20；常温及 T_g（约为 4℃）下表现出极大的脆性，冲击性能较差；在熔融状态下极不稳定，温度高于熔点几度时就易发生热降解；加工温度范围较窄，一般为 170 ~ 180℃。这些性能加之较高的价格，阻碍了其大规模商业化应用。此外，其结晶慢，成型周期长，熔体强度低等缺点，使其在成型过程中存在着很大的瓶颈。为了解决这些难题，需要在 PHA 相对分子质量及其分布、分子链结构、结晶行为、流变性能等几个方面对其进行改性。改性方法主要包括物理改性、化学改性和生物改性等。

3.4.1 物理改性

物理改性主要指通过将 PHA 与其他聚合物、无机填料或添加剂进行物理共混来改善其结晶行为和流变性能等。在物理改性中，将 PHAs 与其他可生物降解聚合物进行熔融共混，在改善 PHAs 性能的同时，保持其生物降解性能，受到人们的极大关注。其中研究较多的是 PHB/PCL 共混物和 PHB/PLA 共混物等。

1. PHB/PCL 共混物

PCL 是一种典型的结晶性材料，PHB 与 PCL 共混无论用什么方法都不相容。然而，Gassner 等却发现用压缩成型方法制得的不透明共混物薄膜机械相容。其性能与共混组成有很大的依赖性，但在组分之间无协同效应，PCL 的低熔点使 PHB 含量低于 60%（质量分数）的共混物耐高温性能较差。人们试图用增容剂来改善两者间的相容性。Immirzi 等将两种聚合物在氯苯溶液中在加或不加过氧化二异丙苯（DCP）的条件下制得了 PHB/PCL 共混物。他们发现由过氧化物引发的自由基反应在界面处形成一定量的共聚物，从而起到增容剂及界面改性剂的作用。但 DCP 也有一定的副作用，常常使 PHB 降解，使 PCL 交联，从而给共混物性能造成不良的影响。Kim 和 Woo 试图以 PHB-co-PCL 为增容剂来提高 PHB 与 PCL 共混物组分间的相容性。他们以在液相中酯交换反应来合成 PHB/PCL 共聚酯，发现未加增容剂的共混物熔点未变，而加了共聚酯增容剂后熔点有所降低。而且，随共混物中增容剂量的增加，PCL 的结晶温度升高，而 PHB 的降低。当 PHB/PCL 共聚酯中 PHB、PCL 嵌段的序列长度增大时，共混物的相容性增加。他们用偏光显微镜观察到共混物的相分离结构，在共聚酯存在下，PHB 球晶长大过程中呈现单相熔体结构。张连来等研究了 PHB/PCL 和 PHB/聚己内酯-聚乙二醇共聚物（PECL）共混体系的相容性、结晶性、形态结构及断裂表面形貌。结果表明，PHB/PCL 不相容，PHB、PCL 的结晶度随共混组成而变化，PHB/PECL 共混物薄膜的断裂表面呈韧性断裂特征，相容性有所增加，PHB 的脆性有所改善。

2. PHB/PLA 共混物

与 PHB 共混的组分中研究较广泛的是聚（L-LA）（PLLA）和聚（D,L-LA）（PDLA）。

Focarete 等以压缩成型法制备无规立构 P[(R,S)-3HB] (a-PHB) 和 PLLA、PCL 的共混物。该共混物有不同的相容行为，a-PHB 和 PCL 不能互容，a-PHB 和 PLLA 在整个共混组成范围内能够互容。对生物降解过程中降解产物和共混物组成变化的分析发现只有 PHB 酶解。Koyama 和 Doi 发现 PHB/PDLA 共混物在熔融态和无定形态相容，在所有组成范围内只有一个 T_g。Zhang 等研究了 PHB/PDLA 共混物的相容性，其在室温下采用溶液流延方法得到的共混物薄膜在所研究的组成范围内不相容，而在高温熔融共混下制得的样品相容性较好，可能是 PHB 和 PDLA 链间存在酯交换反应。PDLA 的加入对共混物力学性能有所改善，水解降解速率因快速降解的 PDLA 而提高。

3.4.2 化学改性

化学改性指以 PHA 为基础，通过分子设计合成新的材料，从而改善其性能，包括接枝反应、嵌段共聚、交联反应以及官能团化（引入羟基、羧基等）等的一种改性技术。PHB 化学改性可以通过分子设计合成特定结构的 PHB 共聚物，在某些方面具有物理共混无法超越的优势，特别是在组织工程领域具有广阔的应用前景。

1. 反应性共混

反应性共混是指共混的过程中由化学反应生成了共混组分的相容剂，进而达到改善共混组分之间相容性的目的。在 PHB 与 PCL 共混过程中加入过氧化二异丙苯，共混物的韧性明显提高，这源于共混过程中生成了 PHB-b-PCL 嵌段共聚物，改善了 PHB 与 PCL 的相容性。

2. 辐照聚合

PHB 辐照聚合一般采用钴放射量为 $(1.3 \sim 2.5) \times 10^{-11}$ J/mol 的 γ 射线引发聚合，不需要任何引发剂和催化剂就可以获得纯度很高的产品。辐射接枝聚合有两种方法：一是预辐照接枝聚合；二是共辐照接枝聚合。Mitomo H 等研究了 PHBV 的辐射接枝聚合，并运用上述两种方法成功地将甲基丙烯酸酸甲酯、2-羟乙基丙烯酸甲酯接枝在 PHB 和 PHBV 分子链上。

3. PHB 大单体反应改性

PHB 大单体改性的第一步是得到末端带有官能团的 PHB 低分子链段，这种末端带官能团的低分子链段也称为 PHB 大单体。PHB 大单体的生成方法主要有三种：一是醇解，即以对甲苯磺酸为催化剂，用醇对 PHB 进行醇解，得到单端带羟基的 PHB 大单体；二是水解，即在酸性或者碱性条件下水解 PHB 大分子，生成含有羧酸或羧酸盐类端基的 PHB 大单体；三是热裂解，即 PHB 分子在热解条件下发生 β 消除，产生烯键末端基的 PHB 大单体，然后用大单体反应合成含 PHB 链段的新结构。其中以醇解反应最为常用。高温下，PHB 分子链的酯基部分形成六元环结构，断链时夺取亚甲基氢，生成含双键或羧基末端基的 PHB 大单体。

3.4.3 生物改性

生物改性就是通过细菌发酵，并采用不同的碳源，在不同的发酵条件下，在 PHA 的链段上引入其他的羟基脂肪酸的链节单元，以期改善 PHA 的性能的一种改性技术。例如，黄锦标等人以苯戊酸和蔗糖为混合碳源培养基培养 *Pseudomonas putida KT2442*，对其细胞内合成的 PHA 进行生物改性，将苯环基团引入到 PHA 分子链上，形成支链结构，提高 PHA 的热稳定性。

物理改性方法简便易行，多数以改善 PHA 的结晶行为和流变性能为主，但改性效果不是很显著；化学改性可以改变 PHA 的结构、相对分子质量及其分布，效果好，是改性 PHA 的优选方法，但过程相对复杂；生物改性虽也能达到化学改性的效果，但是其所需条件比较苛刻，生产周期较长。

3.5 PHA 的发泡

PHA 的发泡主要是 PHB 和 PHBV 的发泡，其中以 PHBV 的发泡居多。目前已研究的 PHA 发泡方法有模压法、注射法、挤出法、釜压法等。

3.5.1 模压法

模压法是一种很典型的发泡方法，是将物料经过高速混炼机混合后，在平板硫化仪上压片发泡。由于常用的 AC 发泡剂的分解温度在 200℃以上，为了避免 PHA 在发泡过程中的大量分解，一般要用 ZnO 对 AC 发泡剂进行活化来降低发泡剂的分解温度。李梅等采用化学发泡剂 AC 和助发泡剂 ZnO 对 PHB 进行了模压发泡研究，发泡样品的表观密度达到 $740kg/m^3$。

3.5.2 真空干燥法

吴兵等将 PHBV 作为基材，添加一定量的纤维素，然后将其溶解在不同的助剂中，在真空干燥的条件下制备了吸油泡沫，并且测试了其吸油率、保油率和二次吸油率，研究了三氯甲烷、乙基纤维素、乙酸纤维素三种助剂对 PHBV 泡沫吸油性能的影响。结果表明，PHBV 泡沫对油的吸附主要依靠表面的亲油基团、较大的表面积以及良好的三维空间骨架结构，其中内部空间骨架结构对于吸油性能的影响最为显著。

3.5.3 注射法

将 PHBV 和聚己二酸-对苯二甲酸-丁二醇酯（PBAT）按照一定的比例混合后，通过常规注射和微孔注射制备出硬质泡沫拉伸试样。采用超临界氮气作为物理发泡剂，可膨胀的热塑性微球作为化学发泡剂，制备可生物降解的 PHBV/PBAT 泡沫。结果表明，采用可膨胀热塑性微球作为化学发泡剂微孔注射成型的泡沫具有更好的表面质量，采用超临界氮气制备的 PHBV/PBAT 泡沫材料具有更大的断裂伸长率。SEM 表明，泡孔形态（泡孔尺寸、泡孔密度）和类似三明治的多层结构对泡沫的表面质量和力学性能有着重要的作用。

3.5.4　挤出法

在 2010 塑料工程泡沫协会会议上，Brunel 等公开了其对 PHBV 流变性能和挤出发泡行为的研究成果，这也是近些年来第一手的关于 PHBV 挤出发泡数据。他们用 PHBV（中国宁波天安生物材料有限公司生产的 ENMAT Y1000P）和吸热型发泡剂（BA. F4. EMG）进行发泡。发泡剂的主要成分是碳酸氢钠和柠檬酸，以线形低密度聚乙烯为载体制备而成，其受热分解出 CO_2 和 H_2O。他们尝试添加 1.25%、2%、2.5%、5% 和 7.5% 五种不同含量（质量分数）的发泡剂，结果发现，发泡剂添加量为 5%（质量分数）的样品密度减少了 58%。但是，发泡剂的最佳添加量是 2%（质量分数），因为发泡剂产生的 H_2O 会造成 PHBV 的分解。他们所用的发泡设备是直径为 30mm、长径比为 30∶1、设有 5 个温控区的同向双螺杆挤出机，其中第一个温控区主要完成 PHBV 的熔融塑化，从第二个温控区起到机头，温度迅速降至平衡熔点，以避免热敏性 PHBV 的分解，同时增加熔体强度。

3.5.5　釜压法

PHBV 还可以采用间歇式发泡技术进行高压发泡，即将 PHBV 和其他材料或助剂在密炼机或开炼机上于一定温度下进行熔融混合，然后再将所得的材料进行破碎或造粒，最后将所制得的样品放入高压釜中进行釜压发泡。例如，Richards 等将 PHBV 和 PLA 进行简单共混后，采用超临界流体作为物理发泡剂，于高压釜中进行发泡。结果发现，PHBV 和 PLA 的相容性差，PHBV 呈现颗粒状在 PLA 中分散，发泡以后 PHBV 颗粒仍然可见，且对发泡有异相成核的作用（图 3-2）。

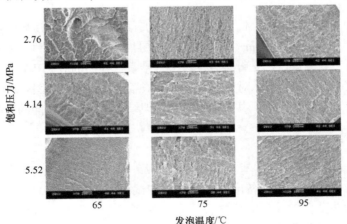

图 3-2　PLA/PHBV（75/25）共混物泡沫的 SEM（发泡时间 20s）

3.6　PHA/层状硅酸盐纳米复合材料

PHAs 的一些缺点，如性脆、热稳定性差等，限制了其应用。研究表明，纳米生物复合材料有可能成为解决这些问题的手段，改善其某些性能，如透过率等。截至目前所研究的 PHA/黏土纳米复合材料及其结构见表 3-3。

表 3-3　截至目前所研究的 PHA/黏土纳米复合材料及其结构

PHA	制 备 工 艺	体　　系	结　　构
PHB	溶液插层	MMT-N$^+$(Me)$_2$(C$_8$)(tallow)/氯仿	插层
	熔融插层	MMT-NH$_3^+$(C$_{18}$)	插层
		MMT-N$^+$(Me)(EtOH)$_2$(tallow)/MA-g-PHB	插层，剥离彻底
		SFM-N$^+$(Me)(EtOH)$_2$(coco alkyl)	插层
		SFM-N$^+$(Me)$_2$(tallow)$_2$	插层
PHBV	溶液插层	MMT-N$^+$(Me)$_3$(C$_{16}$)/氯仿	插层
	熔融插层	MMT-N$^+$(Me)(EtOH)$_2$(tallow)	插层，纳米分散

3.6.1　制备方法

熔融插层和溶液流延技术是制备 PHAs/黏土纳米复合材料最广泛使用的两种工艺。表 3-4 总结了研究所用的黏土种类、制备方法和 PHAs/黏土复合材料的最终结构。

表 3-4　PHAs/黏土纳米复合材料的制备方法及其结构

制 备 方 法	体　　系	黏　　土	结　　构
熔融挤出/熔融共混	PHB/HV	C30B	插层
		MMT-Na$^+$	微米复合材料/插层
		高岭土（未改性）	亚微米团聚体
		C20A	插层
		OMMT	插层
	PHB	MEE	插层
		MAE	插层
		C30B	插层
		MMT-Na$^+$	微米复合材料
		高岭土（未改性）	微米复合材料
	PHB/PCL	有机改性高岭土	插层
		C20A	插层

（续）

制 备 方 法	体 系	黏 土	结 构
溶液流延	PHB/HV-三氯甲烷	有机改性 MMT（十六烷基三甲基溴化铵）	—
		C15A	插层
		C20A	插层
		C25A	插层
		C15A	插层
	PHB-三氯甲烷	MMT-Na$^+$	插层

1. 熔融插层

最近，人们重点研究了熔融插层技术制备 PHAs/黏土纳米复合材料，但制备过程中要避免热分解和热-机械分解。PHAs 属热敏性材料，温度升高（高于熔点）、在挤出机中滞留时间延长以及剪切作用加大都会使大分子链断裂，导致 PHAs 的黏性和相对分子质量迅速降低。在熔点附近可以发现纯 PHB 和 PHB/HV 迅速发生热-机械分解，这主要是其分子链无规断裂所致，如图 3-3 所示。

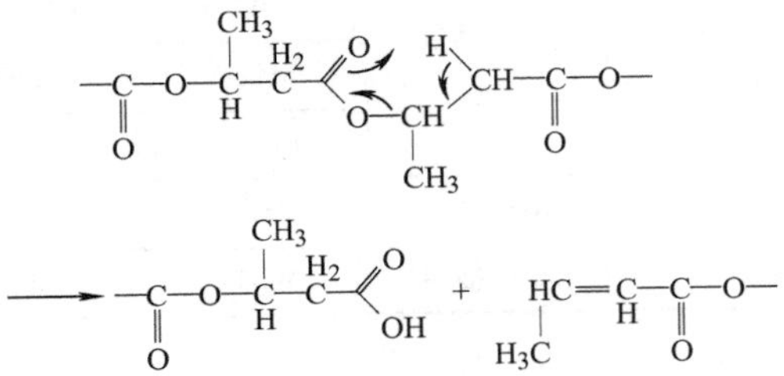

图 3-3　PHB 无规分子链断裂

此外，黏土改性所用的表面活性剂，如季铵盐离子已被证明能极大地促进 PHB 和 PHB/HV 的分解，在热-机械加工时明显降低 PHAs 的相对分子质量。其作用机理如下：首先，表面活性剂按 Hofmann 消除反应分解或对铵离子进行铵抗衡离子（通常为氯离子）的亲核攻击；然后，分解产物氨或酸质子可能加快 PHB 或 PHBV 的无规分子链断裂反应。因此，优化熔融共混参数，限制导致加工范围变窄的现象发生非常必要。

Maiti 等人采用熔融挤出方法制备了 PHB/黏土纳米复合材料，将 PHB 插入 OS-FM 和 OMLS 中，黏土用量为 2% ~ 4%（质量分数）。XRD 和 TEM 表明纳米复合材料有序插层，层间距随着黏土用量的增加而减小。Choi 等人将 PHB/HV 和 C30B 黏土在 Brabender 混合机中熔融共混（温度为 165℃，转速为 50r/min，时间为 15min）制备了 PHB/HV/黏土纳米复合材料。XRD 和 TEM 表明，复合材料具有插层结构。

2. 溶液插层

采用溶液流延技术也制备出了 PHA/黏土纳米复合材料，其中选择哪一种三氯甲烷作溶剂很关键。Chen 及其同事研究了溶剂流延技术制备的 PHB/HV/OMLS 纳米复合材料的结构和性能。他们使用 3% 和 6.6%（摩尔分数）的 HV 和 1% ~

10%（质量分数）的 OMLS 合成 PHB/HV。OMLS 通过离子交换法在 MMT 间隙中的 Na^+ 和十六烷基三甲基溴化铵之间制得。他们将有机黏土加入 PHB/HV 的三氯甲烷溶液中，利用超声波对其进行混合。XRD 表明得到了插层结构的 PHB/HV/OMLS 纳米复合材料。尽管溶液流延技术避免了 PHA 熔融插层时的热-机械分解，但此法使用大量溶剂，极不环保。

3. 熔融插层与溶液插层的比较

Cabedo 等人比较了制备 PHB/HV 黏土纳米复合材料的三种方法：溶液流延、熔融共混和挤出加工。他们还研究了加工时间、黏土种类和添加量对得到的纳米复合材料结构的影响。在所有方法中，只有使用 5%（质量分数）C20A 的纳米复合材料得到了插层结构。挤出加工纳米复合材料得到的黏土层间距稍大（$\Delta d_{002} =$ 3.97nm），溶液流延和熔融共混制备纳米复合材料得到的黏土层间距为 3.8nm。比较黏土种类对挤出复合材料结构的影响时他们发现，C20A 黏土在基体中的分散较好，而未改性高岭石层间距没有加大。但使用 Na^+-MMT 时层间距增加 0.23nm。制备方法和加工时间对 PHB/HV/黏土纳米复合材料的分解有影响。与密炼机相比，采用微型挤出机时，PHBV 分解得较为严重，原因可能是微型挤出机对其产生的热作用较大。但是，添加黏土时，挤出是在大气、空气或氮气保护下进行的，似乎对 PHBV 的分解没有太大影响。添加 C20A 黏土时，这些条件会产生影响（氮气除外）。他们认为使用黏土时产生的挥发物可能会加速 PHBV 的分解。这些挥发性气体会被氮气流冲走，但在标准大气条件下不会。然而，PHB/HV/黏土纳米复合材料在氮气保护下挤出时，增加 C20A 含量会加剧 PHB/HV 的分解。加工时间也有相同的影响趋势。

总之，大多数研究制备 PHA/黏土纳米复合材料采用的都是溶液插层法。PHA/黏土纳米复合材料熔融共混的范围较窄，从而应优化加工参数，最大限度降低聚合物的分解。值得注意的是，不论采用哪一种制备方法，既没有得到完全剥离的结构，也没有清楚地表现出剥离结构。因此，应该进一步研究以改善黏土的分散性并将 PHAs 的分解最轻化，尤其是在熔融共混时。

3.6.2 PHB/黏土纳米复合材料

尽管已经商业化制备出了 PHB，且 PHB 有很多令人感兴趣的性能，但是 PHB 固有的脆性和低强度限制了其广泛应用，使其可能不如常规塑料有竞争力。此外，PHB 在 T_m 附近热稳定性较差。为了改善这些性能，人们制备出黏土和其他纳米颗粒（如 CNTs 等）填充的 PHB 纳米复合材料。由于有关 PHA/纳米黏土颗粒制备方法的文献比其他纳米颗粒的多得多，所以这里只阐述 PHA/黏土纳米复合材料。

1. 熔融插层法

Maiti 等用三种不同的 OMLS 于 180℃下在双螺杆挤出机上制备 PHB/OMLS 纳米复合材料。图 3-4a 所示为 C_{18}MMT 有机黏土及其相应的纳米复合材料的 XRD 谱图，XRD 谱图清晰地表明，形成了有序的插层结构纳米复合材料。图 3-4b 所示为 PHB/OMLS 的 TEM，也证实形成了插层结构。他们还采用 GPC 测量了制备纳米复合材料后 PHB 的相对分子质量，发现 PHB/OMLS 纳米复合材料分解严重。

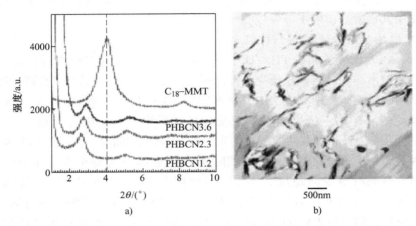

图 3-4　纳米黏土及其与 PHB 的纳米复合材料的结构
a）C_{18} MMT 和 PHB/OMLS 的 XRD 谱图　b）PHB 与氟云母的纳米复合材料的 TEM

Maiti 等还研究了 PHB 及其与 OMLS 的纳米复合材料在堆肥条件下的生物降解性。图 3-5 所示为 PHB 及其纳米复合材料的失重率随着时间的变化情况。很明显看出，在经过一周后和开始时 PHB 及其纳米复合材料的失重率几乎一样，差异出现在 3 周后，但是纳米复合材料的降解趋势得到控制。他们认为，PHB 的降解受到限制，是因为 PHB 与 OMLS 混合制成纳米复合材料后阻隔性能得到提高。但是，他们没有给出复合材料的气体透过率。不过，根据 Ray 等的研究结果，PLA/OMLS 纳米复合材料的生物降解性与其阻透性之间没有关系。

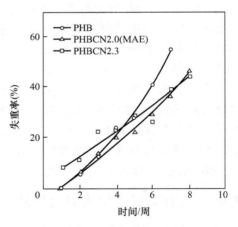

图 3-5　PHB 及其纳米复合材料在堆肥条件下的失重率与时间的关系

2. 溶液插层法

Lim 等对 PHB 基纳米复合材料进行了类似的研究，但是他们用的是溶剂插层法制备 PHB/C25A 复合材料，其中 C25A 的含量（质量分数）分别为 3%、6% 和 9%。XRD 表明得到的复合材料是插层结构，层间距达到了 35Å，但是与黏土含量无关。TGA 表明在 C25A 用量为 3%（质量分数）时，失重起始温度升高，分解速率下降。这归因于纳米尺度 OMLS 层的分散降低了挥发性分解产物的扩散。在黏土添加量增加（质量分数 >6%）后，尽管起始热分解温度没有提高，但是纳米复合材料的分解速率降低，因为 OMLS 层间分子链的热运动受限。如图 3-6 所示，PHB/黏土纳米复合材料的晶粒尺寸随着黏土含量的增加而下降，说明黏土在 PHB 的成核过程中起到了成核剂的作用，提高了结晶速率。

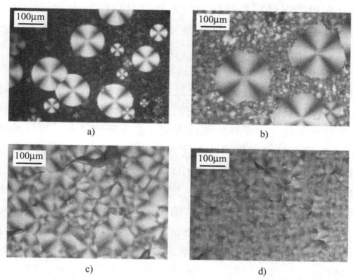

图 3-6 PHB 及 PHB/黏土纳米复合材料的 POM

a）OMLS 添加量（质量分数）为 0　b）OMLS 添加量（质量分数）为 1%

c）OMLS 添加量（质量分数）为 2.2%　d）OMLS 添加量（质量分数）为 5%

3.6.3 PHBV/MMT 纳米复合材料

尽管热塑性 PHB 是自然生成的可生物降解材料，但是很不稳定，而且在接近熔点的温度下降解。由于热不稳定性，PHB 的商业应用十分有限。因此，研究人员开发 PHB 的共聚物，某些微生物在一定条件下可产生羟基丁酸（HB）和羟基戊酸（HV）的无规共聚物（PHBV），共聚物中 HV 的含量不同会使材料的熔点、弹性及强度不同，化学性能和物理性能有很大提高，因而 PHBV 较之 PHB 有更广阔的用途，可用于制作新型生物医用材料，如外科缝线、人造血管、接骨材料、药物缓释载体等。PHBV 的加工性能和力学性能比 PHB 有很大提高，但是其还有一些缺点，如结晶速度低、断裂伸长率低、加工温度范围窄等，必须对其进行进一步的改性才能使其应用更为广泛。其中很有发展前途的方法之一就是向其中加入少量的无机物，并使无机物在 PHBV 基体中达到纳米级分散，进而显著改善其性能。研究较多的无机物是纳米黏土，即将 PHBV 与黏土复合或混配，制备 PHBV/黏土纳米复合材料。

1. 熔融行为与结晶性能

由于 PHBV 本身的性能和加工性能都好于 PHB，因此人们对 PHBV 基纳米复合材料的研究十分感兴趣。2003 年，Choi 等研究了低黏土含量的 PHBV/C30B 纳米复合材料的微观结构、热性能和力学性能。他们采用 Brabender 混炼器通过熔融插层法制备了 PHBV/C30B 复合材料。XRD 和 TEM 清楚表明所得材料是插层结构的纳米复合材料，之所以能得到插层结构的纳米复合材料归因于 PHBV 与 C30B 有机改性剂羟基之间强烈的氢键作用。他们的研究表明，纳米分散的有机黏土起到成核剂的作用，提高了 PHBV 结晶的温度和速率。此外，DSC 曲线表明纳米黏土层存在时晶体减小了，因为 PHBV 的 T_m 向低温方向移动了。TG 曲线表明，失重 3% 时的温度随着 C30B 含量的增加而升高（黏土质量分数为 3% 时，升高 10℃）。他们通过硅酸盐层片纳米分散到基体来解释这种趋势，进而得出结论：分散良好的层状硅酸盐是 O_2 和燃烧气体的有效阻隔层。力学性能测试表明，黏土起到了有效增强剂的作用，因为 PHBV 与 C30B 之间强烈的氢键作用从而使弹性模量从 480MPa 大幅度增加到 790MPa。

王淑芳等采用溶液插层法制备了 PHBV/OMLS 纳米复合材料。他们将 OMLS 加入到预先配好的 1% PHBV 氯仿溶液中，搅拌一定时间，超声波处理 1h，静置一定时间，然后回流 2h，蒸干溶剂。由 DSC 结果得到熔融焓随着复合材料中 OMLS 的增加而降低，这意味着高度分散的 OMLS 的存在使 PHBV 的总体结晶度随着 OMLS 含量的增加而降低，即在 PHBV/OMLS 纳米复合材料中纳米尺寸的硅酸盐层片阻止了 PHBV 分子链的运动，因此结晶度也随着 OMLS 含量的增加而降低。从已得到的结果来看，纳米尺寸的 OMLS 层片可能从两个不同的方面影响着结晶过程：一方面，少部分 OMLS 起到了成核剂的作用，从而有更多的晶核和更快的结晶；另一方面，大多数 OMLS 层片限制了 PHBV 分子链的运动。PHBV 插入 OMLS 层片后，部分 PHBV 链从自由状态的无规线团构象成为受限链构象，片层间距虽有扩大，但仍有一定有序性，因而使可结晶的 PHBV 分子链减少。因此，随着复合材料中 OMLS 含量的增加，一方面结晶加快，而另一方面相对结晶度降低。从表 3-5 看出，随着 OMLS 含量的增加，PHBV/OMLS 纳米复合材料熔融峰总体上是向低温方向移动的，这可能是 OMLS 的加入在一定程度上阻碍了 PHBV 结晶结构的规整性。而质量损失最大时的温度值（T_p）变化不大，这说明纳米复合材料的加工温度范围因 OMLS 与 PHBV 的插层而有明显变宽趋势。因此通过形成 PHBV/OMLS 纳米复合材料，PHBV 的加工性能得到改善。

表 3-5　PHBV 和 PHBV/OMLS 纳米复合材料的熔融与结晶参数

PHBV/OMMT（质量比）	T_m/℃	T_p/℃	$T_p \sim T_{m(II)}$/℃	$T_p \sim T_{m(I)}$/℃	ΔH/（J/g）
100/0	155.8, 162.5	288.8	126.3	133.0	259.5
100/3	146.3, 158.4	282.0	123.6	135.7	244.4
100/5	137.5, 151.3	281.5	130.2	144.0	239.9
100/10	131.2, 145.2	280.5	135.3	149.3	218.0

此外，他们制得的 PHBV/OMLS 纳米复合复合材料的 POM 显示，纯 PHBV 是完整的球晶结构，有清晰的球晶表面，十字交叉非常明显；而 PHBV/OMLS（100/3）和（100/5）复合材料有结晶缺陷，球晶变小；PHBV/OMLS（100/10）复合材料球晶变形且变得更小。很显然，OMLS 的存在使 PHBV 形成了小尺寸的球晶，并且结晶结构的规整性甚至被破坏。实验观察到 PHBV 和 PHBV/OMLS 纳米复合材料的球晶形成和生长的过程中纯 PHBV 球晶形成较慢，而且形成晶核的时间不一，不断地有晶核生成，然后逐渐长成球晶，期间球晶继续长大，因此同时可以看到大小不一的球晶（图 3-7a）；而 PHBV/OMLS 纳米复合材料的晶粒形成较快，球晶较多，且几乎是同时生成并长大。OMLS 的存在使球晶变得大小较均一（图 3-7d）。

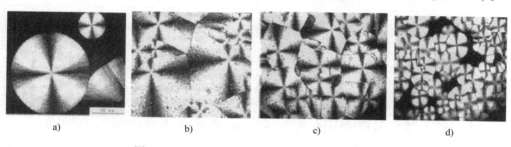

a)   b)   c)   d)

图 3-7   PHBV/OMLS 纳米复合材料的结晶形态

a）PHBV/OMLS = 100/0 b）PHBV/OMLS = 100/3 c）PHBV/OMLS = 100/5 d）PHBV/OMLS = 100/10

对 PHBV/OMLS 纳米复合材料的动态力学分析表明，通过模量和松弛温度（图 3-8）的研究，可以看出界面被最大化了，因为纳米尺寸限制了有机-无机界面附近的链段运动，因此可以确定形成了插层的纳米复合材料。此外，随着 OMLS 用量的增加，降解性能下降。这与 PHBV 与 OMMT 之间的相互作用有关，还与水蒸气透过率、结晶度以及 OMLS 的抗菌性能有关。

2. 力学性能

不同比例 PHBV/OMLS 纳米复合材料的力学性能见表 3-6。由表 3-6 可见，在给定的含量范围内，OMLS 可以明显地改善 PHBV/OMLS 纳米复合材料的力学性能，这归因于 PHBV 与 OMLS 之间形成了良好的界面黏结，在拉伸应力作

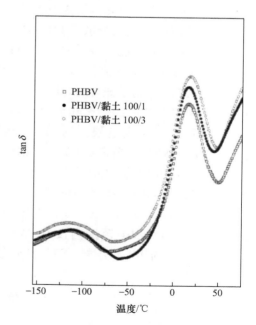

□ PHBV
● PHBV/黏土 100/1
○ PHBV/黏土 100/3

图 3-8   MMT-N$^+$（Me）$_3$（C$_{16}$）的质量分数分别为 1% 和 3% 时，PHBV/黏土纳米复合材料的 tanδ

用下，OMLS 片层拉伸取向排列，消耗能量，使强度增大。OMLS 与 PHBV 分子间的连接起到了类似于物理交联点的作用，可以传递外界拉伸应力，这也是强度增大的一个原因，在不降低材料断裂伸长率的前提下，可以显著地改善体系的力学性能。OMLS 添加量为 3%（质量分数）时，体系有最佳的综合性能。可以预期，如果 OMLS 的硅酸盐片层都被解离为更薄的纳米片层而且均匀地分散于 PHBV 基体中，形成所谓的剥离型复合材料，并与 PHBV 分子实行界面偶联，PHBV/OMLS 纳米复合材料的力学性能必将会有更大幅度的提高。

表 3-6　不同比例 PHBV/OMLS 纳米复合材料的力学性能

PHBV/OMMT（质量比）	拉伸强度/MPa	断裂伸长率（%）	弹性模量/MPa
100/0	26.9	4.1	1373
100/1	21.8	3.0	1364
100/3	35.6	3.9	1412
100/7	17.2	2.4	1482

3.6.4　黏土种类及其表面处理对 PHAs/黏土纳米复合材料的影响

将黏土加入 PHA 基体时，黏土表面性质对得到的 PHA/黏土纳米复合材料结构种类影响巨大。由于黏土有疏水性，黏土表面有机改性增强了其在 PHB 基体中的分散性。Bordes 等人对此作了详细研究，发现使用 OMLS 时，得到插层良好的小团聚体（3~10 层），均匀分散于 PHB/HV 和 PHB 中，而使用未改性 MMT 时只得到微米复合材料结构。他们将未改性 MMT 和 C30B 黏土与 PHB/HV 和 PHB 人工预混，得到含量（质量分数）为 1%、3% 和 5% 的黏土与其的混合物，然后将其在密炼机中复配，密炼机的辊速初始设定为 100r/min 有助于快速加入全部混合物。一旦混合物加入之后，转速降至 50r/min。他们采用这种方法解决了黏土剥离好（需要高剪切速率）与有限制的 PHA 分解（由低黏性分散和短的加工时间保证）之间的矛盾。XRD 谱图表明 C30B 基纳米复合材料得到的插层好于 MMT-Na$^+$ 基复合材料。将 PHB 中的 C30B 含量（质量分数）从 1% 提高至 5%，Δd_{001} 从 2.91nm 减小至 2.22nm。PHB/HV/C30B 纳米复合材料也得到了类似结果，只不过得到的层间距小于 PHB/C30B。低于 3%（质量分数）的 MMT-Na$^+$ 的 PHB/HV 和 PHB 复合材料在 $2\theta = 1° \sim 10°$ 范围内没有 SAXS 峰，这是因为未改性 MMT 的亲水性使 PHA/黏土之间的相互作用差，致使其分散差，没有剥离。

参 考 文 献

［1］ Ray Smith. 生物降解聚合物及其在工农业中的应用［M］. 戈进杰，王国伟，译. 北京：机械工业出版社，2011：23，27-30.

［2］ 张玉霞，刘学，马青. 聚乳酸/聚羟基烷酸酯全生物降解共混物研究进展［J］. 塑料工业，2014，42（3）：42-45.

［3］ 翁云宣. 生物分解塑料与生物基塑料［M］. 北京：化学工业出版社，2010：66.

［4］ Vogel C，Hoffmann G G，Siesler H W. Rheo-optical FT-IR spectroscopy of poly（3-hydroxybutyrate）/poly（lactic acid）blend films［J］. Vibrational Spectroscopy，2009，49：284-287.

［5］ 台立民，姜滢，冯思静. 聚羟基烷酸酯———一种应用广泛的生物降解聚合物［J］. 中国塑料，2010，24（2）：1-5.

［6］ 杨斌. 绿色塑料聚乳酸［M］. 北京：化学工业出版社，2007：3.

［7］ Song C J，Wang S F，Ono S，et al. The Biodegradation of poly（3-hydroxybutyrate-co-3-hydroxyvalerate）（PHB/V）and PHB/V-degrading microorganisms in soil［J］. Polymer Adv Technol，2003，14：184-188.

［8］ Wang Y W，Mo W K，Yao HL，et al. Biodegradation studies of poly（3-hydroxybutyrate-co-3-hydroxyhexanoate）［J］. Polym Degrad Stability，2004，85：815-821.

［9］ 李静，刘景江. 聚（β-羟基丁酸酯）和β-羟基丁酸酯-β-羟基戊酸酯共聚物与可生物降解高分子共混改性研究进展［J］. 高分子通报，2003，6：33-43.

［10］ 于志方，丁勇超，杨亚亚，等. 非石油基高分子材料聚羟基脂肪酸酯PHA的改性研究进展［J］. 高分子通报，2010，11：1-8.

［11］ Parulekar Y，Mohanty A K. Biodegradable toughened polymers from renewable resources：blends of polyhydroxybutyrate with epoxidized natural rubber and maleated polybutadiene［J］. Green Chem，2006，8（2）：206-213.

［12］ 张连来，邓先模. PHB与PCL、PECL可生物降解高分子共混体系的研究［J］. 高分子材料科学与工程，1994，1：64.

［13］ Macit H，Hazer B，Arslan H，et al. The Synthesis of PHA-g-（PTHF-b-PMMA）Multiblock/Graft Copolymers by Combination of Cationic and Radical Polymerization［J］. J Appl Polym Sci，2008，111（5）：2308-2317.

［14］ Li J，Sun C R，Zhang X Q. Preparation，Thermal Properties，and Morphology of Graft Copolymers in Reactive Blends of PHBV and PPC［J］. Polym Compos，2012，33：1737-1749.

［15］ 张兆哲. P（3HB-4HB）/PLA共混改性研究［D］. 天津科技大学，2012.

［16］ 郝建原，邓先模. 生物塑料-聚（β-羟基丁酸酯）的物理改性和化学改性［J］. 高分子通报，2001，2：1-12.

［17］ Hammond T，French C，Willams R，et al. Thermolysis and methanolysis of poly（3-hydroxybutyrale）：random scission assessed by statistical analysis of molecular weight distributions［J］. Macromolecules，1995，28（13）：4408-4414.

［18］ Willams RJ，Lehrel RS. Thermal degradation of bacterial poly（hydroxybutyric acid）：mechanisms from the dependence of pyrolysis yields on sample thickness［J］. Macromolecules，1994，27（14）：3782-3789.

［19］ Kunioka M，Doi Y. Thermal degradation of microbial copolyesters poly（3-hydroxybutyrate-co-3-hydroxyvalerate）and poly（3-hydroxybutyrate-co-3-hydroxybutyrate）［J］. Macromoleculcs，1990，23（7）：1933-1936.

[20] Grassie N, Murray F J, Holmes P A. Thermal degradation of poly (D-p-hydroxybutyricacid): part 1-identification and quantitative analysis of products [J]. Polymer Degradation and Stability, 1984, 6: 95-103.

[21] 黄锦标, 尚龙安. 含苯聚羟基脂肪酸酯的生物合成及其分子结构表征 [J]. 化工进展, 2011, 30 (10): 2282-2286.

[22] 何继敏. 新型聚合物发泡材料及技术 [M]. 北京: 化学工业出版社. 2007: 10.

[23] 李梅, 李志强. 生物可降解材料聚羟基丁酸酯 (PHB) 发泡技术研究 [J]. 塑料工业, 2005, 12: 53-55.

[24] 吴兵, 李发生, 何绪文. PHBV 泡沫吸油材料的制备及吸油性能研究 [J]. 交通环保, 2002, 23 (1): 17-20.

[25] Peng J, Li K, Cui Z, et al. Comparisons of microcellular PHBV/PBAT parts injection molded with supercritical nitrogen and expandable thermoplastic microspheres: surface roughness, tensile properties, and morphology [J]. Cell Polym, 2010, 29: 327-342.

[26] Liao Q, Tsui A, Billington S, et al. Extruded Foams from Microbial Poly (3-hydroxybutyrate-co-3-hydroxyvalerate) and Its Blends with Cellulose Acetate Butyrate [J]. Polym Eng Sci, 2012, 52 (7): 1495-1508.

[27] Willett J L, Shogren R L. Processing and properties of extruded starch/polymer foams [J]. Polymer, 2002, 43 (22): 5935-5947.

[28] Richards E, Rizvi R, Chow A, et al. Biodegradable Composite Foams of PLA and PHBV Using Subcritical CO_2 [J]. J Polym Environ, 2008, 16 (4): 258-266.

[29] Lin Hong Ru, Kuo Chun Jung. Synthesis and Characterization of Biodegradable Polyhydroxy Butyrate-based Polyurethane Foams [J]. Journal of Cellular Plastic, 2003, 39: 101-116.

[30] Chen G, Clarinval A, Halleux J, et al. Biodegradable polymers for industrial applications [M]. Florida, USA: CRC Press, 2005.

[31] Chen G, Zhang G, Park S, et al. Industrial production of poly (hydroxybutyrate-co-hydroxy-hexanoate) [J]. Applied Microbiology and Biotechnology, 2001, 57: 50-55.

[32] Lauzier C A, Monasterios C J, Saracovan I, et al. Film formation and paper coating with poly ([beta]-hydroxyalkanoate), a biodegradable latex [J]. Tappi Journal, 1993, 76 (5): 71-77.

[33] Siracusa V, Rocculi P, Romani S, et al. Biodegradable polymers for food packaging: a review [J]. Trends in Food Science & Technology, 2008, 19 (12): 634-643.

[34] Booth B. Polystyrene to biodegradable PHA plastics [J]. Environmental Science & Technology, 2006, 40 (7): 2074.

[35] Ward P, Goff M, Donner M, et al. A two step chemo-biotechnological conversion of polystyrene to a biodegradable thermoplastic [J]. Environ Sci Technol, 2006, 40 (7): 2433-2437.

[36] S Kumar, L Ching-Yee, G Lay-koon, et al. The Oil-Absorbing Property of Polyhydroxyalkanoate Films and Its Practical Application: A Refreshing New Outlook for an Old Degrading Material [J]. Macromolecular Bioscience, 2007, 7 (11): 1199-1205.

[37] Wu Q, Wang Y, Chen G Q. Medical Application of Microbial Biopolyesters Polyhydroxyalkanoates

［J］. Artificial Cells, Blood Substitutes, and Biotechnology, 2009, 37 (1): 1-12.

［38］ Philip S, Keshavarz T, Roy I. Polyhydroxyalkanoates: biodegradable polymers with a range of applications ［J］. Journal of Chemical Technology and Biotechnology, 2007, 82 (3): 233-247.

［39］ Hazari A, Wiberg M, Johansson G, et al. A resorbable nerve conduit as an alternative to nerve autograft in nerve gap repair ［J］. British Journal of Plastic Surgery, 1999, 52 (8): 653-657.

［40］ Mosahebi A, Wiberg M, Terenghi G. Addition of fibronectin to alginate matrix improves peripheral nerve regeneration in tissue-engineered conduits ［J］. Tissue Engineering, 2003, 9 (2): 209-218.

［41］ Armstrong S, Wiberg M, Terenghi G, et al. ECM Molecules Mediate Both Schwann Cell Proliferation and Activation to Enhance Neurite Outgrowth ［J］. Tissue Engineering, 2007, 13 (12): 2863-2870.

［42］ Chen L J, Wang M. Production and evaluation of biodegradable composites based on PHB-PHV copolymer ［J］. Biomaterials, 2002, 23 (13): 2631-2639.

［43］ Li J, Yun H, Gong Y, et al. Effects of surface modification of poly (3-hydroxybutyrate-co-3-hydroxyhexanoate) (PHBHHx) on physicochemical properties and on interactions with MC3T3-E1 cells ［J］. Journal of Biomedical Materials Research Part A, 2005, (4).

［44］ Holmes P. Applications of PHB—a microbially produced biodegradable thermoplastic ［J］. Physics in Technology, 1985, 16: 32-36.

［45］ Kadouri D, Jurkevitch E, Okon Y. Involvement of the reserve material poly-beta-hydroxybutyrate in Azospirillum brasilense stress endurance and root colonization ［J］. Applied and Environmental Microbiology, 2003, 69 (6): 3244-3250.

［46］ Ratcliff W C, Kadam S V, Denison R F. Poly-3-hydroxybutyrate (PHB) supports survival and reproduction in starving rhizobia ［J］. FEMS Microbiology Ecology, 2008, 65 (3): 391-399.

［47］ Perrine Bordes, Eric Pollet, Luc Avérous. Nano-biocomposites: Biodegradable polyester/nano-clay systems ［J］. Progress in Polymer Science, 2009, 34: 125-155

［48］ Vincent Ojijo, Suprakas Sinha Ray. Processing strategies in bionanocomposites ［J］. Progress in Polymer Science, 2013, 38: 1543-1589.

［49］ Hablot E, Bordes P, Pollet E, et al. Thermal and thermomechanical degradation of poly (3-hydroxybutyrate) -based multiphase systems ［J］. Polymer Degradation and Stability, 2008, 93: 413-421.

［50］ Bordes P, Pollet E, Bourbigot S, et al. Structure and properties of PHA/clay nano-biocomposites prepared by melt intercalation ［J］. Macromolecular Chemistry and Physics, 2008, 209: 1473-1484.

［51］ Xie W, Gao Z, Pan W P, et al. Thermal degradation chemistry of alkyl quaternary ammonium montmorillonite ［J］. Chemistry of Materials, 2001, 13: 2979-2990.

［52］ Maiti P, Batt CA, Giannelis EP. New biodegradable polyhydroxybutyrate/layered silicate nano-composites ［J］. Biomacromolecules, 2007, 8: 3393-3400.

［53］ Choi MW, Wan Kim T, Ok Park O, et al. Preparation and characterization of poly (hydroxybutyrate-cohydroxyvalerate) -organoclay nanocomposites ［J］. Journal of Applied Polymer Science,

2003，90：525-529.

［54］Wang S，Song C，Chen G，et al. Characteristics and biodegradation properties of poly（3-hydroxybutyrate-co-3-hydroxyvalerate）/organophilic montmorillonite（PHBV/OMMT）nanocomposite ［J］. Polym Degrad Stabil，2005，87：69-76.

［55］Chen G X，Hao G J，Guo T Y，et al. Crystallization kinetics of poly（3-hydroxybutyrate-co-3-hydroxyvalerate）/clay nanocomposites ［J］. J Appl Polym Sci，2004，93：655-661.

［56］Chen G X，Hao G J，Guo T Y，et al. Structure and mechanical properties of poly（3-hydroxybutyrate-co-3-hydroxyvalerate）（PHBV）/clay nanocomposites ［J］. J Mater Sci Lett，2002，21：1587-1589.

［57］Cabedo L，Plackett D，Gimenez E，et al. Studying the degradation of polyhydroxybutyrate-co-valerate during processing with clay-based nanofillers ［J］. Journal of Applied Polymer Science，2009，112：3669-3676.

［58］Tanio T，Fukui T，Shirakura Y，et al. Biosynthesis of poly（3-hydroxybutyrate）［J］. Eur J Biochem，1982，124：71-77.

［59］Hakkarainen M. Aliphatic polyester：abiotic and biotic degradation and degradation products ［J］. Adv Polym Sci，2002，157：113-137.

［60］Kawaguchi Y，Doi Y. Kinetics and mechanism of synthesis and degradation of poly（3-hydroxybutyrate）in Alcaligenes eutrophus ［J］. Macromolecules，1992，25：2324-2329.

［61］Amor SR，Rayment T，Sanders JKM. Poly（hydroxybutyrate）in vivo：NMR and X-ray characterization of the elastomeric state ［J］. Macromolecules，1991，24：4583-4588.

［62］Xing P，An Y，Dong L，et al. Miscibility and crystallization of poly（b-hydroxybutyrate）/poly（vinyl acetate-co-vinyl alcohol）blends ［J］. Macromolecules，1998，31：6898-6907.

［63］Konioka M，Tamaki A，Doi Y. Crystalline and thermal properties of bacterial copolyesters：poly（3-hydroxybutyrate-co-3-hydroxyvalerate）and poly（3-hydroxybutyrate-co- 4-hydroxybutyrate）［J］. Macromolecules，1989，22：694-697.

［64］Maiti P，BattC A，Giannelis E P. Renewable plastics：synthesis and properties of PHB nanocomposites ［J］. Polym Mater Sci Eng，2003，88：58-59.

［65］Lim S T，Hyun Y H，Lee C H，et al. Preparation and characterization of microbial biodegradable poly（3-hydroxybutyrate）/organoclay nanocomposite ［J］. J Mater Sci Lett，2003，22：299-302.

［66］陈广新，郝广杰，郭天瑛，等. β-羟基丁酸与β-羟基戊酸共聚物（PHBV）/蒙脱土纳米复合材料的结构与性能 ［J］. 离子交换与吸附，2002，18（6）：481-486.

［67］王淑芳，宋存江，陈广新，等. β-羟基丁酸与β-羟基戊酸酯共聚物/有机化蒙脱土纳米复合材料热性能、结晶性能与生物降解性能的研究 ［J］. 离子交换与吸附，2004，20（4）：299-307.

［68］Botana A，Mollo M，Eisenberg P，et al. Effect of modified montmorillonite on biodegradable PHB nanocomposites ［J］. Applied Clay Science，2010，47：263-270.

［69］Pandey J，Kumar A，Misra M，et al. Recent Advances in Biodegradable Nanocomposites ［J］. Journal of Nanoscience and Nano technology，2005，5（4）：497-526.

▶▶▶▶▶▶

第 4 章

聚丁二酸丁二醇酯及其纳米复合材料

4.1　概述

合成的可生物降解聚酯家族中具有广阔发展前景的是聚丁二酸丁二醇酯（PBS）。PBS 是一种可生物降解的脂肪族热塑性聚酯，由乙二醇、1,4-丁二醇、脂肪族二羧酸、琥珀酸等缩聚得到，具有很多令人感兴趣的性能，包括可生物降解性、熔融加工性以及耐热性和耐化学性等，因此在纺织业可以挤出多丝、单丝、扁平长丝纱、撕裂纱等；在塑料业，可以加工成注塑制品以及挤出制品等。因此，PBS 是一种具有多种潜在应用、发展前景光明的聚合物。

4.2　PBS 的合成

PBS 是由丁二酸和丁二醇两种单体聚合而成的，理论上，其合成方法有化学合成法和生物发酵法两种，其中化学合成法主要有三种，即直接酯化法、酯交换反应法和扩链反应法。

4.2.1　直接酯化法

以 1,4-丁二酸和 1,4-丁二醇直接缩合聚合得到 PBS，其合成过程由两步完成，首先是在较低的温度下将丁二酸与过量的丁二醇进行酯化反应，形成端羟基的预聚物；然后在高温、高真空以及催化剂的条件下缩聚并脱除二元醇，得到 PBS。反应式如图 4-1 所示。

4.2.2　酯交换反应法

丁二酸二甲酯与等量的丁二醇在高温、高真空以及催化剂的条件下进行酯交换反应并脱除甲醇，得到 PBS。其反应式如图 4-2 所示。

$$HO(CH_2)_4OH+HOOC(CH_2)_2COOH \rightleftharpoons H-[O(CH_2)_4OOC(CH_2)_2CO]_n-O(CH_2)_4OH+H_2O$$

$$HO(CH_2)_4OH+HOOC(CH_2)_2COOH \rightleftharpoons H-[O(CH_2)_4OOC(CH_2)_2CO]_m-O(CH_2)_4OH+H_2O$$

$$H-[O(CH_2)_4OOC(CH_2)_2CO]_n-O(CH_2)_4OH+H-[O(CH_2)_4OOC(CH_2)_2CO]_m-O(CH_2)_4OH \rightleftharpoons$$

$$H-[O(CH_2)_4OOC(CH_2)_2CO]_n-[O(CH_2)_4OOC(CH_2)_2CO]_m-OH+HO(CH_2)_4OH$$

图 4-1　PBS 直接酯化合成法反应式

$$HO(CH_2)_4OH+CH_3OOC(CH_2)_2COOCH_3 \rightleftharpoons H-[O(CH_2)_4OOC(CH_2)_2CO]_n-O(CH_2)_4OH+CH_3OH$$

图 4-2　PBS 酯交换反应合成法反应方程式

4.2.3　扩链反应法

工业上生产高相对分子质量的聚酯主要有两种方法：一是延长熔融缩聚反应时间以提高相对分子质量；二是由缩聚物进行固相缩聚，以达到所要求的相对分子质量。这两种方法都有其缺陷，前者在反应后期物料黏度大，搅拌及副产物扩散困难，反应慢，导致降解等副反应加剧，产品品质下降；后者反应时间长，耗能大。

为了在较缓和的条件下得到高相对分子质量产物，可以采用扩链反应。化学扩链反应法是一种重要的合成高相对分子质量聚酯的方法，该方法在聚酯中加入能与其端基反应、具有较高活性的双官能团物质，即扩链剂，使其相对分子质量在短时间内迅速增大。

缩聚—扩链法是一种重要的合成高相对分子质量聚酯的方法，是在缩聚法获得聚酯的基础上利用扩链剂进一步提高其相对分子质量的方法。该法可以在短时间内大幅度提高其相对分子质量，替代传统的固相缩聚法，具有便捷、高效、设备投资少等优点，因此近十多年来在国内外很受重视。

扩链反应中所用的扩链剂可根据聚酯端基的不同来选择。目前常用的扩链剂如二异氰酸酯类、二酸酐、二酰氯等适用于端羟基聚酯的扩链；而唑啉、双环氧化合物等则适用于端羧基预聚体。

目前全球丁二酸的产量还不能完全满足 PBS 产业化的需求，如果 PBS 实现大规模生产和应用，对丁二酸的原料来源将是很大挑战，尤其是现在的丁二酸主要是通过石油工艺路线生产，不但消耗日益枯竭的石油资源，而且其价格随着油价上涨而不断上涨，因此原料来自于石油基的 PBS 并不符合绿色环保塑料的要求。而通过生物质发酵生产丁二酸，丁二酸进一步转化为丁二醇，再合成 PBS，可得到真正环保、价廉的生物质基 PBS，是未来 PBS 发展的方向。图 4-3 为生物质基 PBS 生产工艺流程。

图 4-3　生物质基 PBS 生产工艺流程

4.3　PBS 的结构

　　二醇、二元酸类聚酯主要是二元醇和脂肪族二元酸的共聚物，这类共聚物目前主要以 PBS 及其共聚物的研究和生产为主，例如丁二醇和琥珀酸缩合成 PBS，丁二醇和己二酸缩合成 PBA 等。其化学结构式如图 4-4 所示。

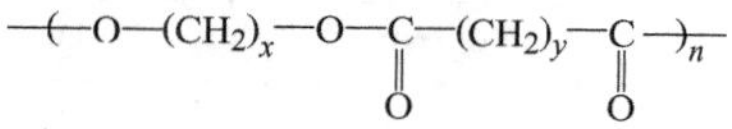

　　以 PBS 为基础材料制备各种高相对分子质量聚酯的技术已经达到工业化生产水平。1930 年前后，Carothers 等人就开始积极进行缩合法制备脂肪族聚酯的研究，但相对分子质量始终无法增大。近年来，在催化剂作用下，通过异氰酸酯扩链成功制备了高相对分子质量的 PBS ［昭和高分子（株）Bionolle®］，其 T_m 为 114℃，断裂伸长率为 470% ，前景看好。

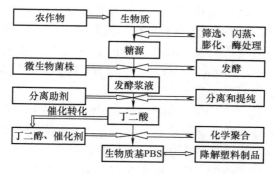

$x=4$，$y=2$：PBS
$x=2$，$y=2$：PES
$x=4$，$y=2,4$：PBSA

图 4-4　二醇、二元酸类聚酯的化学结构式

　　很多脂肪族共聚酯都是石油资源基可生物降解共聚物，通过将二醇，如 1,2-乙二醇、1,3-丙二醇、1,4-丁二醇等与二元酸如己二酸、葵二酸和丁二酸等聚合制得。聚（丁二酸丁二醇酯—己二酸丁二醇酯）（PBSA）是在其中添加了己二酸后得到的，已经商业化生产，商标为 Bionolle®。韩国 Ire 化学公司也生产了同样的共聚酯，商标为 EnPol®。Skygreen® 是韩国 SK 化学公司的产品，是通过 1,2-乙二醇、1,4-丁二醇与丁二酸和己二酸缩聚得到的。上述共聚酯的性能取决于其结构，即所用的二元醇和二元酸的缩聚，其生物降解性同样取决于其结构。添加己二酸提高了共聚酯的结晶性，同时也改善了其堆肥生物降解性。

4.4　PBS 的性能

　　PBS 具有良好的生物可吸收性和生物相容性，无嗅无味，树脂呈乳白色，密度为 1.26g/cm³，T_m 为 114~115℃，T_g 约为 −32℃，分解温度在 350~400℃，燃烧热约为聚烯烃（如 PE 和 PP）的 1/2 左右。根据相对分子质量的高低和相对分子质量分布的不同，结晶度在 25%~45% 之间。晶体结构为单斜晶系，晶格参数分别为 $a = 0.523$nm、$b = 0.908$nm、$c = 1.079$nm、$\beta = 123.57$，其晶面衍射峰 2θ 分别为 19.6°、21.5°、22.5°和 28.7°。

PBS 的力学性能优异。表 4-1 和表 4-2 给出了日本昭和高分子公司商品化的 PBS-Bionolle® 的基础物性和力学性能。可以看出，Bionolle® 与 PP、LDPE 和 HDPE 的基础物性和力学性能相近，特别是从拉伸、冲击和弯曲等性能看，Bionolle® 具备作为结构材料应有的基本性能，可直接作为塑料来加工使用。

表 4-1　PBS-Bionolle® 与其他聚合物的基础物性对比

性　　能	Bionolle®	PP	LDPE	HDPE
密度/（g/cm³）	1.26	0.90	0.92	0.95
结晶度（%）	25~45	45	40	70
T_m/℃	114	163	110	129
T_g/℃	−32	−5	−120	−120
T_c/℃	75	−5	95	115
相对分子质量/10⁴	5~30	—	—	—
相对分子质量分布	1.2~2.4	6	10	7
熔体流动速率/（g/10min）	1~3	3.0	0.8	11

表 4-2　PBS-Bionolle® 与其他聚合物的力学性能对比

力 学 性 能	Bionolle®	PP	LDPE	HDPE
拉伸强度/MPa	58.0	41.5	17.5	—
断裂伸长率（%）	600	800	700	300
屈服强度/MPa	35.5	30.0	10.0	29.0

4.5　PBS 的成型加工

PBS 耐热性能好，其热变形温度和制品的使用温度可以超过 100℃，是国内外生物可降解塑料的研发重点。PBS 属于热塑性树脂，具有良好的加工性能，成型工艺相对简单，通过对现有聚酯设备稍加改进即可采用注塑、挤出、中空成型等工艺成型各种制品，加工温度 140~260℃。

4.5.1　挤出成型

三菱化学公司的 PBS 成型加工性能与聚烯烃类似，表 4-3 给出了 PBS 的典型挤出吹塑薄膜工艺参数。

表4-3 PBS的典型挤出吹塑薄膜工艺参数

试 样		AZ91T	AD92W
温度/℃	C1	140	100
	C2	150	140
	C3	160	160
	H	160	160
	D	160	160
螺杆转速/（r/min）		50	50
牵引速度/（m/min）		4.5	4.5
霜白线/mm		200	200
折径/mm		200	200
膜厚/μm		50	50
吹胀比		1.7	1.7

注：口模直径75mm；模唇间隙1mm。C1、C2、C3、H、D——由加料口至机头方向各段温度。

4.5.2 注射成型

表4-4给出了PBS的典型注射成型工艺参数。

表4-4 PBS的典型注射成型工艺参数

试 样		AZ81T	AD82W
温度/℃	NH	190	190
	H1	200	200
	H2	200	200
	H3	180	180
螺杆转速/（r/min）		70	70
模具温度/℃		40	40
注射压力/MPa		70	70
保压压力/MPa		40	50
注射时间/s		15	15
冷却时间/s		30	40

注：注射机锁模力100t；NH、H1、H2、H3——由加料口至机头方向各段温度。

4.5.3 发泡

PBS是良好的全生物降解聚合物，但其相对分子质量低，熔体强度差，不易用发泡等工艺成型加工，限制了其应用。采用辐照交联可以提高其熔体弹性，改善其发泡性能，Kamarudin等用电子束将PBS辐照交联，并对其进行了发泡。结果表明，辐照交联的PBS发泡后，泡孔尺寸随着凝胶含量的增加而降低，这是因为交联密度增加,进而阻止了泡孔长大。此外,在凝胶含量较低,如低于 5% (质量分数) 时,PBS 的熔体强度就足以进行发泡了。

李冠等采用模压、化学发泡的方法制备了可生物降解的 PBS 泡沫。结果表明,采用过氧化二异丙苯 (DCP) 作交联剂辅以三羟基甲基丙烷三甲基丙烯酸酯 (TMPTAM) 作助交联剂能明显提高 PBS 的黏度,使其具有较高的熔体强度;当 DCP 用量为 4 ~ 5 份时,发泡的 PBS 泡孔均匀且密度适中,而且在 NaOH 溶液中降解完全,降解速率大于纯 PBS 颗粒。泡孔结构如图 4-5 所示。

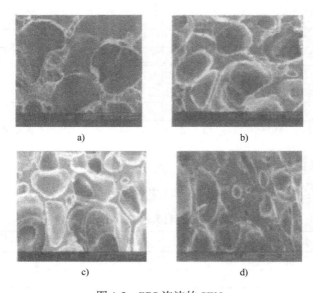

图 4-5   PBS 泡沫的 SEM

a) DCP、AC 和 TMPTAM 的质量份为 3、2、6   b) DCP、AC 和 TMPTAM 的质量份为 4、2、6
c) DCP、AC 和 TMPTAM 的质量份为 5、2、6   d) DCP、AC 和 TMPTAM 的质量份为 6、2、6

4.6   PBS/黏土纳米复合材料

与其他可生物降解塑料相比,PBS 具有很多优异的性能,但其弯曲模量也相对较低,所制备的制品较软,无法生产刚性要求高的产品,使其应用受到一定的限制。提高 PBS 的相对分子质量可以改善其性能。高相对分子质量 PBS 一般是在扩链剂六亚甲基二异氰酸酯存在的条件下将低相对分子质量的 PBS 偶联反应而得。例如,将 4.07kg 的六亚甲基二异氰酸酯加到含有 339kg PBS (数均和重均相对分子质量分别为 18600 和 50300) 的反应器中,在 180 ~ 200℃ 的温度下进行 1h 的偶联反应,每一个 PBS 分子链上都有 0.48% (质量分数) 的扩链剂,六亚甲基二异氰酸酯基团进行的是氨基甲酸乙酯型键接 (图 4-6)。

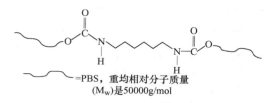

=PBS，重均相对分子质量
(M_w)是50000g/mol

图4-6　氨酯键在 PBS 上的形成

　　增加 PBS 各种特征性能实现的可能性以及如何提高上述性能以使其能够进行热塑性加工并满足最终要求，这些都激发了人们对 PBS 的技术研究和商业应用兴趣。

　　目前常将 PBS 和无机填料如 $CaCO_3$、滑石粉或玻璃纤维等复配或与其他聚合物等共聚或共混来提高其部分力学性能，但必然会牺牲产品的加工等性能。而把 PBS 和层状硅酸盐复配制备相应的纳米复合材料，由于硅酸盐分散相具有极大的比表面积，可以与 PBS 基体间形成更好的界面结合，与传统的聚合物基体或微米复合材料相比，可以在添加少量硅酸盐的情况下较大幅度地提高其热稳定性和力学性能，而不会造成其加工性能等的下降。其中最令人感兴趣的是最近开发的黏土纳米复合材料技术，就是将 PBS 与 OMLS 混合制备纳米复合材料，所得复合材料的力学性能、热性能等都有很大提高。

4.6.1　PBS/黏土纳米复合材料的制备

　　为了改善 PBS 的性能，如柔性、气体阻透性和热稳定性等，人们将纳米颗粒引入 PBS 基体中，制备了纳米颗粒（黏土、碳纳米纤维、CNTs、石墨、纳米二氧化硅等）基 PBS 纳米复合材料。在不同的纳米颗粒中，纳米黏土应用最广泛，因此，讨论制备方法仅限于黏土基纳米复合材料，即 PBS/黏土纳米复合材料制备技术。表4-5 总结了 PBS/黏土纳米复合材料的制备方法、黏土种类和所得复合材料的结构。熔融插层是制备 PBS/黏土纳米复合材料的最好方法。

　　1. 熔融插层

　　Sinha Ray 等人率先研究了熔融插层 PBS/MMT – C_{18} 复合材料的制备、结构和力学性能，结果表明，黏土种类与用量和有机改性对所制备的纳米复合材料结构及性能有影响。Sinha Ray 与其同事在随后的研究中制备了一系列 PBS/黏土纳米复合材料，研究了黏土种类和用量对制备的纳米复合材料结构的影响，见表4-5。

表4-5　PBS/黏土纳米复合材料的制备技术与结构

制 备 方 法	体　　系	黏　　土	结　　构
原位插层	PBS/四异丁氧基钛	C10A	插层
		C30B	插层

（续）

制 备 方 法	体　系	黏　土	结　构
溶液流延	PBS	MMT-CPC	插层
		MMT-CPC/过氧化二异丙苯	插层/剥离
		MMT-CTAB	插层/剥离
熔融插层	PBS	MMT-C_{18}（十八烷基铵）	插层
		SAP-C_{16}（十六烷基三丁基磷）	堆叠插层和插层
		MMT-Na^+	微米复合材料
		MMT-LEA（N-十二铵聚氧乙烯醚）	堆叠插层
		MMT-DA（十二铵）	插层
		MMT-ODA（十八铵）	堆叠插层
		MMT-HEA（N，N-双（2-羟乙基）化胺基〕-2-丙醇	微米复合材料
		MMT-ALA（十二酸铵）	微米复合材料
	PBS/二丁基二月桂酸锡	C30B	插层和剥离
	PBS/钛酸四丁酯	C30B	插层
	PBS/氧化锑	C30B	插层
母料	PBS	MMT-C_{18}（十八烷基铵）	插层和絮凝
		MMT-3C_{18}（三甲基十八烷基铵）	插层和絮凝
		SAP-C_{16}（十六烷基三丁基磷）	堆叠插层和剥离

注：CPC：十六烷基氧化吡啶；CTAB：十六烷基三丁基磷。

为了研究黏土种类对黏土分散及其制备的纳米复合材料的影响，Okamoto 等人将 PBS 与三种不同种类的黏土熔融挤出，制备出 PBS/MMT-C_{18}、PBS/MMT-3C_{18} 和 PBS/SAP-C_{16}（四季十六烷基三 n-丁基磷改性的皂石）纳米复合材料，他们在将黏土与 PBS 熔融复配之前先制备母料。XRD（图 4-7）和 TEM（图 4-8）表明得到了 3 种不同种类的纳米复合材料——插层和拉伸絮凝型 PBS/C_{18}-MMT 纳米复合材料、插层和絮凝型 PBS-MMT-3C_{18} 纳米复合材料、堆叠插层和剥离结构 PBS/SAP-C_{16} 纳米复合材料。在 PBS/C_{18}-MMT 体系中，由于黏土颗粒边缘作用强，分散插层的硅酸盐层片产生了牢固的絮凝结构（图 4-9）。此外，黏土含量也影响 PBS/黏土纳米复合材料的结构。

Pollet 等人利用熔融插层法制备了 C30B 和 PBS/3%（质量分数）C30B 纳米复合材料，研究了三种金属基催化剂（二月桂酸二丁基锡、钛酸四丁酯和三氧化二锑）促进 PBS 半体与有机黏土表面间的酯化能力。其采用的典型制备方法是将干燥的有机黏土与 PBS 在双辊混炼机上于 160℃ 下机械啮合 10min。如果要促进酯化反应，必须添加 1%（质量分数）的催化剂和稳定剂进行熔融共混。不添加金属催化剂的纳米复合材料具有插层结构，而添加催化剂的纳米复合材料的黏土剥离严重

（图 4-10）。有机改性剂的羟基与 PBS 分子链之间的酯化反应是黏土分散性改善的原因所在。这种有趣而古老的技术借助当今流行的熔融插层法可以制备近乎剥离的纳米复合材料。该性能赋予熔融插层法的优点是环保，用一步法即可大规模制备近乎剥离的 PBS/黏土纳米复合材料。

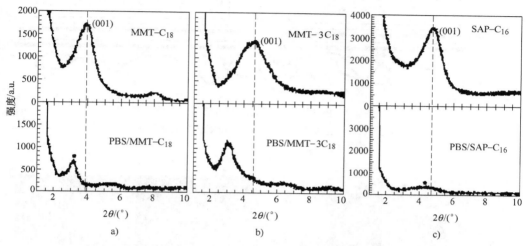

图 4-7　纳米黏土及其与 PBS 的复合材料的 WAXD 谱图

a) MMT-C_{18}　b) MMT-$3C_{18}$　c) SAP-C_{16} 粉末

注：每幅图中的虚线都表示 OMLS 硅酸盐片（001）层反射的位置，
星号表示分散于 PBS 基体中的各种 OMLS 的（001）峰。

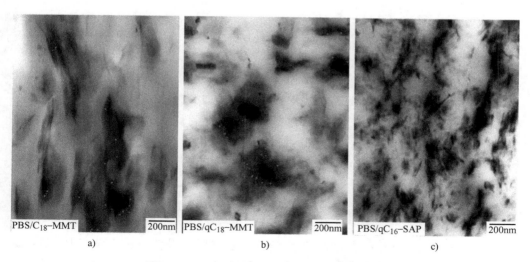

图 4-8　PBS/OMLS 纳米复合材料的亮场 TEM

a) PBS/C_{18}-MMT　b) PBS/qC_{18}-MMT　c) PBS/qC_{16}-SAP

注：暗场为插层或剥离硅酸盐层片的横截面，亮场为基体。

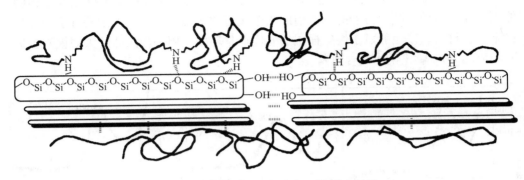

图4-9　PBS和黏土表面之间可能形成氢键

注：分散的硅酸盐层片絮凝，得到高横向比的分散黏土颗粒。

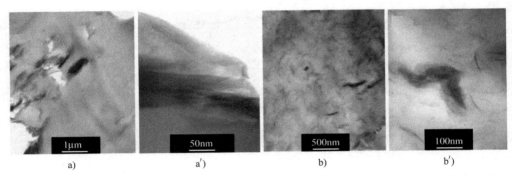

a)　　　　　　　a′)　　　　　　　b)　　　　　　　b′)

图4-10　PBS/C30B纳米复合材料的TEM

a)、a′)　未使用锡基酯化催化剂　b)、b′)　使用锡基酯化催化剂［1%（质量分数）］

2. 溶液流延

利用溶液流延制备PBS/黏土纳米复合材料的研究报道很有限。Shih等人采用溶液插层法制备PBS/黏土纳米复合材料。然而，所有研究都没有详细报道所用的合成步骤，只声明采用溶液共混法。但他们采用氯化十六烷基吡啶（CPC）和十六烷基三甲基溴化铵（CTAB）盐改性的MMT，得到的PBS/CPC改性MMT复合材料结构插层较好，但PBS/CTAB改性MMT复合材料表现出插层和部分剥离共存结构。

3. 原位插层

原位聚合技术不是制备PBS/黏土纳米复合材料的最佳方法。事实上，Hwang等人只是在最近才通过直接酯化反应和缩聚反应制备了PBS/OMLS纳米复合材料，其所用黏土为C10A、C30B和硅烷改性C30B。在用二月桂酸二丁基锡作催化剂时，C30B还要用1，6-六亚甲基二异氰酸酯（HDI）处理。一般来说，改性就是将定量的 C30B 悬浮于甲苯溶液中，其中加了催化剂，将混合物超声处理，并大力搅拌。FTIR 证实黏土一侧上的硅羟基或硅羟基与硅酸盐层中的有机改性剂的羟基之间存在共价键。与预期的一样，使用尿烷基保证硅酸盐层与 PBS 分子链之间产生强烈的相互作用。图4-11 为 MMT 中的硅烷基或硅烷基与 HDI 有机改性剂羟基之间的共价键形成示意图。典型制备方法是将不同用量［0.5%～2%（质量分数）］的 OMLS［C10A、C30B 和氨基甲酸乙酯改性 C30B（C30BM）］用超声波分散于 1,4-丁二醇中 30min，在用力搅拌浆液的同时，在 0.5mol 的琥珀酸中加入四异丁氧基钛作催化剂。将混合物在 190℃ 下加热，以 250r/min 的速度机械搅拌，将温度以 10℃/min 的速度升至 240℃，同时将压力逐渐降低，保证低相对分子质量产物浓缩，并不断去除水分。混合物在 240℃ 保持 3h，得到的纳米复合材料用水反复清洗，在 50℃、真空环境下干燥 24h。从图4-12 所示纳米复合材料的 TEM 可以看到不同程度的剥离（视黏土表面改性剂而定）。氨基甲酸乙酯改性黏土 C30BM 与 PBS 纳米复合材料剥离较好，而 C10A 和 C30B 纳米复合材料是堆叠插层的。他们认为 C30B 用氨基甲酸乙酯改性后扩大了层间距，黏土边缘的硅烷醇基或硅烷醇与改性剂末端的羟基之间形成氨基甲酸乙酯基，增强了 PBS 和黏土硅酸盐表面之间的熔作用。

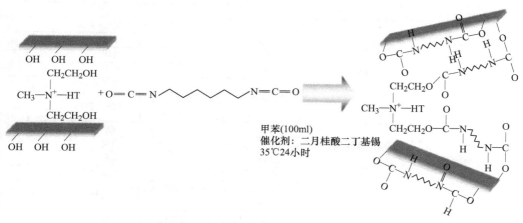

图4-11　硅烷基或硅烷基与 HDI 有机改性剂羟基之间的共价键形成简图

4.6.2　PBSA/黏土纳米复合材料的制备

PBSA 是一种可生物降解的热塑性聚酯，由己二酸丁二醇酯无规共聚物构成。将纳米增强材料加入 PBSA 基体中改善了其某些性能，如模量、强度、阻透性、生物降解性和热稳定性等。其中黏土最常使用的是纳米级颗粒。表4-6 总结了 PBSA/黏土纳米复合材料的制备方法、黏土种类和最终结构。

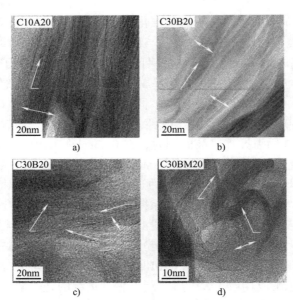

图 4-12　由不同黏土制得的 PBS/黏土纳米复合材料的 TEM

a) C10A20　b) C30B20　c) C30B20　d) C30BM20

表 4-6　PBSA/黏土纳米复合材料的制备技术及其结构

制 备 方 法	体 　 系	黏 　 　 土	复合材料结构
熔融插层	PBSA	C30B	插层/剥离
		C93A	插层
		C15A	插层
		C20A	插层
		MMT-Na$^+$	微米复合材料
		SFM-O（N-（coco 烷基）-N,N-［双（2-羟乙基）］-N-甲基铵）	插层/剥离
	BAP/Skygreen®	C30B	插层/剥离
		C10A	插层
		C25A	插层
	PBSA	FHT（氟水辉石）	微米复合材料
		FHT-MEE-二聚（氧乙烯）烷基甲基铵	高度插层
		FHT-MAE-二甲基二烷基铵	插层（取向）
		FHT-MTE-三辛基甲基铵	插层（取向）
		C25A	插层
		C25A-TFC（缩水甘油醚氧丙基三甲氧基硅烷）（GPS）	剥离
溶液流延	BAP/三氯甲烷	C25A	插层

注：BAP——生物降解脂肪族聚酯。

1. 熔融插层

近年来，Sinha Ray 与其同事采用熔融插层技术制备了 PBSA/黏土纳米复合材料。

他们首先研究了具有不同疏水性的 OMLS，继而研究了表面活性剂与聚合物基体之间的相互作用程度。其制备方法一般是采用双辊混炼机在辊速 60r/min 时于 135℃ 下混炼。还有的研究将合成云母（SFM）用 N-(椰油烷基)-N，N-［双（2-羟乙基）］-N-甲基铵离子改性，得到有机改性 OSFM，再与 PBSA 熔融共混。XRD 和 TEM 表明 OMLS 在 PBS 中的分散性很好，复合材料中插层和剥离结构共存，如图 4-13 所示。所得到的 PBSA/OSFM 纳米复合材料是插层的叠层和无序和/或剥离的硅酸盐层共存结构。在所研究的温度范围内，材料的热—力学性能提高，尤其是在温度高于 T_g 时，因为 E' 比纯 PBSA 高了 100%。至于结晶性能，纳米复合材料的非等温结晶动力学及根据模型计算所得较高的活化能与以前的结果一致。换句话说，就是 OSFM 的添加延缓了成核过程和 PBSA 晶体的长大，因为硅酸盐层完全分散于基体中，起到 PBSA 分子链运动重排障碍的作用（图 4-14）。纳米材料的均匀分散提高了纳米复合材料的冷结晶温度。熔融再结晶过程中出现的 3 个明显的熔融吸热峰向低温方向移动，而且峰强度降低，因为黏土分散限制了分子链的运动。此外，在整个热解温度范围内，在氮气和空气环境下，加入 OSFM 后，PBSA 的热稳定性有适度的提高。在分解的初期，尽管表面活性剂和纳米复合材料在热氧条件下似乎比在热解条件下更易于分解，但是与氮气环境相比，在空气中的分解温度和成炭量都提高了。他们认为，氧化环境下不同的成炭过程实际上是降低了 O_2 的扩散，因而阻碍了热氧条件下的氧化过程。因此，纳米复合材料的阻燃性能得到提高。根据 Kissinger 模型计算得到的纳米复合材料的热分解活化能稍高于 PBSA，与以前的结果一致。采用经典的和原始工艺进行研究，实现 OSFM 的剥离，同时提高脂肪族共聚酯基纳米生物复合材料的性能，或多或少是成功的。此外，不论所用的是何种体系，性能都是与材料结构相关的。

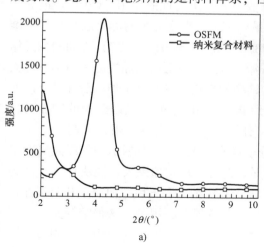

a)

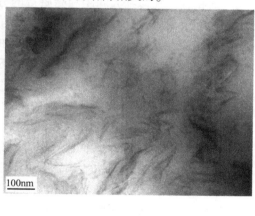

b)

图4-13　黏土及其与 PBSA 的复合材料的 XRD 和 TEM

a）有机改性合成氟云母（OSFM）粉末和等温结晶压塑的 PBSA/OSFM 纳米复合材料试样的
　XRD 谱图（厚约 1nm）　b）纳米复合材料的亮场 TEM，暗场为插层 OSFM 层的界面

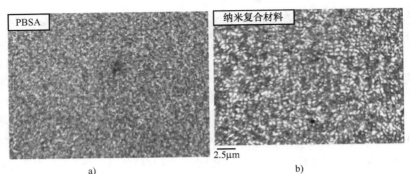

图 4-14 非等温结晶过程中 PBSA 及其纳米复合材料
[质量分数为 6% 的 SFM-N$^+$(Me)(EtOH)$_2$] 的 POM
a) PBSA b) PBSA 纳米复合材料在 150℃熔融，冷却速率 10℃/min

Lee 等人得到了类似结果。他们利用熔融插层法比较了两种 OMLSs（C30B 和 C10A）在共聚物 PBSA（韩国 SK 化学 Skygreen®）中的分散程度。Skygreen® 共聚物是乙醇和 1,4-丁二醇与脂肪族二羧酸（琥珀酸和己二酸）通过缩聚反应制得的。PBSA/C30B 纳米复合材料的插层程度比 C10A 高，原因是 PBSA 基体与 C30B 硅酸盐层层间的氢键作用强烈。高插层度会使 PBSA/C30B 纳米复合材料的拉伸性能好于 C10A。由于 C30B 表面活性剂与 PBSA 基体之间的作用强烈，Eslami 等人也采用了熔融插层法来制备 PBSA/C30B 纳米复合材料。他们将不同组分在混炼机中混合（温度 150℃，时间 10min，转速 90r/min），得到的纳米复合材料中独立的黏土层和黏土堆叠体都均匀分散于 PBSA 基体中。XRD 和 TEM 表明，PBSA 与 C30B 黏土之间的相容性在得到大间距和高质量的分散中起着决定性的作用。C30B 是最适合于熔融插层法制备 PBSA 基纳米复合成的纳米填料。高度无规的剥离层片与一些堆叠的插层层片共存，这源于 C═O 基（PBSA 主链）与 OH（C30B）之间的相互作用。但是随着黏土用量的增加，分散性下降。因此，熔融与结晶性能和力学性能受不同性质和用量的有机改性黏土所产生的结构的影响。尽管黏土加入后并没有改变 PBSA 的晶体结构，但是结晶度随着分散到 PBSA 基体中的层状硅酸盐的增加而全面下降。PBSA 与黏土间作用强时，PBSA 分子链的运动柔性受阻，限制了分子链的折叠和移动到晶体增长前沿的能力。分子链在硅酸盐层间的插层使 E' 大幅度增加，而且在 C30B 含量高时，增加更为明显。此外，E'' 增加巨大，说明均匀分散的插层硅酸盐颗粒间存在有强烈的内摩擦。加入有机纳米黏土后拉伸模量和断裂伸长率都提高，但是改善程度强烈依赖于 C30B 的分散程度和用量。这种结构变化所带来的性能改善是添加黏土后结晶度下降所致。而且随着 PBSA 与 OMLS 亲和力的增加，复合材料由类液性质逐渐变为类固行为，这主要归因于黏土层片的分散和分布扩大，在黏土用量超过阈值（C30B 质量分数为 3%）后形成了三维渗逾结构，从而使体系具有很高的弹性。PBSA/C30B 的熔融与结晶性能也比较好，但是热稳定性的提高仅限于黏土含量低时，因为在黏土添加量超过9%（质量分数）后热稳定性能下降，这可能是黏土表面上含有—OH 的有机改性剂过量所致。

Lee 等人还将 C25A 作为纳米填料添加到 Skygreen® 来提高其性能。不论制备工艺是哪一种，溶液流延法亦或是熔融插层法，还是所用的有机黏土用量是多少（质量分数＜15%），所得复合材料都是插层结构。此外，XRD 表明，随着黏土含量的减少，d_{001} 峰强度下降，而且变宽，这些都说明在黏土含量低时，结构更为不均匀，在 C25A 用量为 3%（质量分数）时为剥离结构。流变性能测试表明，在低频区，剪切变稀和类固性能随着有机黏土的添加而增强。这些表征技术还引出临界体积分数的概念。超过这一阈值，在剪切作用下，黏土层片和单一的片完全松弛受限，因为物理阻碍亦或是渗逾，在插层结构和剥离结构的纳米复合材料中都产生了类固性。蠕变与松弛性能也与上述结论一致。尽管拉伸模量随着黏土含量的增加而大幅度增加，但是断裂伸长率下降；在黏土含量超过一定值后，起始热分解温度下降。力学性能和热稳定性的下降是 OMLS 团聚所致。在这种情况下，分解速率随着黏土用量的增加而增加，而起始分解温度提高。他们认为，在第一步，黏土起到热的阻隔层作用，在热分解后成炭；但是，在第二步，黏土层片区积累热量，这可能是热源，与外来热源产生的热流一起，加速了分解过程。

Chen 和 Yoon 根据 PBS 基纳米复合材料的规律，对 C25A 进一步改性，他们用硅烷偶联剂通过在表面上接枝环氧基团使 C25A 官能团化，即用（环氧丙氧基丙基）三甲氧硅烷（GPS）和（甲基丙烯酰氧）丙基三甲氧基硅烷（MPS）作偶联剂。他们认为硅烷化合物主要集中在硅酸盐层的边缘处，此处的甲氧硅烷浓度高于平面处。图 4-15 和图 4-16 为制备得到的双官能团黏土（TFC，GPS-g-C25A 或 MPS-g-C25A）。XRD 和 TEM 表明，PBSA 端基与 GPS-g-C25A 环氧基之间的反应以及 MPS-g-C25A 与 PBSA 酯键之间的极性作用都提高了 PBSA 与黏土之间的相容性。与同样含量的 C25A 相比，使用2%（质量分数）的 GPS-g-C25A 或 MPS-g-C25A 时黏土层间距增加，分散更好，宏观性能也得到提高。PBSA/TFC 的储能模量远高于 PBSA/C25A，尤其是在低频区，而且在末端区还有非末端行为，因为 PBSA-TFC 之间的相互作用增强。此外，由于界面之间的相互作用增强，PBS/C25A 复合材料的拉伸模量和断裂伸长率都得到大幅度提高。

2. 溶液流延

Lim 等人采用溶液流延法制备并表征了 Skygreen®/MMT 纳米复合材料，研究了其热力学性能与流变性能。他们将不同量的 Skygreen® 溶于三氯甲烷中，同时将 C25A 有机黏土也分散于三氯甲烷中48h。将两种混合物中的三氯甲烷蒸发，并将试样在真空下干燥 24h。XRD 和 TEM 表明制备的 PBSA/C25A 纳米复合材料插层良好。

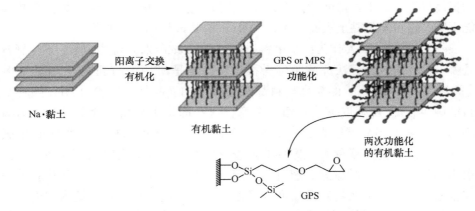

图 4-15　双官能团有机纳米黏土（TFC）制备过程示意图

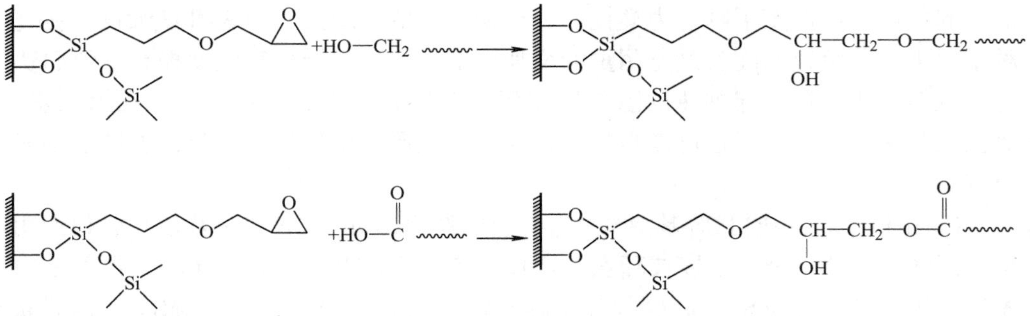

图 4-16　TFC 上的环氧基团与聚酯端基官能团间的反应

4.6.3　结构与性能

1. 结构

Sinha Ray 等将 PBS 和 OMLS 简单熔融挤出制备出了 PBS/OMLS 纳米复合材料。他们所用的 OMLS 有两种，一种是十八烷基氯化铵（C_{18}MMT）改性的 MMT（C_{18}MMT），一种是季十六烷基三丁基溴化磷改性的皂石（qC_{16}SAP）。其制备工艺如下：首先将 PBS 和 OMLS 在袋中晃动干混，然后于 150℃下在双螺杆挤出机中将混合物熔融挤出造粒。表 4-7 为所制备的 PBS/OMLS 纳米复合材料的组成。图 4-17 中的 a~h 为各种 PBS/OMLS 纳米复合材料的亮场 TEM，其中褐色物体是插层的有机黏土层的断面。图中给出了更大的视图，展示出黏土在 PBS 基体中的分散情况，高放大倍数图像可观察离散的黏土层。从图 4-17a 和 b 可以看出，PBS/C_{18}MMT（98.5/1.5）纳米复合材料中，硅酸盐层被插层，而图 4-17c 和 d 中插层、堆叠和絮凝的硅酸盐层片被无规分布于 PBS 基体中。实际上，其中存在着大量堆叠的各向异性的硅酸盐层层片，一些层片似乎具有大于 600~700nm 的长度，但是，他们没有能够根据 TEM 精确分析层厚。另一方面，在 PBS/C$_{18}$MMT（94.5/5.5）中（图4-17e 和 f）既有插层很好的结构，也有高度絮凝的结构。

表4-7　PBS/OMLS 纳米复合材料的组成与特性

PBS/OMLS	M_w/（10^3g/mol）	M_w/M_n
100/0	103	4.0
PBS/C$_{18}$MMT（98.5/1.5）	100	3.8
PBS/C$_{18}$MMT（97.5/2.5）	99	3.6
PBS/C$_{18}$MMT（96.0/4.0）	97	4.3
PBS/C$_{18}$MMT（94.5/5.5）	100	4.5
PBS/ qC$_{16}$SAP（98.5/1.5）	98	3.9
PBS/ qC$_{16}$SAP（94.5/5.5）	98	3.8

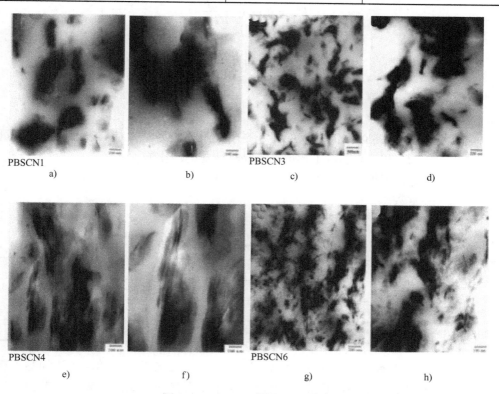

图4-17　PBSCNs 亮场 TEM 照片

PBS/C$_{18}$MMT（98.5/1.5）：a）×100000　b）×200000　PBS/C$_{18}$MMT（96.0/4.0）：c）×40000

d）×100000　PBS/C$_{18}$MMT（94.5/5.5）：e）×100000　f）×200000

PBS/ qC$_{16}$SAP（94.5/5.5）：g）×100000　h）×200000

在一些极端情况中，TEM（图4-17g 和 h）显示，黏土颗粒细小而几乎是均匀地分散于 PBS 基体中，而黏土颗粒既有垂直于试样表面的排列，也有平行于试样表面的排列。从 TEM 中可以清楚地看出，PBS/qC$_{16}$SAP（94.5/5.5）中插层结构的硅酸盐层与堆叠结构共存。插层结构是由平行堆叠表征的，出现了 XRD 反射；而无序黏土的形成呈现没有周期性的堆叠，因而 XRD 上没有反映。因此，根据 XRD 和 TEM，他们得出结论：采用 C$_{18}$MMT 制备的 PBS/OMLS 形成了有序的插层纳米复合材料，其中还有絮凝结构，而且硅酸盐层的絮凝程度随着 OMLS 含量的增加而逐渐增加，但 qC$_{16}$SAP 制备的纳米复合材料要么形成了近乎剥离结构的纳米复合材料，要么是无序的插层结构，具体结构取决于黏土用量。

2. 性能

（1）结晶性能　PBS 的结晶过程被认为是热活化的，因此 Avrami 动力学参数 k 可以用于求得结晶活化能（表 4-8）。k 值可以近似用 Arrhenius 方程求出。

$$k_t^{1/n} = k_0 \exp\left(\frac{-\Delta E}{RT_c}\right)$$

取对数后

$$\left(\frac{1}{n}\right)\ln k_t = \ln k_0 - \frac{\Delta E}{RT_c}$$

式中　k_0——与温度有关的指前常数；

　　　R——气体常数；

　　　ΔE——总的结晶活化能，包括分子链段越过相边界到达结晶表面所需的能量 ΔE_a 和结晶温度下形成临界晶核所需的活化能；

　　　T_c——结晶温度；

　　　n——常数。

作图后，图中直线的斜率即为 ΔE。

表 4-8　PBS 及其纳米复合材料的活化能

试样编号	T_m^0/K	ΔE/（J/mol）	K_g/10^5·K^2	σ_e/（10^9·J^2/m^4）
均聚 PBS	126.1	−165	0.84	8.61
30B20（质量分数为 2.0%）	124.1	−206	0.79	8.20
30BM20（质量分数为 2.0%）	126.0	−171	0.82	8.48

　　结果表明，两种复合材料的 ΔE 都高于 PBS。一般来说，在 PBS 中添加黏土后会产生过异相成核，应该降低 ΔE。然而，纳米复合材料的结晶过程既要考虑成核过程，也要考虑晶体长大过程。将黏土添加到 PBS 中后产生了更大的位垒，因为层状硅酸盐使 PBS 分子链在结晶过程中的运动能力下降，说明要使 PBS 分子链运动需要更多的能量。而 PBS/30B20［C30B 添加量为 2.0%（质量分数），下同］体系是插层结构，因此将 2%（质量分数）的黏土添加到 PBS 后产生的位垒高于添加 30BM20［C30BM 添加量为 2.0%（质量分数），下同］，因为后者为部分剥离结

构；而30B20将PBS分子链限制在了硅酸盐层间，因此PBS/30B20的结晶活化能高于PBS和PBS/30BM20体系（表4-18）。这一结果与半结晶时间一致（表4-9）。

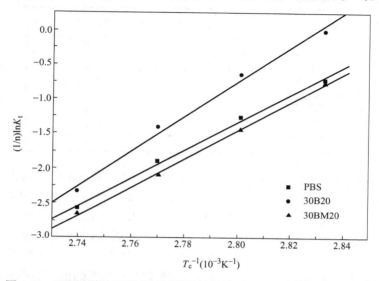

图4-18　PBS及其纳米复合材料等温结晶时（$1/n$）$\ln K_t$与$1/T_c$的关系

表4-9　PBS及其纳米复合材料的半结晶时间

试　　样	n	$K/（1/s^n）$	$t_{1/2}/s$
PBS-80	2.27	1.93×10	106
84	2.63	3.67×10^2	173
88	2.55	8.30×10^3	328
92	3.17	2.88×10^4	638
30B20-80	2.34	9.46×10	61
84	2.65	1.81×10	108
88	2.97	1.52×10^2	220
92	3.12	6.92×10^4	532
30BM20-80	2.25	1.93×10	100
84	2.38	3.09×10^2	182
88	2.26	8.40×10^3	319
92	2.92	3.52×10^4	615

（2）动态力学性能　表4-10给出了不同温度范围内纯PBS和各种PBS/OMLS的G'值。在$-50 \sim -10℃$的温度范围内，PBS/C_{18}MMT（98.5/1.5）、PBS/C_{18}MMT（97.5/2.5）、PBS/C_{18}MMT（96.0/4.0）和PBS/C_{18}MMT（94.5/5.5）的G'增加幅度分别为18%、31%、67%和167%。此外，室温时，PBS/C_{18}MMT（96.0/4.0）和PBS/C_{18}MMT（94.5/5.5）的G'分别增加82%和248%，而PBS/C_{18}MMT（98.5/1.5）、PBS/C_{18}MMT（97.5/2.5）分别增加18.5%和44%。90℃时，只有

PBS/C_{18}MMT (94.5/5.5) 的 G' 有比较明显的增加。

表 4-10　不同温度范围时，纯 PBS 和各种 PBS/OMLS 复合材料的储能模量 G' 值

PBS/OMLS	储能模量 G'/GPa		
	-50℃	25℃	100℃
100/0	1.6	0.26	0.11
PBS/C_{18}MMT (98.5/1.5)	1.88	0.31	0.12
PBS/C_{18}MMT (97.5/2.5)	2.12	0.37	0.15
PBS/C_{18}MMT (96.0/4.0)	2.67	0.47	0.18
PBS/C_{18}MMT (94.5/5.5)	4.27	0.90	0.32
PBS/ qC_{16}SAP (98.5/1.5)	1.94	0.33	0.13
PBS/ qC_{16}SAP (94.5/5.5)	3.25	0.60	0.22

与 C_{18}MMT 制备的 PBS/OMLS 相比，qC_{16}SAP 制备的 PBS/OMLS 的 G' 增幅相对较小。在 -50℃、25℃ 和 90℃ 时，PBS/ qC_{16}SAP (94.5/5.5) 体系的 G' 分别增加 102.5%、128.6% 和 100%，但明显低于 PBS/C_{18}MMT (94.5/5.5) 体系，尽管二者所含的黏土量相当。PBS/C_{18}MMT (94.5/5.54) 的 G' 增幅高于 PBS/ qC_{16}SAP (94.5/5.5) 的原因有二，一是分散于其中的黏土颗粒径厚比很大，另一个原因是其中的插层结构十分有序。应该指出的一点是剥离的硅酸盐层比堆叠的插层结构更柔软。

（3）动态剪切性能　图 4-19 为纯 PBS 及其与两种 OMLS 的纳米复合材料的 G' 和 G'' 主曲线。所有频率下，纳米复合材料的 G' 和 G'' 都随着 OMLS 用量的增加而单调增加，但 PBS/C_{18}MMT 和 PBS/qC_{16}SAP 除外，因为其黏弹性几乎与纯 PBS 的一样。高频时 ($a_T \cdot \omega < 5$)，G' 和 G'' 随着黏土用量的增加其变化并不是很明显，这就是说，随着黏土用量的增加，材料性能逐渐由类液变为类固。

很多学者都对黏土的成核作用进行了研究，但是黏土在插层态与剥离态时的成核作用明显不同，因为聚合物-黏土界面间的自由能不同。Sung Yeon Hwang 等研究了黏土在不同分散态（插层、剥离和部分剥离态）时的成核作用及氨基甲酸乙酯基改性后黏土的成核作用。流变性能表明（图 4-20），在低剪切区，均聚 PBS 和 PBS/30BM 体系有牛顿平台，而且运动黏度随着剪切速率的增加而降低，类似于其他聚合物/黏土纳米复合材料的剪切变稀。而与均聚 PBS 和 PBS/30BM20 [30BM 用量为 2.0%（质量分数）] 体系相比，PBS/30B20 [30B 用量为 2.0%（质量分数）] 体系在低剪切速率区的运动黏度增加幅度更大，而且从零剪切黏度到高剪切速率，剪切变稀下降更大。这表明，黏土（30B）与 PBS 之间的相互作用小，在剪切速率高时，分子链断裂。在剪切作用下，黏土颗粒分散得好能加速 PBS 的分子链取向。尽管低剪切速率时 PBS/30BM20 体系的运动黏度低于 30B20，但是其剪切变稀下降的程度表现出均匀的斜率，类似于所测试的剪切速率范围内的均聚 PBS。这是因为 30BM 与 PBS 分子链之间的相互作用大，氨基甲酸乙酯基对黏土改性后不仅使 PBS/30BM 体系的运动黏度在所有剪切速率范围内都高于 PBS，而且剪切变稀的下降幅度小。三种体系的 Cole-Cole 曲线斜率分别为 1.57、1.38 和 1.46，其中

PBS/30B20 体系的斜率最小，说明这一体系为异相的插层结构，能量被分散用于破坏网络结构。部分剥离的 PBS/30BM20 和 PBS/30B20 两种体系之间的差别源于氨基甲酸乙酯对黏土表面改性后其与 PBS 分子之间强烈的氢键作用。

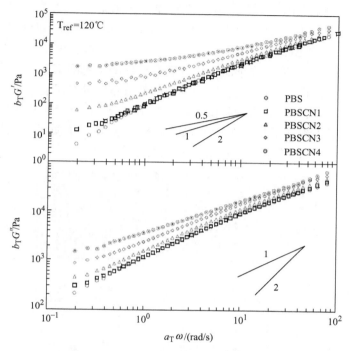

图 4-19　纯 PBS 及其各种纳米复合材料的 G' 和 G'' 主曲线

注：图中 PBSCN1、PBSCN2、PBSCN3、PBSCN4 均为 PBS/C$_{18}$MMT，组成分别为 98.5/1.5、97.5/2.5、96.0/4.0 和 94.5/5.5。

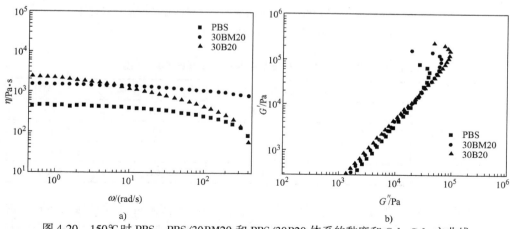

图 4-20　150℃时 PBS、PBS/30BM20 和 PBS/30B20 体系的黏度和 Cole-Cole 主曲线

a）黏度　b）Cole-Cole 曲线

（4）生物降解性　最近，Sinha Ray 等对纯 PBS 及其纳米复合材料在两种不同条件下（堆肥条件和土壤中）的生物降解性进行了研究。图 4-21 为堆肥 35 天后回收试样的实际照片。堆肥为豆渣和有效微生物的混合物。在使用之前，在露天温度下将混合物密封发酵 20 天。测试时，将厚度为 0.3mm ± 0.03mm 的压制样片用一个 35mm 的活动夹夹住，放在混合物中。35 天后，从蒸馏水中收取试样，最后用甲醇在超声浴中清洗 5min。从图 4-21 可以看出，与纯 PBS 相比，纳米复合材料试样的裂纹要多得多，这表明在堆肥中纳米复合材料的生物降解性得到改善。这种碎裂对生物降解来说有很大的益处，因为碎裂的部分很容易与堆肥混合，产生更大表面，微生物进一步侵蚀。碎裂的程度与制备纳米复合材料所用 OMLS 的性质直接相关。Sinha Ray 等还测试了从堆肥中收取的试样的相对分子质量，结果见表 4-11，可以看出，所有试样的相对分子质量下降程度几乎相同。

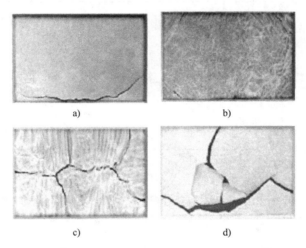

图 4-21　堆肥条件下纯 PBS 和各种纳米复合材料样片的可生物降解性

a）PBS　b）PBS/C_{18}MMT　c）PBS/qC_{18}MMT　d）PBS/qC_{16}SAP

表 4-11　堆肥 35 天后，从堆肥中收取的试样的 GPC 测量结果

试　　样	$M_w \times 10^{-3}/$（g/mol）	$M_n \times 10^{-3}/$（g/mol）	$M_w^0 \times 10^{-3}/$（g/mol）	M_w/M_w^0
PBS	16	3.8	101	0.16
PBS/C_{18}MMT	17	6.6	104	0.16
PBS/qC_{18}MMT	17	4.4	112	0.15
PBS/qC_{16}SAP	8.7	1.2	91	0.1

除了 qC_{16}SAP 制得的纳米复合材料外，其他试样的降解程度没有什么不同。这说明 MMT 或者是烷基铵离子以及其他性能对 PBS 的生物降解性没有影响。qC_{16}SAP存在时，PBS 基体的降解加速，可能是因为其上有烷基磷盐表面活性剂。

Sinha Ray 等还研究了土壤条件下纯 PBS 及其各种纳米复合材料的生物降解性。在测试中，他们使用了厚度为 1mm、每片重 3g ± 0.03g 的压制试样。测试时，他们首先将样片放到网格里，然后将其埋在土壤里（厚约 15cm），分别进行 1 个月、2个月和 6 个月的试验。1 个月和 2 个月后，试样表面没有什么变化；但是 6 个月后，纳米复合材料表面上出现了红色的、黑色的点。图 4-22 为纯 PBS 及其各种纳米复合材料 6 个月后从土壤中收取的照片。据其分析，试样上的这些点是真菌侵蚀的结果，因为将有点的部分放到悬浮液中后，他们看到了真菌清晰的长大过程。上述结果表明纳米复合材料的生物降解性与 PBS 基材一样，甚至更高。

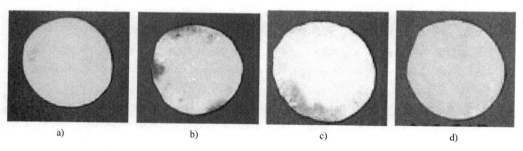

图 4-22　纯 PBS 及其纳米复合材料片在土壤中的生物降解性

a）PBS　b）PBS/C_{18}MMT　c）PBS/qC_{18}MMT　d）PBS/qC_{16}SAP

参 考 文 献

［1］Uesaka T, Nakane K, Maeda S, et al. Structure and physical properties of poly (butylene succinate) /cellulose acetate blends ［J］. Polymer, 2000, 41: 8449-8454.

［2］Fujimaki T. Processability and properties of aliphatic polyester, bionolle, synthesised by polycondenstaion reaction ［J］. Polym Degrad Stab, 1998, 59: 209-214.

［3］Mani R, Bhattacharya M. Properties of injection moulded blends of starch and modified biodegradable polyesters ［J］. Euro Polym J, 2001, 37: 515-526.

［4］陈阳娟. 聚丁二酸丁二醇酯的结晶性质及其阻燃改性的研究 ［D］. 合肥：中国科技大学, 2011, 2-3.

［5］翁云宣. 生物分解塑料与生物基塑料 ［M］. 北京：化学工业出版社, 2010：129, 122, 132-133.

［6］张维, 季君晖, 赵剑, 等. 生物质基聚丁二酸丁二醇酯（PBS）应用研究进展 ［J］. 化工新型材料, 2010, 38 (7): 1-5.

［7］Steinbuchel A, Doi Y. Polyesters Ⅲ—applications and commercial products ［M］. Weinheim, Germany：Wiley-VCH, 2002.

［8］Lee S R, Park H M, Lim H, et al. Microstructure, tensile properties, and biodegradability of aliphatic polyester/clay nanocomposites ［J］. Polymer, 2002, 43: 2495-2500.

［9］ Muller RJ, Witt U, Rantze E, et al. Architecture of biodegradable copolyesters containing aromatic constituents ［J］. Polym Degrad Stabil, 1998, 59: 203-208.

［10］ Kamarudin Bahari, Hiroshi Mitomo, Taro Enjoji, et al. Radiation Crosslinked Poly (butylene succinate) Foam and Its Biodegradation ［J］. Polymer Degradation and Stability, 1998, 62: 551-557.

［11］ 李冠, 戚嵘嵘, 陆佳琦, 等. 聚丁二酸丁二醇酯泡沫材料的制备 ［J］. 工程塑料应用, 2011, 39 (9): 13-16.

［12］ Yasuda T, Takiyama E. Biodegradable poly (butylene succinate): US, Patent 5391644 ［P］. 1995.

［13］ Vincent Ojijo, Suprakas Sinha Ray. Processing strategies in bionanocomposites ［J］. Progress in Polymer Science, 2013, 38: 1543-1589.

［14］ Sinha Ray S, Okamoto K, Maiti P, et al. New poly (butylenessuccinate) /layered silicate nanocomposites. 1: preparation and mechanical properties. Journal of Nanoscience and Nanotechnology ［J］. 2002, 2: 171-176.

［15］ Sinha Ray S, Okamoto K, Okamoto M. Structure-property relationship in biodegradable poly (butylene succinate) /layered silicate nanocomposites ［J］. Macromolecules, 2003, 36: 2355-2367.

［16］ Okamoto K, Sinha Ray S, Okamoto M. New poly (butylene succinate) /layered silicate nanocomposites. Ⅱ. Effect of organically modified layered silicates on structure, properties, melt rheology, and biodegradability ［J］. Journal of Polymer Science Part B: Polymer Physics, 2003, 41: 3160-3172.

［17］ Sinha Ray S, Okamoto K, Okamoto M. Structure and properties of nanocomposites based on poly (butylene succinate) and organically modified montmorillonite ［J］. Journal of Applied Polymer Science, 2006, 102: 777-785.

［18］ Someya Y, Nakazato T, Teramoto N, et al. Thermal and mechanical properties of poly (butylene succinate) nanocomposites with various organo-modified montmorillonites ［J］. Journal of Applied Polymer Science, 2004, 91: 1463-1475.

［19］ Pollet E, Delcourt C, Alexandre M, et al. Transesterification catalysts to improve clay exfoliation in synthetic biodegradable polyester nanocomposites ［J］. European Polymer Journal, 2006, 42: 1330-1341.

［20］ Shih YF, Wang TY, Jeng RJ, et al. Biodegradable nanocomposites based on poly (butylene succinate) /organoclay ［J］. Journal of Polymers and the Environment, 2007, 15: 151-158.

［21］ Shih Y F, Wang T Y, Jeng R J, et al. Cross-linked and uncross-linked biodegradable nanocomposites. I. Nonisothermal crystallization kinetics and gas permeability ［J］. Journal of Applied Polymer Science, 2008, 110: 1068-1079.

［22］ Hwang SY, Yoo ES, Im SS. Effect of the urethane group on treated clay surfaces for high-performance poly (butylene succinate) /montmorillonite nanocomposites ［J］. Polymer Degradation and Stability, 2009, 94: 2163-2169.

［23］ Nikolic M S, Djonlagic J. Synthesis and characterization of biodegradable poly (butylene succinate-co-butylene adipate) s [J]. Polymer Degradation and Stability, 2001, 74: 263-270.

[24] Qiu Z, Zhu S, Yang W. Crystallization kinetics and morphology studies of biodegradable poly (butylene succinate-co-butyleneadipate) /multi-walled carbon nanotubes nanocomposites [J]. Journal of Nanoscience and Nanotechnology, 2009, 9: 4961-4969.

[25] Sinha Ray S, Bousmina M. Poly (butylene sucinate-coadipate) /montmorillonite nanocomposites: effect of organic modifier miscibility on structure, properties, and viscoelasticity [J]. Polymer, 2005, 46: 12430-12439.

[26] Sinha Ray S, Bandyopadhyay J, Bousmina M. Influence of degree of intercalation on the crystal growth kinetics of poly [(butylenesuccinate) -co-adipate] nanocomposites [J]. European Polymer Journal, 2008, 44: 3133-3145.

[27] Lim S T, Lee C H, Choi H J, et al. Solidlike transition of melt intercalated biodegradable polymer/clay nanocomposites [J]. Journal of Polymer Science Part B: Polymer Physics, 2003, 41: 2052-2061.

[28] Sinha Ray S, Bandyopadhyay J, Bousmina M. Thermal and thermomechanical properties of poly [(butylene succinate) -coadipate] nanocomposite [J]. Polymer Degradation and Stability, 2007, 92: 802-812.

[29] Dean KM, Pas SJ, Yu L, et al. Formation of highly oriented biodegradable polybutylene succinate adipate nanocomposites: effects of cation structures on morphology, free volume, and properties. [J] Journal of Applied Polymer Science, 2009, 113: 3716-3724.

[30] Chen G, Yoon JS. Nanocomposites of poly [(butylene succinate) -co- (butylene adipate)] (PBSA) and twice-functionalized organoclay [J]. Polymer International, 2005, 54: 939-945.

[31] Lee C H, Lim S T, Hyun Y H, et al. Fabrication and viscoelastic properties of biodegradable polymer/organophilic clay nanocomposites [J]. Journal of Materials Science Letters, 2003, 22: 53-55.

[32] Lee CH, Kim HB, Lim ST, et al. Biodegradable aliphatic polyester-poly (epichlorohydrin) blend/organoclay nanocomposites: synthesis and rheological characterization [J]. Journal of Materials Science, 2005, 40: 3981-3985.

[33] Eslami H, Grmela M, Bousmina M. Structure build-up at rest in polymer nanocomposites: flow reversal experiments [J]. Journal of Polymer Science Part B: Polymer Physics, 2009, 47: 1728-1741.

[34] Sinha Ray S, Bousmina M, Okamoto K. Structure and properties of nanocomposites based on poly (butylene succinate-co-adipate) and organically modified montmorillonite [J]. Macromol Mater Eng, 2005, 290: 759-768.

[35] Sinha Ray S, Bandyopadhyay J, Bousmina M. Effect of organoclay on the morphology and properties of poly (propylene) /poly [(butylenessuccinate) -co-adipate] blends [J]. Macromol Mater Eng, 2007, 292: 729-747.

[36] Nam PH, Fujimori A, Masuko T. Flocculation characteristics of organo-modified clay particles in poly (l-lactide) /montmorillonite hybrid systems [J]. E-Polymers, 2013, 4 (1): 40-46.

[37] Nam PH, Fujimori A, Masuko T. The dispersion behavior of clay particles in poly (l-lactide) /

organo-modified montmorillonite hybrid systems [J]. J Appl Polym Sci, 2004, 93: 2711-2720.

[38] Choi WM, Kim TW, Park OO, et al. Preparation and characterization of poly (hydroxybutyrate-co-hydroxyvalerate) -organoclay nanocomposites [J]. J Appl Polym Sci, 2003, 90: 525-529.

[39] Lim S T, Hyun Y H, Choi H J, et al. Synthetic biodegradable aliphatic polyester/montmorillonite nanocomposites [J]. Chem Mater, 2002, 14: 1839-1844.

[40] Lim S T, Lee C H, Kim H B, et al. Polymer/organoclay nanocomposites with biodegradable aliphatic polyester and its blends: preparation and characterization [J]. e-Polymers, 2004, 026.

[41] Chen G X, Kim H S, Kim E S, et al. Compatibilization-like effect of reactive organoclay on the poly (l-lactide) /poly (butylene succinate) blends [J]. Polymer, 2005, 46: 11829-11836.

[42] Chen G X, Kim E S, Yoon J S. Poly (butylene succinate) /twice functionalized organoclay nanocomposites: Preparation, characterization, and properties [J]. J Appl Polym Sci, 2005, 98: 1727-1732.

[43] Sinha Ray S, Bousmina M. Crystallization behavior of poly [(butylenessuccinate) -co-adipate] nanocomposite [J]. Macromol Chem Phys, 2006, 207: 1207-1219.

[44] Suprakas Sinha Ray, Mosto Bousmina. Biodegradable polymers and their layered silicate nanocomposites: In greening the 21st century materials world [J]. Progress in Materials Science, 2005, 50: 962-1079.

[45] Nam P H, Maiti P, Okamoto M, et al. A hierarchical structure and properties of intercalated polypropylene/clay nanocomposites [J]. Polymer, 2001, 42: 9633-9640.

[46] Kojima Y, Usuki A, Kawasumi M, et al. Mechanical properties of nylon 6-clay hybrid [J]. J Mater Res, 1993, 8: 1185-1189.

[47] Sung Yeon Hwang, Myong Jo Ham, Seung Soon Im. Influence of clay surface modification with urethane groups on the crystallization behavior of in situ polymerized poly (butylene succinate) nanocomposites [J]. Polymer Degradation and Stability, 2010, 95: 1313-1320.

[48] Perrine Bordes, Eric Pollet, Luc Avérous. Nano-biocomposites: Biodegradable polyester/nanoclay systems [J]. Progress in Polymer Science, 2009, 34: 125-155.

[49] Chen G X, Yoon J S. Non-isothermal crystallization kinetics of poly (butylene succinate) composites with a twice functionalized organoclay [J]. J Polym Sci Polym Phys, 2005, 43: 817-826.

▶▶▶▶▶▶

第 5 章

聚己内酯及其纳米复合材料

5.1 概述

聚己内酯（PCL）是线形聚酯，是 ε-己内酯开环聚合得到的，是一种完全可生物降解的脂肪族聚酯，是不可再生的石油基聚合物。PCL 是 Daicel 化学公司于 1989 年开发的产品，1993 年由美国联碳（Union Carbid）公司实现商业化，商品名为 TONE®。

PCL 是半结晶性的，结晶度在 50% 左右，T_g 和 T_m 都很低，分子链是柔性的，表现为断裂伸长率很高，模量低，极易热塑成型。PCL 的物理性能以及已经商业化应用使其极具吸引力。PCL 不仅可以作为非降解聚合物的替代材料进行大规模应用，而且也可以用做医药和农业等领域的特种材料。

5.2 PCL 的合成与结构

PCL 是线形的脂肪族聚酯，高相对分子质量的 PCL 几乎都是由 ε-己内酯单体开环聚合得到的。PCL 可以由两种方法制备，即采用各种阴离子、阳离子和配位催化剂将 ε-己内酯开环聚合，或将 2-亚甲基-1，3-二氧环庚烷自由基开环聚合而成。常规的聚合方法是用辛酸亚锡催化，在 140~170℃ 下熔融本体聚合。根据聚合条件的不同，聚合物的相对分子质量可从几万到几十万。PCL 的化学结构如图 5-1 所示。

$$\left[\begin{array}{c} O \\ \| \\ C-(CH_2)_5-O \end{array} \right]_n$$

图 5-1 PCL 的化学结构

PCL 的合成方法主要是开环聚合。而根据开环聚合所用催化剂的不同，聚合方法也有些差异，例如有脂肪酶催化、有机金属化合物、稀土化合物、阳离子引发和阴离子引发等催化体系。Uyama 等人于 1993 年首次用脂肪酶荧光假单胞菌作为催化剂在 75℃、反应 10 天条件下合成了大批的 PCL，产率为 92%，所得 PCL 的数均相对分子质量为 7700，多分散性系数为 2.4。脂肪酶如类丝酵母、猪胰脂肪酶等也能作为 PCL 的活性催化剂，其中类丝酵母脂肪酶的催化活性较强，常被用作 PCL 开环聚合的催化剂。

常用的有机金属化合物体系催化剂有辛酸亚锡、钛酸正丁酯、烷基金属、异丙基醇铝等，其中辛酸亚锡是用得最普遍的一种催化剂，因为其具有有效性和多功能性以及可以与内酯溶解在普通的有机试剂中。Yavuz 等人用辛酸亚锡作为催化剂在 120℃下开环聚合 24h 合成了 PCL 的均聚物（图 5-2），数均相对分子质量为 30000～35000，多分散系数为 1.5～1.9。

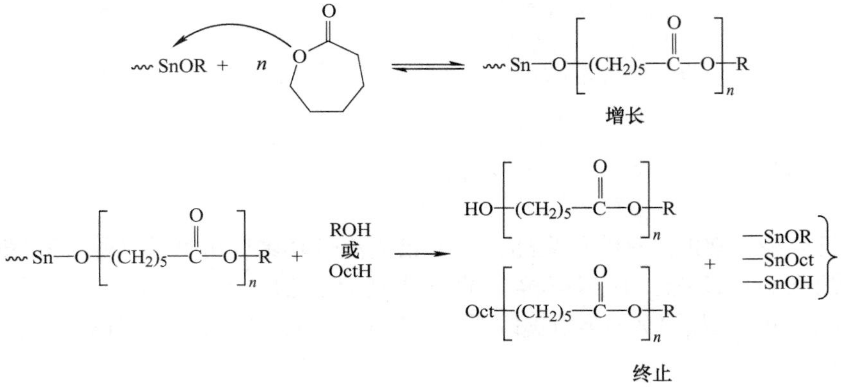

图 5-2 ε-己内酯开环聚合的插入机理

七元环的 ε-己内酯在辛酸锡等催化剂作用下开环聚合 PCL 的反应式如图 5-3 所示。

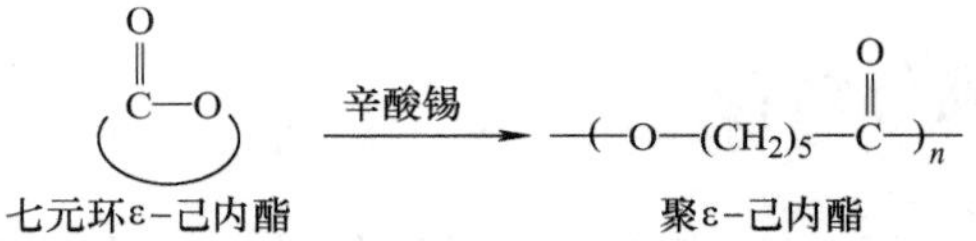

图 5-3 聚（ε-己内酯）的聚合及其化学结构

5.3 PCL 的性能

5.3.1 物理与力学性能

PCL 外观类似中密度聚乙烯，乳白色，具有蜡质感，力学性能也与 PE 相当，拉伸强度为 12～30MPa，断裂伸长率为 300%～600%。其最为突出的是超低 T_g（-62℃）和低 T_m（57℃），分子链是柔性的，表现为断裂伸长率很高，模量低，因此在室温下呈橡胶态。

5.3.2　结晶性能

　　PCL 是半结晶性的聚合物，结晶度在 50% 左右。PCL 具有其他聚酯材料所不具备的一些特征。其分子链的重复结构单元中有 5 个非极性的亚甲基—CH_2—和一个极性酯基—COO—，分子链中的 C—C 键和 C—O 键能够自由旋转，这样的结构使其具有很好的柔韧性和加工性，可以挤出、注塑、纺丝等，也使其可与许多聚合物进行共聚、共混。PCL 分子链以堆砌和折叠方式排列，形成细长的结晶区，为半结晶性的线形聚合物。

5.3.3　热稳定性

　　PCL 还具有很好的热稳定性，分解温度为 350℃，而其他聚酯的分解温度一般为 250℃左右。

5.3.4　化学性能

　　PCL 可溶于四氢呋喃、甲苯、三卤甲烷，微溶于丙酮、乙酸，不溶于水和乙醇。

5.3.5　生物降解性

　　PCL 具有良好的生物降解性，是一种重要的生物降解材料，分解它的微生物广泛地分布于喜气或厌气条件下。从分子结构看，PCL 分子中的酯基—COO—在自然界中易被微生物或酶分解，最终被完全分解成 CO_2 和 H_2O。如相对分子质量为 30000 的 PCL 制品在土壤中一年后即消失。

　　近 30 年的研究表明，PCL 在生理环境中可水解降解，在某些情况下交联的 PCL 可被酶降解，低相对分子质量碎片可被吞噬细胞吞并，在细胞内降解，与聚乙二酸（PGA）和 PLA 有类似的组织反应和吸收代谢过程。

　　Pitt 等在 20 世纪 70 年代末和 80 年代初就证明了 PCL 可以作为长效药物缓释载体，并很有可能应用于避孕药的缓释中。PCL 均聚物的体内和体外降解试验表明，其降解至少要经过两个明显的过程。第一阶段是 PCL 分子链上的羧端基自催化的酯基无规水解，这是个非酶的过程，在这一阶段 PCL 的相对分子质量和化学结构发生了变化，但质量损失并不明显；当相对分子质量下降到 5000 时，第二阶段开始了，链断裂减慢，但低聚物扩散离开 PCL 的本体，因而可以观察到明显的质量损失。

　　由于其分子链比较规整，而且柔顺，结晶性较强，5 个亚甲基的存在使得 PCL 的亲水性较差，不利于主链酯基水解反应的发生，因此降解比 PGA 和 PLA 慢得多。表 5-1 列出了 PCL 与 PLA 共聚物在体内的降解时间。从表中的数据可知，控制共聚物的组成比，可以得到降解时间从 3 个月到 3 年的一系列降解材料。

表 5-1　聚己内酯-聚乳酸共聚物在体内的完全降解速率

组成比（PCL/PLA）	100/0	73/27	67/23	10/90	0/100
完全降解时间/天	875	224	112	84	350

研究表明，初始数均相对分子质量为 50000 的 PCL 需要 3 年的时间才能从体内完全降解，说明 PCL 降解速率确实很低，不易在人体内吸收，致使其在某些领域的应用受到了限制，因此常用多种生物相容性的单体与 ε-己内酯共聚，可以很好地改善 PCL 的亲水性，并降低其结晶度，因而可以提高甚至控制共聚产物的降解速率，以适应不同药物载体在人体内的吸收。但其体外降解实验中，加入脂肪酶可以明显加快 PCL 的降解，如将 PCL 膜放入磷酸缓冲溶液中，通过调节酶的浓度，可以使其膜在几天之内完全降解。

聚合物的尺寸、形状对降解速率也有很大的影响。在其他条件相同的情况下，将 PCL 制成纳米微粒分散在水相中，极大地提高了其比表面积，有利于酶的进攻，从而使 PCL 纳米颗粒的降解速率比 PCL 膜提高了约 3 个数量级。

5.3.6　生物相容性

PCL 具有良好的生物相容性。陈建海等人用自行制备的 PCL 进行细胞毒性实验、全身急性毒性实验、皮内刺激实验以及皮下及肌肉植入实验等，研究其生物相容性与毒理学。结果表明，样品中微量有机溶剂的存在产生极轻微细胞毒性，全身急性毒性实验和皮内刺激实验样品均合格，植入实验中 PCL 在植入两个月内出现异物反应，随后症状减弱，直至消失。上述实验采用了不同引发剂及处理工艺制备的 PCL，实验表明它们具有同样良好的生物相容性。孙磊等人也指出由于 PCL 降解物析出少，能够很快被组织吸收，不会导致长期局部积聚而刺激局部组织产生炎症反应，因而无迟发性、非特异性组织炎症发生。

5.3.7　渗透性

PCL 有着良好的渗透性。其对低相对分子质量药物的渗透性最早是 Pitt 及其合作者在类固醇传输的研究中发现的。在 Pitt 进行研究期间，用于长效缓释有渗透性能的有效混合物的最常用聚合物是硅树胶聚合物。然而，硅树胶植入后不能降解，使用之后需要外科去除，这些因素促使 PCL 成为长效药物缓释的潜在备选物。

5.3.8　形状记忆特性

交联或超高相对分子质量的 PCL 具有形状记忆特性，与聚氨酯等形状记忆聚合物相比，其记忆效应更显著，最大形变率为 800%～900%（聚氨酯的最大形变率为 400%），可恢复形变量大，感应温度低，形变恢复温度在 55℃ 左右，可以应用于人体等低温场合，易于加工，价格低，已得到广泛重视和迅速发展。

5.4 PCL 的加工

PCL 分子链的结构使其具有很好的柔韧性和加工性能，可以挤出、注塑、纺丝等。也使其可与许多聚合物进行共聚、共混。

PCL 是一种具有生物相容性、生物降解的脂肪族聚酯，可以被生命有机体吸收，且其无毒，因此采用超临界 CO_2 对其进行发泡，制备微孔结构的 PCL 泡沫，可用于医药行业的引导组织再生和细胞移植，同时也可广泛用于包装等领域。

超临界 CO_2 作为许多工艺使用的一种环境友好型溶剂已引起人们广泛关注，其优势在于价格低、不易燃。临界态的 CO_2 在许多聚合物中的溶解度和扩散性都显著提高，有利于聚合物的塑化，实现低温成型。利用超临界 CO_2 在平衡态时压力突降导致过饱和会诱发成核作用，可制备微孔泡沫塑料。用超临界流体发泡，泡孔密度可从 10^9 个泡孔/cm^3 增加到 10^{15} 个泡孔/cm^3。理想的微孔泡沫是平均泡孔尺寸为 $10\mu m$ 左右、泡孔密度高达 10^9 个泡孔/cm^3 的泡沫。微孔泡沫中的泡孔小，大量泡孔能够减少材料消耗，提高材料的性能，尤其是冲击性能。

Di Maio 等将 PCL 在 5.5MPa、70℃下用 CO_2 饱和，在 35℃的温度下以极低的压力降速率发泡，所得发泡 PCL 试样的 SEM 如图 5-4 所示。在上述实验条件下所得到的泡沫极其粗糙，平均泡孔尺寸为 0.5mm，密度为 0.05g/cm^3。

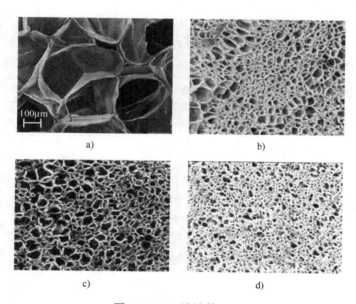

图 5-4 PCL 泡沫的 SEM

a）发泡剂 CO_2，发泡温度 35℃，压力降速率 1.0MPa/s b）发泡剂 CO_2，发泡温度 35℃，压力降速率 3.0MPa/s
c）发泡剂 N_2，发泡温度 43.3℃ d）发泡剂为体积分数为 80/20 的 N_2 和 CO_2 混合物，发泡温度 43.3℃

Mohammad 等采用超临界 CO_2 在压力下降时在 7.8~20MPa 的压力范围内、在 25~50℃的温度范围内制得了泡孔直径在 10~1500μm 的 PCL 泡沫。改变初始发泡温度、CO_2 初始压力和压力降速率原则上可以制备出具有一定泡孔尺寸分布的泡沫。压力降速率高时，泡孔尺寸分布相对较窄，最大达 450μm，最多的是 180μm；压力降速率低时，初始发泡温度决定了最终的泡孔尺寸分布宽度；温度高时，泡孔尺寸分布宽（50℃时，最大泡孔达 1500μm），而且没有清晰的峰值。

5.5 PCL/层状硅酸盐纳米复合材料

PCL 是一种半结晶的线形脂肪族聚酯，因为其具有生物相容性和生物降解性，在药物可控释放、食品包装和组织工程等领域应用潜力巨大。其主要缺点是 T_m 低（65℃）、结晶慢、力学性能低、气体阻透性差（对水蒸气、O_2 及其他气体等）等，这在一定程度上限制了其应用。有多种方法可对 PCL 进行改性，如将其与其他聚合物共混或者将其辐射交联都能提高其性能，扩大其应用范围。但为了在改性的同时保持其良好的生物降解性能，人们进行了各种尝试，一种方法是将不同纳米颗粒加入 PCL 基体中，比较重要的纳米颗粒有黏土、CNTs、石墨和二氧化硅等，其所制备的 PCL/OMLS 纳米复合材料的力学性能等都好于 PCL。

5.5.1 制备方法

应用溶液流延、原位聚合和熔融共混法都不同程度地成功制备了 PCL/黏土纳米复合材料。此外，许多研究还探索并报道了两步法工艺，如母料法。重要的 PCL/黏土纳米复合材料制备工艺、所用黏土种类和复合材料的最终结构见表 5-2。

表 5-2　重要的 PCL/黏土纳米复合材料制备工艺、所用黏土种类和复合材料的最终结构

制 备 方 法	PCL/溶剂/催化剂	黏　土	结　构
溶液流延	PCL/三氯甲烷	OMLS	稍微插层
	PCL/DMF	MMT-Na$^+$	堆叠插层
	PCL/二氯甲烷	C30B	插层-剥离
	PCL/DMF/二氯甲烷	C30B	插层-剥离
溶液流延/静电纺丝	PCL/二氯甲烷	C25A	稍微插层
原位插层	PCL	氟锂蒙脱石-C$_r^{+3}$	插层
		MMT/（-COOH）12-十二烷基酸铵	剥离
		MMT-Na$^+$	插层
	PCL/二丁基（Ⅳ）二甲氧基锡烷	C30B	剥离
		C25A	插层
		MMT-COOH（Nanofil$^®$820）	插层

（续）

制 备 方 法	PCL/溶剂/催化剂	黏　　土	结　　构
原位插层	PCL/辛酸亚锡	MMT/OH（N，N-二乙基-N-3-羟丙基十八烷基溴化铵	剥离
		MMT-Na$^+$	插层
		C30B	剥离
		MMT-COOH（Nanofil$^®$820）	插层
		C25A	插层
		MMT-OH/Me（单羟基-官能团化铵和非官能团化铵离子混合物）	剥离（-OH > 50%）；插层（-OH < 50%）
		C30B-叠氮化物改性	剥离
	PCL/三乙基铝	C30B	剥离
		MMT-OH$_x$	插层/剥离
熔融插层	PCL	MMT-Na$^+$	微米复合材料
		C30B	插层/剥离
		C25A	插层/剥离
		C93A	部分插层
		MMT-COOH（Nanofil$^®$820）	微米复合材料
		C20A	剥离
		C10A	插层
		OMMT（三甲基十八烷基铵离子）	插层/剥离
母料	PCL/二丁基二甲氧基锡烷	C30B	插层

1. 原位插层聚合

1993 年，Messersmith 和 Giannelis 首次报道了原位插层聚合制备 PCL/黏土纳米复合材料。他们曾经使用层状硅酸盐聚合 ε-己内酯，表明内酯单体开环聚合可以由层状硅酸盐催化完成。在此研究鼓励下，他们研究了 ε-己内酯在氟锂蒙脱石-Cr^{3+}（一种云母型层状硅酸盐）层间的插层和聚合。开始时要掌握的最重要一点是黏土内层离子的种类。尽管那时他们还不知道引发的确切机理，但使用 Cu^{2+}、Co^{2+} 和 Na$^+$ 交换的氟锂蒙脱石或 MMT 时，他们没有发现任何聚合作用。不过，他们提出了一种可能的解释，即水中的酸质子与内层 Cr^{3+} 离子可以引发酰基—氨基键断裂。随后，他们采用 MMT 的质子化氨基酸衍生物促进层剥离/分散并引发 ε-己内酯单体开环聚合，使 PCL 分子链离子化地缚到硅酸盐层上。分子内引发是对内酯羟基亲核攻击的结果，导致新端基的开环和形成。随后链增长，端羟基对剩余内酯单体进行相同的亲核攻击。他们用 Cr^{3+} 交换含氟锂蒙脱石（Cr^{3+} FH）合成纳米复合材料。典型的合成工艺如下：首先将 0.1g 的 Cr^{3+} FH 和 1g 己内酯在 25℃下搅拌 12h 之后在 100℃ 下再加热 48h，冷却到室温后反应混合物冷却。复合材料中未插层 PCL 的部分溶于丙酮中在 3000r/min 的速度下离心 2min 得到回收。制备过程如图 5-5 所示。

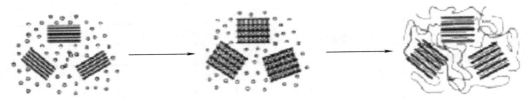

图 5-5　PCL/OMLS 纳米复合材料制备过程示意图

Dubois 与其同事尝试用烷氧基化合物控制 ε-己内酯聚合。烷氧基化合物由金属催化剂（如辛酸亚锡）与酒精反应预聚（如异丙醇铝）或形成"原位"，目的是观察 MMT 能否引发 ε-己内酯控制聚合。MMT 由烷基铵离子改性。在第一个例子中，MMT 用 N，N-二乙基-N-3-羟丙基十八烷基溴化铵改性，产生—OH 官能团。这些羟基官能团在使用辛酸亚锡时能引发 ε-己内酯聚合。根据黏土用量和相应的—OH 基团，ε-己内酯的聚合可以产生的 PCL 平均相对分子质量（M_n）有多种。经固定到硅酸盐内表面的羟基引发后，PCL 分子链被束缚到 MMT 层片上，除了产生一定 M_n 的 PCL 外，还必须能够剥离纳米黏土，每个羟基都形成一个 PCL 分子链。因此，黏土用量越高，PCL 分子链越大，M_n 也就越小。XRD 表明，在 $2\theta = 1° \sim 9°$ 的范围内，没有特征峰［黏土用量不到 10%（质量分数），$M_n > 12200$］，明显剥离。TEM 也证实了这一结果。有—OH 官能团的黏土 C30B 在 PCL 基体中剥离。然而，用 C25A 黏土（N，N，N，N-二甲基十二烷基十八烷基铵 MMT，无羟基官能团）和丁基锡二甲基氧化物聚合 ε-己内酯时，只有插层结构，没有剥离结构。令人惊奇的是，MMT-Na^+ 黏土与 ε-己内酯聚合也可得到插层结构，这可能是聚合物分子链能够替代水合可交换离子层间吸收力弱的水分子所致。

Mehmet 采用铜催化的叠氮化合物和炔的环加成（CuAAC）"点击"反应，用炔丙醇作引发剂，将 ε-己内酯开环聚合，制备炔官能团化 PCL，随后将得到的聚合物通过 CuAAC "点击"反应固定到炔改性黏土层上。工艺过程如下：首先是通过 ε-己内酯开环聚合作用，用锡（Ⅱ）2-乙基-己酸盐作催化剂，炔丙醇作引发剂，合成炔官能团化 PCL。随后，将 C30B 的羟基转化成叠氮化合物，制备叠氮官能团化 MMT。最后，利用叠氮化合物和炔之间的 CuAAC 反应将 alkyne-PCL 附着到MMT 表面，并进入内层，如图 5-6 所示。当黏土用量小于 5%（质量分数）时，得到的纳米复合材料近乎剥离，插层 MMT 轻微堆叠，XRD 和 TEM 结果清楚地证明了这一点。

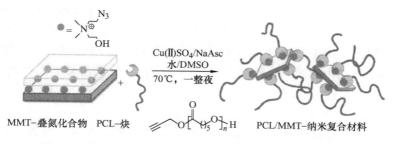

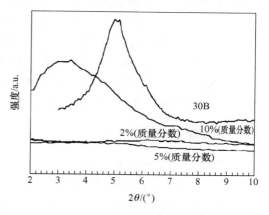

图 5-6　利用 CuAAC 点击反应制备 PCL/MMT 纳米复合材料

2. 熔融插层

熔融插层技术已用来制备 PCL/黏土纳米复合材料，得到的大部分为插层或插层与剥离共存结构。未改性黏土得到的是传统微米复合材料，而有机黏土得到的是插层好（如 C30B）的剥离结构。很明显，这是黏土和 PCL 改性的有机亲水表面改性剂之间的良好作用所致。

Di 等人通过熔融插层法制备出剥离的 PCL/C30B 纳米复合材料，其中黏土用量（质量分数）为 2%~5%。他们是在 Haake 同向旋转双螺杆挤出机上制备纳米复合材料的，工艺如下：双螺杆挤出机温度设在 100~180℃ 之间，螺杆转速在 100r/min，停留时间 12min。图 5-7 给出了他们制备的 OMLS 及 PCL/OMLS 纳米复合材料的 XRD 谱图，清楚地表明，硅酸盐在 PCL 基体中的剥离与 OMLS 的种类、含量和加工温度有直接的关系。黏土表面上的有机活性剂和 PCL 基体分子间强烈的相互作用有利于剥离。低温加工时应力高于高温时，这有利于 OMLS 的剥离，从而使其很好地分散在 PCL 基体中。OMLS 含量高时需要更长的加工时间才能得到剥离结构。PCL/C30B 复合材料的 XRD 峰完全不存在，极有可能是稀释效果造成剥离程度较高。然而，PCL/C93A 复合材料只得到微米插层结构。据其介绍，这一结

图 5-7　C30B 及 PCL/30B 纳米复合材料的 XRD 谱图

果反映了 C30B 有机改性剂内的羟基和 PCL 中的羧基之间的相互作用大于 C93A 与 PCL 分子之间改性剂非极性基之间的作用。这一结果也可能说明在 PCL/C30B 混合过程中随着转矩作用时间的增加，分子间相互作用力也加大，而 PCL/C93A 的作用力却保持不变。他们还发现混合时间和温度对 PCL/C30B 纳米复合材料的最终结构也有影响。

由于黏土在 PCL 基体中的分散效果相对较差，人们又探索出一种综合方法，即母料法。就是将原位 ε-己内酯聚合与通过熔融插层使材料重新分布这两种方法结合起来。但两步法工艺未必能改善黏土剥离程度。与单纯熔融共混相比，Gain 等人发现通过 ε-己内酯的原位插层聚合，再与高相对分子质量 PCL 熔融共混并没有改善黏土的分散性。

3. 溶液流延

溶液流延法很少用于制备 PCL/黏土纳米复合材料。不过，最近，Wu 等人采用溶液流延法将 MMT-Na$^+$ 分散于 PCL 基体中，效果较好。其制备过程如下：在被 N, N-二甲基甲酰胺（DMF）溶剂稀释之前将黏土预分散于蒸馏水中，然后将含水混合物加入 PCL/DMF 溶液中，流延之前将其超声处理。在得到的纳米复合材料中，XRD 在 $2\theta = 1° \sim 10°$ 内没有发现任何峰。TEM 也表明黏土在 PCL 基体中分散较好，小的堆叠接近 8 层。然而，对 PCL/黏土纳米复合材料进行溶液流延研究相对较少，主要原因是 ε-己内酯极易原位聚合。

与其他生物纳米复合材料一样，PCL/黏土纳米复合材料的制备不但取决于黏土改性剂种类，还取决于制备方法和工艺参数。Pantoustier 等人研究了制备方法对纳米复合材料结构的影响。他们采用熔融共混法制备了 PCL/黏土纳米复合材料，黏土是 C30B（有—OH 官能团）和另一种 OMLS（有—COOH 官能团）（Nanofil$^®$820）。结果表明 PCL/C30B 复合材料呈现近乎剥离结构，与含有—COOH 官能团的传统黏土复合材料结构不同。尽管将 PCL 熔融插入含有—COOH 官能团的黏土中失败了，但原位插层法成功了。官能团的种类及其在改性剂上的位置对制备纳米复合材料有很大影响。

总之，优化制备方法可以得到近乎剥离结构的 PCL/黏土纳米复合材料。很显然，原位插层法比熔融插层法分散得好。但是，熔融插层法最适合工业化制备，应该深入研究。熔融插层技术的进一步发展是母料法，就是通过原位聚合法将黏土预分散于 PCL 基体中，然后再熔融共混。

5.5.2 微观结构

1. 原位插层法制得的体系

Messersmith 和 Giannelis 制备的 PCL/OMLS 纳米复合材料的 XRD 证实了己内酯单体插层硅酸盐的层间距从 1.28nm 增加到 1.46nm，发现聚合之前的层间距 d_{001} 与垂直于硅酸盐层的己内酯环的取向一致。聚合之后纳米复合材料的 XRD 表明层间距从 1.46nm 减小到 1.37nm，如图 5-8 所示。层间距的减小与己内酯单体聚合所致的尺寸变化一致。单体中内酯环的打开得到完全塌陷的层片在 XRD 中对应的是层间距减小。XRD 上看到的层间距 1.37nm，还与硅酸盐（0.96nm）的累计厚度和 PCL 结晶结构中链间距（0.4nm）有关。用溶剂反复洗涤 PCL 并不改变硅酸盐的层间距，表明插层的 PCL 与硅酸盐表面之间的相互作用强烈，而且 PCL 的插层不可逆。PCL/OMLS 纳米复合材料最为重要的制备步骤就是将 OMLS 分散在有机单体中，然后将单体聚合。图 5-9 显示出了己内酯（CL）、PCL 和 PCLC2 [含有 2%（质量分数）OMLS 的纳米复合材料] 的 ^{1}H NMR 谱图。相应的化学位移清楚地表明 CL 转变成 PCL。认为 CL 完全转变成 PCL，是因为复合材料 NMR 谱图中没有检测到残存的 CL。PCLC2 的 XRD 谱图峰变宽可能是 PCL 分子链强烈黏附于硅酸盐层，产生了一定的类固性行为。

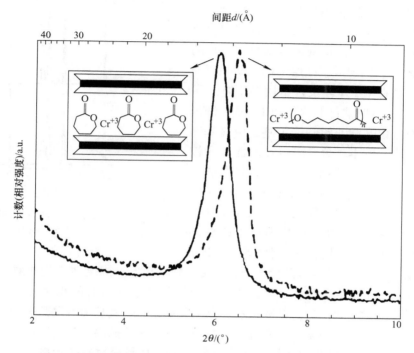

图 5-8 复合材料聚合前（实线）和聚合后（虚线）的 XRD 谱图

$$1Å = 10^{-8}cm$$

注：内插图是合成过程示意图（未按比例尺画图），分别为插层的单体（左）和插层的聚合物（右）。

在聚合物中剥离和分散硅酸盐层的能力与很多因素有关，包括层状硅酸盐的交换能力、介质的极性和层间阳离子的化学性质等。Messersmith 等做了一系列实验，研究了多种 OMLS，结果表明，表面活性剂的极性与 CL 单体极性键的匹配对得到好的分散尤为重要。但是利用氨基月桂酸的质子形式时，OMLS 剥离成单一的层片。聚合之后保持分散，各个层片最终分散在聚合物基体中。

Pantoustier 等也采用原位插层聚合法制备了 PCL 基纳米复合材料，并分别对未改性的 MMT 和 ω-氨基月桂酸改性的 MMT 所制备的纳米复合材料性能进行了研究。将 CL 与未改性的 MMT 聚合得到的 PCL 的摩尔质量为 4800g/mol，而且分布窄。为了进行对比，他们还不用 MMT 进行了同样的实验，但是发现没有 CL 聚合。上述结果表明了 MMT 对 CL 聚合的催化和控制作用至少使 PCL 的相对分子质量分布很窄。至于聚合机理，他们认为 CL 通过与黏土表面上的酸点反应而被激活。利用引发剂壁上的 Al 路易斯酸和 Bronsted 酸性官能团甲硅烷醇的协同作用聚合可能通过激活的单体进行。另外，CL 与质子化的 ω-氨基月桂酸改性的 MMT 聚合得到的摩尔质量为 7800g/mol 的 PCL 的转化率达 92%，而且其相对分子质量分布也很窄。这两种纳米复合材料的 XRD 谱图都表明形成了插层结构。同一研究小组还通过在 CL 开环聚合中用二丁基二甲氧基锡作引发剂/催化剂制备 PCL/MMT 纳米复合材料。由辛酸亚锡和二丁基二甲氧基锡引发的己内酯的本体聚合可以在改性（含铵离子的二甲基-2-乙基己基）或未改性蒙脱土存在的条件下进行，纳米黏土用量为 1% ~ 10%（质量分数）。在复配未改性 MMT 时，其插层结构不同于由含羟基阳离子改性的 MMT 表面的片层结构，在这种情况下 PCL

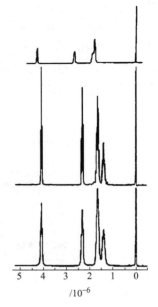

图 5-9　CL（上）、PCL（中）和 PCLC2（下）的 ^{1}H NMR 谱图（氚代氯仿溶液）

分子链从 MMT 表面的羟基开始生长，并接枝到黏土上。接枝 PCL 的相对分子质量可以由单体和分散黏土的比例进行控制，但是侧键接枝 PCL 的相对分子质量的分散性却较高。黏土表面的羟基和三乙基铝反应生成的烷氧基铝引发己内酯的聚合则可以得到低相对分子质量分布侧键接枝的聚合物。这种插层工艺可以用于制备高黏土含量的 PCL/黏土纳米复合材料［一般为 25%（质量分数）或者更高］。

2. 熔融插层法制得的体系

熔融插层法制得的 PCL/Cloisite Na$^+$ 纳米复合材料的小角 X 射线衍射曲线上未显示出任何衍射峰，这表明未改性的天然层状黏土没有发生插层效应。但是 PCL/Cloisite 30B、PCL/Cloisite 20A 和 PCL/NMA-2 纳米复合材料的衍射曲线在不同的 2θ 角（2.6°、2.9°和 3.7°，见表 5-3）上分别显示出相应的衍射峰（图 5-10），这表明改性的层状硅酸盐在聚合物中被插层。

表 5-3　黏土及其 PCL/OMLS 纳米复合材料中层状黏土的层间距（d_{001}）比较

黏土种类 \ 层间距 \ 黏土类型	Cloisite 20A/Å	Cloisite 30B/Å	NMA-2/Å	Cloisite Na$^+$/Å
原始黏土	28.47	18.58	15.22	12.1*
PCL/黏土	33.94	30.96	24.18	—

注：1Å = 10^{-8}cm。

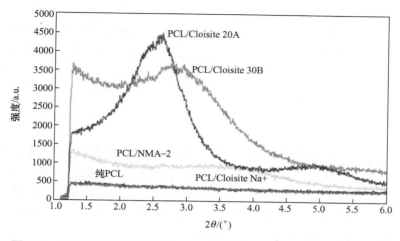

图5-10　PCL/不同类型黏土〔5%（质量分数）〕复合材料的 SAXS 曲线

图 5-11a 显示 PCL/Cloisite Na[+]形成一种传统的微米复合材料，黏土在其中形成聚集体，而不是纳米尺寸分布。图 5-11b、c 和 d 显示 PCL 和 Cloisite 20A、Cloisite 30B 和 NMA-2 形成了纳米结构复合材料，其中有剥离的黏土层片，部分是黏土层片的叠层物。与 PCL/ Cloisite 20A 和 PCL/Cloisite 30B 相比，PCL/NMA-2 有更多独立层片，这与 SAXS 测定结果中所观察到的宽衍射峰相符。可以得出结论，用伯烷基铵盐改性的黏土 NMA-2 更适合于与 PCL 形成较为完全的剥离型纳米结构复合材料。

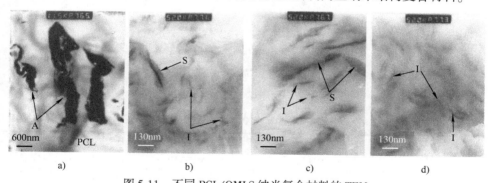

图5-11　不同 PCL/OMLS 纳米复合材料的 TEM

a）PCL/Cloisite Na[+]　b）PCL/Cloisite 30B　c）PCL/Cloisite 20A　d）PCL/NMA-2

A—聚集体　I—层片　S—叠层物

3. 溶液流延法制得的体系

人们还通过将 PCL 溶解在 OMLS 的氯仿溶液中制备 PCL/黏土纳米复合材料。SAXS 和 XRD 结果表明，形成黏土的硅酸盐层片不能独立地分散于 PCL 中，换句话说，也就是硅酸盐层是以层片的形式存在的，每个层片中含有数个堆叠的硅酸盐层。这决定了复合材料中特殊几何结构的形成，进而在复合材料薄膜的厚度上形成超结构。

　　总之，不论采用原位聚合法、溶剂插层法还是熔融插层法，在适合的工艺条件下，采用适宜的 CL 单体、PCL 及表面经适宜有机改性剂处理的黏土都能得到插层和/或插层与剥离共存结构的 PCL/OMLS 纳米复合材料。

5.5.3　性能

1. 力学性能

　　图 5-12 为不同黏土及其用量对 PCL/OMLS 纳米复合材料拉伸模量的影响。添加 OMLS 后 PCL/OMLS 纳米复合材料的模量有大幅度的提高，但是未改性黏土制备的微米复合材料的模量基本上与黏土用量无关，至少在所研究的黏土用量范围内。表 5-4 给出了 3 种不同黏土在不同用量时制备的 PCL/OMLS 复合材料的 Izod 冲击强度，基本上随着黏土用量的增加而降低。

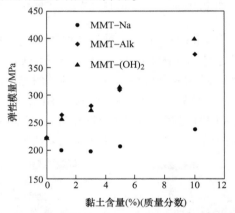

图 5-12　PCL/MMT-Na、PCL/MMT-Alk 和 PCL/MMT-（OH）$_2$
复合材料的弹性模量与黏土用量间的关系

表 5-4　PCL/MMT-Na、PCL/MMT-Alk 和 PCL/MMT-（OH）$_2$复合材料的 Izod 冲击强度

黏土用量（质量分数,%）	Izod 冲击强度/（J/m）		
	MMT-Na	MMT-Alk	MMT-（OH）$_2$
1	33	28	33
3	22	22	18
5	19	15	13
10	15	16	13

2. 动态力学性能

　　图 5-13 为溶剂流延法制备的 PCL/OMLS 纳米复合材料的 E'、E'' 和 $\tan\delta$ 与温度之间的关系。可以看出，所有复合材料的 E' 都随着温度的增加而降低，在 -60℃ 出现了一个转变；而且 PCL/OMLS 复合材料的 E' 远高于纯 PCL。此外，$\tan\delta$ 曲线

在 −54℃ 时出现了最大值,对应于 PCL 的 T_g,这类似于结晶淬冷 PCL。

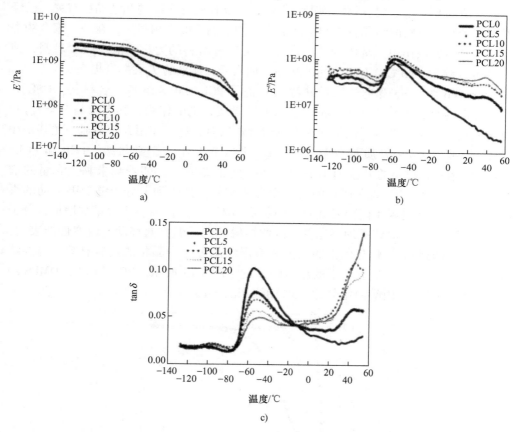

图 5-13　纯 PCL 及其黏土纳米复合材料的动态力学性能

a) E'　b) E''　c) $\tan\delta$

90℃时,PLC/Cloisite 30B 复合材料的储能模量 G' 与黏土用量的关系如图 5-14 所示。

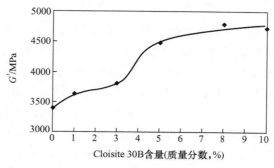

图 5-14　90℃时 PCL/Cloisite 30B 复合材料的储能模量 G' 与黏土用量的关系

3. 熔融行为与结晶性能

众所周知，结晶聚合物的物理力学性能与晶体的形态结构和结晶度有关。已经发现纳米复合材料的结晶行为和结晶形态结构受黏土的影响很大，在一些聚合物中发现了异相成核作用。基体的结晶度和 T_g 决定着材料的力学性能。DSC 表明，纯 PCL 的 T_g 约为 $-65℃$。有机改性纳米黏土加入后，体系的 T_g 大幅度提高。

Ernesto Di Maio 等通过熔融共混法制备了 PCL/OMLS 纳米复合材料。DSC 表明，分散的有机改性纳米黏土起到了 PCL 结晶成核剂的作用，其半结晶时间 $t_{1/2}$ 的显著缩短证实了这一点。但是在纳米黏土含量低时，这一作用并不明显，尤其是在 OMLS 用量为 0.4%（质量分数）时，$t_{1/2}$ 比纯 PCL 小一个数量级。PCL 和 PCL/OMLS 纳米复合材料的升温 DSC 曲线表明，等温结晶后，随着纳米黏土含量的增加，材料的 T_m 降低，说明晶体的完善程度和结晶度都受到了分子链受限运动的影响，因为分子链受限不能使发展完好的层状晶体长大。随着黏土含量的增加，分子链受限程度加大，晶体更加不完善，因此熔融峰向低温方向移动。流变性能表明，G' 和 G'' 随着时间的变化与黏土的用量和等温结晶过程中晶相的发展有关。等温结晶过程中纯 PCL 在不同温度下的相对结晶度如图 5-15 所示。PCL 和 PCL/OMLS 纳米复合材料在 45℃时等温结晶的 DSC 曲线如图 5-16 所示。

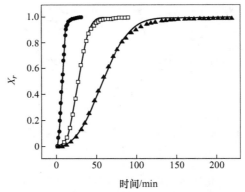

图 5-15　等温结晶过程中纯 PCL 在不同温度下的相对结晶度
●—40℃　□—43℃　▲—45℃

研究表明，PCL 难以插层到未改性的 MMT 层片间，因为大多数聚合物都是疏水的。此外，MMT 层间是由堆叠在一起的铝氧土和硅酸盐组成，产生的是负电荷层，所以，如果 MMT 没有经过表面改性，将 PCL 插入到 MMT 层间并不容易。

从表 5-5 可以看出，与 Ernesto Di Maio 的结果不同，所有体系的 T_m 都是升高的。在黏土含量为 5% ～ 10%（质量分数）时，纯 PCL 的 T_m 从 56.3℃提高到 59.2℃。但是在一些研究中，PCL/OMLS 体系的 T_m 并没有大的变化。因此，可以认为熔融行为对弹性模量并没有影响。在黏土含量为 5% ～ 7.5%（质量分数）时，熔融熵 ΔH_m 下降得并不大，但是在黏土含量增加到 10%（质量分数）时，下降很

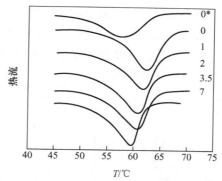

图5-16 PCL 和 PCL/OMLS 纳米复合材料在45℃时等温结晶的 DSC 曲线

注：曲线上的数字为纳米黏土含量（质量分数,%）。

大。纯 PCL 的放热峰（结晶峰 T_c）在28.7℃，T_c 随着黏土含量的增加而逐渐升高，在黏土含量为10%（质量分数）时，PCL/OMLS 纳米复合材料的 T_c 升高到32.3℃。熔随着黏土含量的增加而线性下降。将纳米黏土添加到 PCL 后结晶度有少许下降，但趋势并不明显。结晶度从纯 PCL 的41%下降到 PCL/Cloisite® 30B（10%）纳米复合材料的34%。总的来说，Cloisite® 30B 起到了 PCL 基体的有效成核剂的作用，提高了其结晶速率。

表5-5 纯 PCL 及其纳米复合材料薄膜的熔融与结晶参数

PLA/Cloisite®30B	T_m/℃	ΔH_m/（J/g）	T_c/℃	ΔH_c/（J/g）	X_c（%）	T_g/℃
100/0	56.3	56.9	28.7	60.7	41.1	-64.9
95/5	57.0	53.9	29.9	56.8	39.2	-64.4
92.5/7.5	58.4	54.5	31.0	53.2	39.1	-63.2
90/10	59.2	46.7	32.3	49.8	34.3	-63.6

4. 流变性能

纳米复合材料的流变性能对加工和应用都很重要，因为其与纳米复合材料中黏土的分散状态、长径比和取向以及纳米黏土与聚合物分子链之间的相互作用有关。此外，流变性能研究还能给出黏土对聚合物分子链的限制作用以及黏土层片的渗透或絮凝结构。总的来说，纳米复合材料呈现的主要是类固性能，这与纳米黏土的物理缠结有关。

（1）PCL/OMLS 体系 Hans E. Miltner 等采用类等温结晶方法证实，在 DSM Xplore 微型双转子混炼机中于130℃下熔融混合制备的 PCL/OMLS 纳米复合材料只有在纳米层状硅酸盐最大限度地分散于 PCL 中时其流变性能和力学性能才有明显的变化。尽管动态流变性能测试结果（图5-17）表明在 C30B 含量很低的0.5%（质量分数）时就已经出现了几何级增长的互穿网络，但是并没有排除大量插层硅酸盐纳米黏土的存在。随着纳米黏土含量的增加，纳米层片对纳米黏土对互穿网络的贡献甚至使团聚体对互穿网络的贡献都增加。但是，动态流变测试确定不同 PCL/层状硅酸盐纳米复合材料的类固性能，不能直接给出不同有机改性剂改性的层状硅酸盐的剥离态间的定量比较，即使所有体系中所用的聚合物基体相同、硅酸盐黏土用量保持不变、制备工艺条件相同。

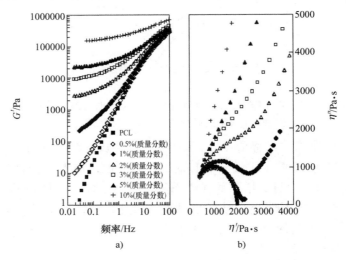

图 5-17　PCL/C30B 纳米复合材料的动态流变曲线

a）剪切模量与频率间的关系　b）Cole-Cole 曲线

从图 5-18 可以看出，G' 和 G'' 都随着频率的增加而增加，而且 G' 还随着 Cloisite[®] 30B 用量的增加而增加（图 5-18a），这表明 Cloisite[®] 30B 与 PCL 之间有良好的相互作用。动态模量的增加源于低频时时间长得足够将分子链解缠，缓慢松弛。大幅度的松弛会降低 G' 和 G''。但是分子链在高频下形变时，缠结在一起的分子链没有时间再取向，这会进一步增加模量。与预期的一样，高频时，Cloisite[®] 30B 的含量并没有直接提高损耗模量（图 5-18b），这说明 Cloisite[®] 30B 对 G' 的作用大于 G''。从图 5-18c 可以看出，低频（0.1～1Hz）时，复数黏度随着黏土用量的增加而增加，这可能是 PCL 与 Cloisite[®] 30B 之间的作用力大所致，而在高频时（1～10Hz），出现偏离。低频时，Cloisite[®] 30B 含量在 7.5%（质量分数）及以上时，$\eta*$ 曲线的斜率很大，PCL/Cloisite[®] 30B 纳米复合材料表现出强烈的剪切变稀行为，这可能是 PCL 基体中分散的 Cloisite[®] 30B 颗粒的团聚所致。

研究业已明确，含有层状硅酸盐的纳米复合材料在动态流变的低频区表现出类固性能，这归因于黏土颗粒形成的互穿网络抑制了分子链松弛，也称为纸牌屋效应。从图 5-18a 可以清楚看出，随着 C30B 用量的增加，类液末端行为出现了偏离，证明形成了分散良好的纳米黏土互穿网络。在损耗剪切模量中也有类似的行为，而低频时的相位角证实了弹性行为，这在图 5-18b 中可以清楚看出。而在 Cole-Cole 图中也测得了几何级增长的互穿网络，出现了硬尾，即将复数黏度的虚部与实部作图时在弧形曲线上出现了偏离。要指出的是，在 C30B 含量很低的 0.5%（质量分数）时就已经出现了几何级增长的互穿网络，证实在所选定的熔融加工条件下实现了纳米黏土的高程度分散。结晶过程与结晶度对 PCL/OMLS 黏土纳米复合材料的流变性能有很大的影响。从图 5-19 看出，结晶后的 PCL/OMLS 纳米复合材料 G' 在缓慢变化区出现了一个平台，说明存在次结晶作用。

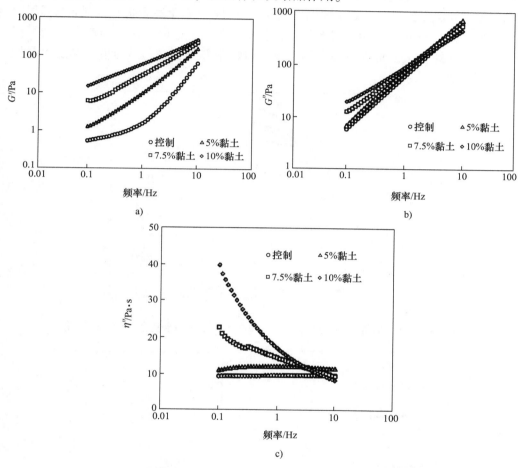

图 5-18　105℃时黏土含量对 PCL/OMLS 纳米复合材料流变性能的影响
a）弹性模量　b）损耗模量　c）复数黏度

从图 5-20a 可以看出，G'' 在 PCL 及其纳米复合材料的结晶过程中增大，说明其变化过程与 G' 不同，而且在进入平台之前，都出现了一个最大值，此外，曲线的峰值形状与黏土含量有关，在图 5-20b 中也有这种特征。在此，纳米黏土的加入改进了晶体生长过程中复合材料的耗散行为。对于一些组分的复合材料，tanδ 在结晶的初始阶段是增加的，例如，含有 7%（质量分数）黏土的纳米复合材料，在15min 左右就出现了峰值，而此时结晶度很低，这可以归因于在结晶的初始阶段黏土表面新形成的晶体间的相互作用提高了纳米复合材料的耗散能力。换句话说，就是取决于成核速率及黏土表面上形成的异相成核点的数量。G'' 相对于 G' 的增加值决定了 $\tan\delta$ 随时间的变化曲线形状。晶体的数量及其大小与黏土层片（剥离的和插层的）的数量影响着决定 $\tan\delta$ 复杂行为的非结晶区分子链的局部运动能力。在 Hans E. Miltner 等以前的研究中发现，在黏土含量超过 5%（质量分数）后，PCL 与黏土的熔融复配过程中黏土的剥离就变得很困难。在上述含量时，剥离与插层的黏土层片共存于 PCL/OMLS 纳米复合材料中，所以，造成这一行为产生新的可能耗散机制在纯 PCL 及低含量黏土纳米复合材料中并不存在，因为纳米黏土含量低时黏土剥离广泛存在。

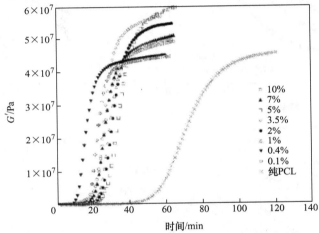

图 5-19　45℃时等温结晶过程中 PCL 和 PCL/OMLS 纳米复合材料 G' 的变化

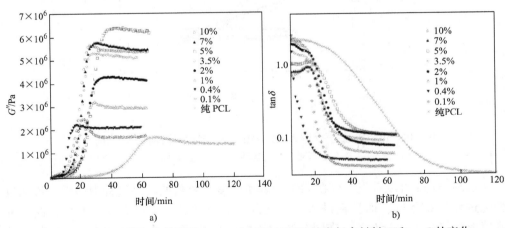

a)　　b)

图 5-20　45℃时等温结晶过程中 PCL 和 PCL/OMLS 纳米复合材料 G'' 和 $\tan\delta$ 的变化
a）G''　b）$\tan\delta$

（2）不同改性剂处理的黏土制得的 PCL/黏土纳米复合材料　Lepoittevin 等对

采用熔融插层法制备的不同改性剂处理的黏土制得的 PCL/黏土纳米复合材料的熔体流变性能进行了研究。图 5-21 为纯 PCL 和添加了 3%（质量分数） MMA-Na$^+$、MMT-Alk 和 MMT-（OH）$_2$后 PCL/黏土纳米复合材料的 G' 和 G''，测试温度为 80℃，频率范围为 16 ~ 10^{-2} Hz。从图中看出，添加 3%（质量分数） MMT-Alk 和 MMT-（OH）$_2$的 PCL 的熔体流变性能与纯 PCL 和 PCL/MMT-Na 复合材料有很大的不同，低频时幂律规律与热塑性塑料的预期值一致。但是 G' 和 G'' 与频率的关系被有机改性的黏土破坏了，对 G' 的影响巨大，含 MMT-（OH）$_2$和 MMT-Alk 的纳米复合材料的 G' 分别从 2.0 下降到 0.14 和 0.24。

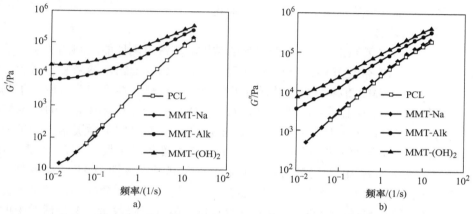

图5-21　80℃时纯 PCL 与不同 PCL/黏土纳米复合材料［黏土添加量为3%（质量分数）］的 G' 和 G''
a) G'　b) G''

图5-22 为不同添加量时 PCL/MMT-（OH）$_2$纳米复合材料的 G' 和 G'' 与频率之间的关系。在黏土含量超过 1%（质量分数）时，不仅是 G' 和 G'' 与频率之间经典的幂律关系被大大改写，尤其是 G' 变化更大，而且模量在低频时大幅度增加。

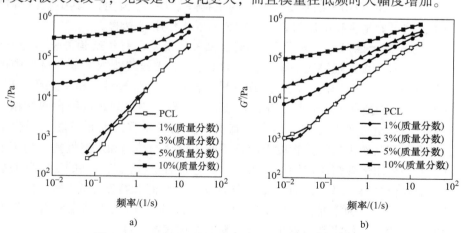

图5-22　80℃时纯 PCL 及其纳米复合材料的 G' 和 G''
a) G'　b) G''

5. 热稳定性

PCL/黏土纳米复合材料的热稳定性也已经采用 TGA 进行了研究。对于其热稳定性，总的来说两步法机理适用于解释 PCL 的分解，第一步是通过酯基热解随机链断裂释放出 CO_2、H_2O 和己酸，第二步解聚过程开始形成 ε-己内酯（环状单体）。插层和剥离型纳米复合材料的热稳定性都高于纯 PCL 及其相应的微米复合材料，失重 50%（质量分数）时分解温度高 25℃。分解温度的偏移可以归因于 O_2 和挥发性分解产物透过性/扩散性下降，这是高径厚比的黏土层片均匀分散并起到阻隔作用以及炭的形成所致。在黏土添加量达到 5%（质量分数）之前纳米复合材料的热稳定性基本上随着黏土用量的增加而提高。

6. 气体阻透性

Gorrasi 等研究了 PCL/MMT 复合材料的结构与蒸汽阻隔性能之间的关系。他们通过熔融共混、CL 催化开环聚合制备了不同组成的 PCL/OMLS 纳米复合材料，将 PCL 与未改性的 MMT 直接熔融共混制得了微米复合材料。结果表明，用二丁基二甲氧基锡作引发剂/催化剂原位开环聚合 CL 与 OMLS 得到了剥离结构的纳米复合材料，与 OMLS 复配或者是与未改性的 MMT 原位聚合都得到了插层结构的纳米复合材料。他们分析了两种蒸汽的吸收量（S）和零浓度扩散系数（D_0），结果表明：水蒸气的吸收量随着 MMT 用量的增加而增加，尤其是未改性 MMT 的微米复合材料；热力学扩散系数 D_0 可与纯 PCL 相比拟，微米复合材料和插层结构的纳米复合材料的扩散系数非常接近于 PCL；有机蒸汽在压力较低时吸收量主要是试样中的非晶部分决定的，无机蒸汽没有表现出任何优先吸收；高压下等温时表现出吸收量呈指数增加，这是聚酯基体的塑化作用所致；D_0 也可与未填充的 PCL 相比拟，此时剥离和插层试样都表现出较低的值，因为要渗透的分子经过的路径更为曲折。

7. 生物降解性

Tetto 等对 PCL/OMLS 纳米复合材料的生物降解性研究表明，其生物降解性好于纯 PCL，这可能是生物降解过程中 OMLS 的催化作用造成的。

8. 不同表面活性剂处理的黏土对 PCL/黏土纳米复合材料结构与性能的影响

以前的研究一直在强调这一事实，即聚合物/层状硅酸盐纳米复合材料中可能存在着各种竞争的相互作用，在有机改性剂的各种功能性基团（离子基团、羟基、脂肪主链等）、硅酸盐（离子点、表面氧原子）和聚合物之间。这种特殊的相互作用，其中一些甚至会使聚合物基体中的有机改性剂不相容，也有可能出现化学反应，因此这种相互作用在很大程度上决定了所用材料的结构和最终性能。为了说明这一点，人们采用熔融挤出法制备了大量含有各种有机改性剂改性的层状硅酸盐与 PCL 的纳米复合材料，以分析纳米黏土表面改性剂性能和特定基体/黏土相互作用与纳米黏土分散状态的重要性。因此，对各种不同的 PCL/黏土纳米复合材料的力学性能进行了测试，并将其与纳米复合材料的结构直接关联。

（1）原位插层法制得的体系　Messersmith 和 Giannelis 采用协同插入机理通过原

位开环聚合制备 PCL/黏土纳米复合材料（图 5-23），就是将带有羟基的烷基铵（MMT-N$^+$(Me)$_2$(EtOH)(C$_{16}$) 或 MMT-N$^+$(Me)(EtOH)$_2$(tallow)）有机改性的 OMLS 溶胀，然后加入辛酸锡 [Sn(Oct)$_2$]、二丁基二甲氧基锡 [Bu$_2$Sn(OMe)$_2$]（IV）或三乙基铵（AlEt$_3$）作引发剂，这样胺活化，产生表面接枝的 PCL 分子链。每一个羟基都产生一个 PCL 分子链，羟基越多，PCL 平均摩尔质量越小。此外，在所有情况下，随着黏土用量的增加，纳米复合材料的摩尔质量都连续下降。这可以通过 OH 基来解释，因为其既起到了共引发剂的作用，也起到了链传递剂的作用。在黏土用量为 3%（质量分数）时，这种原位聚合工艺得到了硅酸盐剥离非常好的 PCL/OMLS 纳米复合材料，而在 OMLS 用量更高 [10%（质量分数）] 时，得到的是部分插层/部分剥离共存结构的纳米复合材料。由于结构的变化，热稳定性提高，水蒸气透过率下降（图 5-24），因为分散良好的大长径比黏土起到了 O$_2$ 和可挥发性分解产物的阻透剂作用。与之相比，非羟基改性的黏土与 PCL 的纳米复合材料只呈现出插层结构。

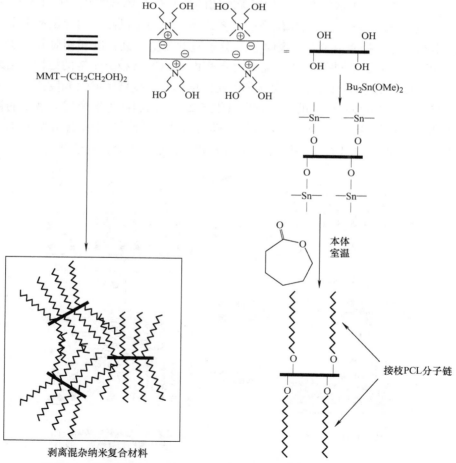

图 5-23 采用协同插入法用有机改性的 C30B 原位开环聚合 PCL 示意图

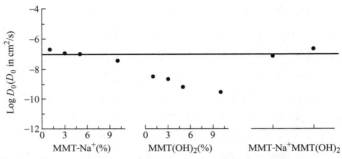

图 5-24　PCL/黏土微米复合材料、剥离 PCL/OMLS 纳米复合材料和3%（质量分数）
黏土插层 PCL/OMLS 纳米复合材料的水蒸气透过率与黏土用量间的关系

由于 CL 聚合是 OH 基引发，PCL 分子链长可以通过控制黏土添加量而控制。因此，黏土添加量要限制在一定范围内，以免得到的 PCL 分子链太短。但是，这也可以通过控制—OH 基的数量，如用无基团的烷基铵和单羟基化铵离子的混合物改性黏土的表面，这样，采用原位插层工艺，同时控制无机黏土的含量和定量表面接枝，就能很好地控制单位黏土表面 PCL 分子链的数量及其长度和相对分子质量分布。Viville 等研究了不同—OH 数量硅酸盐层表面的 PCL 接枝分子链的结构，结果表明，用于 OMLS 的—OH 替代的烷基铵离子比例增加时，接枝密度大幅度提高。由于在低—OH 体系中形成了分离的聚合物岛（图 5-25），他们认为聚合反应诱发的铵离子之间出现了相分离过程。均匀的表面以及随后的厚化只有在—OH 含量为50%（质量分数）时才出现，此时，相邻的层完全互不相关，这样十分有利于剥离。

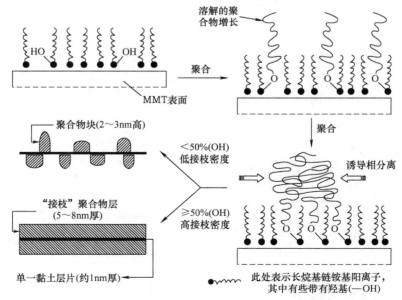

图 5-25　聚合物表面接枝到一片片的黏土层上，之后出现相分离

Messersmith 和 Giannelis 的研究表明，MMT 的巨大催化表面对 ε-CL 的聚合有利，这一点得到证实。含有质子官能团交换离子如 NH_3^+、OH 和 COOH 等十分有利于聚合，得到与协同插入机理制备的材料类似的结构。但是，PCL 的相对分子质量低、转换率高时，分散性指数高于 2，证明在—OH 和引发剂存在的情况下原位聚合插层能够对聚合进行很好的控制。

（2）熔融插层法制得的体系　在 MMT 用十八季铵盐 $[MMT-NH_3^+(C_{18})]$、二（羟基化牛脂）二甲基铵 $[MMT-N^+(Me)_2(tallow)_2$、二甲基2-乙基己基（氢化牛脂）（C25A）、甲基二（乙基己基）（氢化牛脂）（C30B）等有机改性后采用熔融插层法制得了插层与插层/剥离结构共存的 PLC/OMLS 纳米复合材料。与此不同的是，MMT-Na 和十二烷酸铵改性的 MMT $[MMT-NH_3^+(C_{11}COOH)]$ 得到的是微米复合材料，因为黏土层间距没有变化，而 $MMT-NH_3^+(C_{11}COOH)$ 原位插层时得到的是剥离结构复合材料。所以，与原位插层工艺不同，采用熔融插层工艺时，不论所用的 OMLS 为何种，没有实现完全剥离。不过，PLC/OMLS 复合材料的拉伸性能和热性能得到了提高。例如，模量从未添加黏土时 PCL 的 210MPa 提高到 3%（质量分数）$MMT-NH_3^+(C_{18})$、$MMT-N^+(Me)_2(tallow)_2$ 和 C25A 及 10%（质量分数）的 C30B 时 PLC/OMLS 纳米复合材料的 400MPa，而且添加 10%（质量分数）的 C30B 时刚性几乎增加 2 倍。

（3）不同种类 PCL/黏土纳米复合材料　Maiti 等采用简单的机械共混对 PCL 齐聚物（O-PCL）/OMLS 纳米复合材料的制备进行了研究。他们选用各种磷离子有机改性的不同长径比的黏土（蒙脱石、云母和蒙皂石），研究其对 o-PCL 相容性的影响。所用的烷基磷离子是正辛基三丁基磷 $[P^+(But)_3(C_8)]$、十二烷基三丁基磷 $[(P+(But)_3(C_{12})]$、十六烷基三丁基磷 $[P^+(But)_3(C_{16})]$ 和甲基三苯基磷 $[P^+(Me)(\phi)_3]$。不同性质的有机改性剂改性的纳米黏土及其长径比决定着所得 o-PCL/OMLS 纳米复合材料是相容体系还是插层结构亦或是剥离结构。图 5-26 根据实验结果总结了其机理。根据他们的分析，o-PCL 与有的有机改性剂不相容时，就不能插层到硅酸盐层间；而对于短链的相容改性剂，o-PCL 插层；对于长链改性剂，改性剂自身沿着硅酸盐表面取向，溶于 o-PCL 相中，硅酸盐层就塌了（图 5-26a）。考虑有机改性剂改性黏土长径比的影响时，在长径比小时，且 CEC 高时，有利于有机改性剂扩散出层间，与 o-PCL 反应，得到剥离结构的纳米复合材料。如果黏土长径比大，即硅酸盐层的横向尺寸大时，有机改性剂难以从层间出来，因而 o-PCL 必须插层（图 5-26b）。

（4）不同改性剂处理的黏土在 PCL 中的分散　Hans E. Miltner 等采用动态流变测试，定量确定不同表面改性剂改性的纳米黏土在 PCL 中的分散程度。从图 5-27 看出，所有试样的正割模量都随着黏土用量的增加几乎线性增加。而对于所得到试样的刚性，所选用的有机改性剂在很大程度上决定了其性能，与非极性改性剂改性的增强硅酸盐纳米黏土纳米复合材料相比，极性基团比较多的层状硅酸盐纳米黏土（如 C30B）与 PCL 的纳米复合材料毫无疑问地表现出更强的线性增加。不考虑压缩模塑的纳米复合材料中硅酸盐黏土取向的影响，这种对硅酸盐改性的依赖性被认为是纳米黏土分散程度变化的直接结果，如图 5-27b 和 d 所示。如果 Cole-Cole 曲线上弧形部分的偏离，即出现硬尾，被看作是纳米黏土分散程度的一种度量，那么，这清楚表明含有极性改性剂分子链的 C30B 黏土在 PCL 基体中的分散远好于对极性基体亲和力较小的改性硅酸盐（N3010）。加工条件不变时，这种特定基体与纳米黏土相互作用的特征表现就成为决定分散质量的关键因素，所以也就改善了材料的刚性。

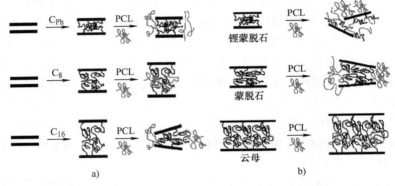

图 5-26　不同结构的有机改性剂和不同长径比的黏土对 PCL 齐聚物纳米复合材料结构影响示意图

a）有机改性剂　b）不同长径比的黏土

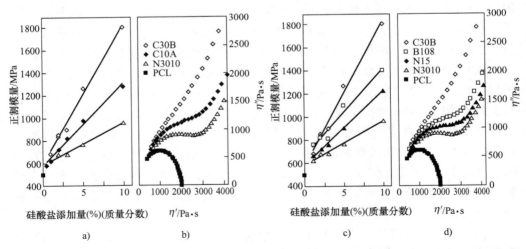

图 5-27　纯 PCL 及其纳米复合材料［纳米黏土用量 3%（质量分数）］的力学性能和流变性能成对比较

9. 纳米复合材料制备工艺的影响

对于所要实现的分散效果，基体与纳米黏土之间的亲和力是决定最终 PCL/

OMLS 纳米复合材料性能的关键因素。但是，恰当的纳米复合材料熔融过程也同样重要，因为剥离和真正独立硅酸盐层片的纳米尺度分散只有在设置完好的温度、剪切和停留时间等工艺条件下才能实现。

在 Hans E. Miltner 等的研究中，含有有机改性的层状盐硅酸 C30B 的 PCL 基纳米复合材料表现出了最高的亲和力。这是用一种小型批处理挤出机熔融挤出制得的 PCL/黏土纳米复合材料，他们关注的是在可能达到的最大剪切强度条件下的停留时间的重要性。选择这种硅酸盐黏土是基于其本身可以实现最大程度的分散。从图 5-28 可以看出，纳米复合材料的刚性随着停留时间的延长而增加，直至出现一个平台，但停留时间的进一步增加并不能使纳米复合材料的刚性再增加。

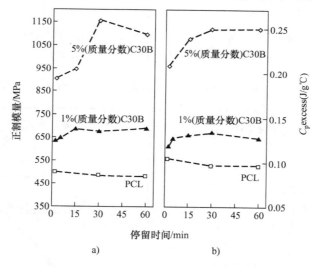

图 5-28 纯 PCL 及其纳米复合材料的正割模量和 C_p^{excess}

a）正割模量 b）C_p^{excess}

从图 5-29 的 TEM 直观地看出所实现的分散状态的明显变化：加工 2min 后，PCL/C30B（质量分数为 5%）纳米复合材料中仍然有大量的叠加硅酸盐层片，同样的试样加工 60min 后整个试样中都是独立分散和无规取向的硅酸盐层片（图 5-29）。这清楚表明，硅酸盐的分散程度是挤出停留时间的函数，这更加说明了最佳工艺条件的重要性。图 5-28b 表明，纯 PCL 的 C_p^{excess} 不受停留时间的影响，而 PLC/C30B 的 C_p^{excess} 则变化很大。C_p^{excess} 的增加出现在纳米黏土含量高时，且随着挤出机中熔体在高剪切条件下的时间延长而增加，因此，PCL 与纳米黏土间界面面积持续增加，PCL 基体的熔融性能出现了相应变化。超过一定停留时间后，C_p^{excess} 不再变化，说明在这一温度和剪切条件下达到了稳态，再延长加工时间没有多大效果。在纳米黏土含量低时，稳态出现得较早，反映了剥离机制产生的插层和随后的层片剥离在含量高时不再是直线关系，而是几何拥挤体系。在所研究的时间范围内，GPC

没有发现 PCL 基体有很大程度的分解。

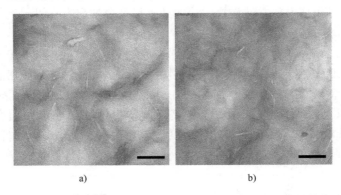

a)   b)

图 5-29　含质量分数为 5% Cloisite 30B 的 PCL 基纳米复合材料的 TEM

a）熔融混炼 2min　b）熔融混炼 60min　标尺：200nm

从图 5-30 看出，纯 PCL 的 G'/G'' 与 G'' 呈直线关系，并不随挤出时间变化。而加入层状硅酸盐后，出现了明显的偏离，证明形成了互穿网络结构。但是，含有 1%（质量分数）C30B 的 PCL 出现了明显挤出时间效应，即随着时间的延长，呈现出很强的有比例偏离。这再次证明，要得到真正分散的纳米复合材料需要延长熔融混合时间。但是，令人惊奇的是，尽管纳米黏土含量高时 C_p^{excess} 数据和 TEM 都显示出了硅酸盐分散程度的提高，但动态流变数据并没有揭示出纳米黏土含量高时的类似趋势。这说明纳米黏土含量超过一定值后动态流变性能不再敏感，即使是纳米复合材料试样中分散

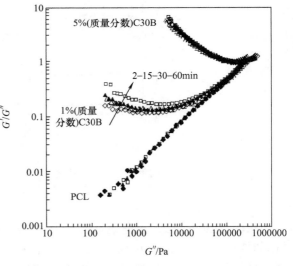

图 5-30　纯 PCL 及其纳米复合材料的 G'/G'' 与 G'' 之间的关系（图中时间为在挤出机中的停留时间）

状态存在明显差异。纳米黏土含量高时，由于硅酸盐层片纸牌屋效应所致的类固性产生的弹性效应决定着流动性能，动态流变不再能够区分不同程度的纳米黏土分散。

研究表明，含有层状硅酸盐的 PCL 基纳米复合材料的内在亲和力比较高，因为在流变实验中基体树脂在低频时的类固行为更为明显，因此纳米黏土分散程度高的 PCL/OMLS 纳米复合材料的力学性能如刚性提高明显。

5.5.4 PCL/OMLS 的发泡

超临界流体已经被用作各种聚合物和纳米复合材料的发泡剂。最近，有研究将超临界 CO_2 用作纳米材料在聚合物基体中的分散介质，作为一种无溶剂的纳米复合材料制备方法。A. Tsimpliaraki 等采用这一方法制备了 PCL/OMLS 纳米复合材料泡沫。他们是将溶液流延法和熔融共混法制备的 PCL/OMLS 纳米复合材料在批处理装置中采用超临界 CO_2 发泡技术（等温降压）制备发泡材料的。结果表明，将超临界 CO_2 用作纳米复合材料的分散介质和发泡剂时，纳米黏土在基体中的分散性差，得到的泡沫泡孔并不均匀。与此相反的是，采用 CO_2-乙醇作发泡剂时，得到的 PCL/OMLS 纳米复合材料为插层结构，泡孔结构均匀。

由于 PCL 是半结晶聚合物，因此他们采用共溶剂法时，不仅用超临界 CO_2 发泡，还用超临界 CO_2-乙醇的混合物作发泡剂，发泡温度低于 PCL 的熔点，以便研究乙醇含量对 PCL/OMLS 纳米复合材料泡沫结构的影响。他们确定了有效分散纳米黏土和发泡的超临界 CO_2-乙醇混合物的适宜比例后，将一步法工艺与两步法工艺进行了比较，即先采用溶液流延法或熔融共混法制备纳米复合材料，然后降压发泡。实验所用 PCL 的 $M_n = 80000$，纳米黏土为有机改性的 Cloisite 25A（Cl25A）（图 5-31、图 5-32）。

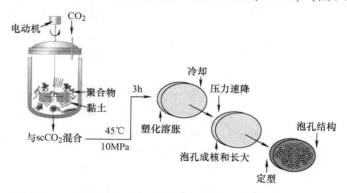

图 5-31 一步法制备工艺：用超临界 CO_2-乙醇混合物对纳米
黏土进行分散并对 PCL/黏土纳米复合材料发泡

从图 5-33 的 XRD 谱图可以看出，熔融挤出和溶剂流延法制备的 PCL/OMLS 纳米复合材料中 PCL 插层到了纳米黏土层间。一步法制备的试样中，使用纯的超临界 CO_2 时，2θ 值与原黏土相同，这表明 PCL 并没有插层到黏土中，因此得到的是微米复合材料，而非纳米复合材料。而与此不同的是，超临界 CO_2-乙醇混合物所得试样的 2θ 值小于原黏土，这表明 PCL 分子成功插入到黏土层间。因此，要成功制备 PCL/OMLS 纳米复合材料，乙醇在初始气体中的摩尔分数至少应该在 1.5%，高于 1.5%，2θ 值也没有进一步向小角方向移动，说明在所研究的条件下，即使是如此少的乙醇也足够得到插层结构的 PCL/黏土纳米复合材料。从图 5-33 还可以看出，直接采用超临界 CO_2 的一步法制备工艺有可能得到纳米黏土分散程度与溶剂流延法和熔融共混法类似的 PCL/OMLS 纳米复合材料，这意味着超临界流体混合可以成为制备黏土纳米复合材料的一种替代方法，而且与熔融共混法和溶剂流延法相比，其还有一些优点，如温度低，所用溶剂少，甚至不用。

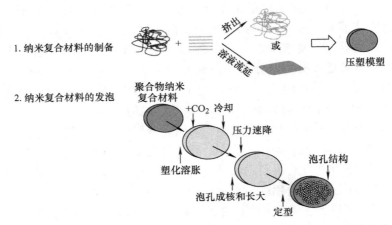

图 5-32　两步法制备工艺：首先通过溶液流延法或者熔融共混法制备纳米复合材料，
然后再用超临界 CO_2 对 PCL/黏土纳米复合材料发泡

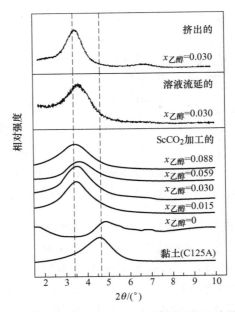

图 5-33　有机改性黏土 Cl 25A 和超临界 CO_2 + 不同用量的乙醇混合物作发泡剂时溶液
流延法与熔融共混法制备的 PCL/Cl25A 纳米复合材料的 XRD 谱图

如图 5-34 所示，用纯超临界 CO_2 作发泡剂时，所得到的 PCL/OMLS 纳米复合材料的泡孔并不均匀。这种结果在预料之中，因为 PCL 是半结晶性聚合物，而且发泡温度低，远低于 PCL 的熔点（$T_m = 57℃$）。Baldwin 等的研究表明，结晶区与非晶区间的界面在发泡过程中能够起到优先成核点的作用，因此在 CO_2 溶于聚合物后，有两个共存相，不可进入的晶体分散在塑化的非晶区内。在体系处于过饱和态时冷却，由于结晶区与非晶区间的界面的异相成核以及非晶区的均相成核而产生成核点。因此，这样得到的泡孔常常是不均匀的。如果泡孔尺寸分布窄，而且需要很高的泡孔率时，这种方法就不适用了。另外，与纯 CO_2 作发泡剂所得到的试样不同的是，用 CO_2-乙醇混合物作发泡剂时，泡孔更为均匀。根据 Tsivintzelis 等人的研究结果，产生上述结果有几个原因：一是乙醇和 CO_2 溶于聚合物基体中后将纳米晶溶解掉了，从而使黏度大幅度下降，另外，聚合物基体的膨胀迫使聚合物分子链重排成更为延展的构形，从而使晶体变薄。这两种作用有利于晶体的均相成核，形成三维尺寸的近乎均相的网络，这种网络的晶体起到了类交联的作用。因此，采用这种方法时，非晶相内的成核以及黏度下降所致的泡孔易于长大两种作用造成相邻泡孔的并泡，非晶区与结晶区间的界面处产生的小泡孔全都或者部分消失。但是，随着 CO_2 溶于聚合物基体量的增加，结晶相消失（熔点下降）。根据 Lian 等人的研究结果，10MPa 时 PCL 在超临界 CO_2 中的熔点在 35℃ 左右。Karimi 等人实验确定了 PCL 的熔点是 CO_2 压力的函数，10MPa 时，PCL（$M_n = 69000$）在超临界 CO_2 中的熔点为 38℃。将乙醇加入体系后，认为聚合物的熔点和黏度分别低于 PCL 在纯超临界 CO_2 中的熔点和黏度，这是合理的。

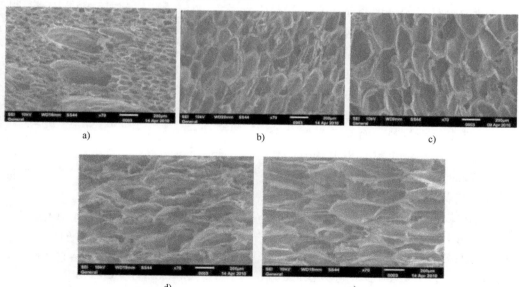

图 5-34　用 CO_2 和 CO_2-乙醇混合物作 PCL/OMLS 纳米复合材料体系的分散介质和发泡剂时所得泡沫的泡孔结构（在 45℃、10MPa 下插层；25℃ 下发泡）

a）纯 CO_2 CO_2-乙醇发泡剂　乙醇的摩尔分数：b）1.5%　c）、3.0%　d）5.9%　e）8.8%

采用两步法工艺所得均匀泡孔类似于一步法所得发泡试样。可以看出，乙醇的加入，不仅影响泡孔结构的均匀性，还影响泡孔尺寸。如图 5-35 所示，用纯超临界 CO_2 作发泡剂时试样的平均泡孔尺寸小于超临界 CO_2-乙醇混合物所发泡的泡沫。在所研究的范围内，不同乙醇用量时，超临界 CO_2-乙醇混合物发泡 PCL/OMLS 纳米复合材料的泡孔结构类似，泡孔比较大，这是因为加入乙醇后，聚合物基体被软化了，因此，泡孔的长大以及相邻泡孔并泡使泡孔更大了（图 5-36）。大泡孔的 PCL/OMLS 纳米复合材料适合于一些重要应用，如组织工程骨架等。

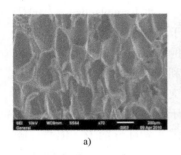 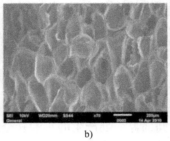 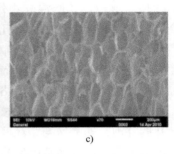

a)   b)   c)

图 5-35 CO_2-乙醇（乙醇的摩尔分数为 3%）作 PCL/OMLS 纳米复合材料的
纳米分散剂和/或发泡剂时所得泡沫的泡孔形态
制备方法：a）一步法   b）两步法（溶液流延）   c）两步法（熔融挤出）

采用纯的超临界 CO_2 作为 PCL 与黏土纳米复合材料的分散介质和发泡剂制备发泡 PCL/OMLS 纳米复合材料时，纳米黏土分散性差，泡孔不均匀，这说明加工半结晶性 PCL 有一定难度。而与此不同的是，采用 CO_2-乙醇混合物作发泡剂时得到了插层结构和泡孔均匀的 PCL/OMLS 纳米复合材料。而且乙醇摩尔分数超过 1.5% 对黏土没有更大的分散作用，这说明纳米黏土在半结晶聚合物中难以分散以及半结晶聚合物发泡困难这一问题可以通过在超临界 CO_2 中添加适量的有机共溶剂解决。因此，可以通过控制发泡剂中共溶剂的量和种类，同时控制传统工艺参数如压力、温度和压力降速率等来控制最终的泡孔结构。传统

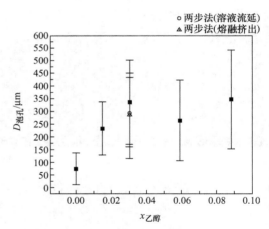

图 5-36 CO_2-乙醇发泡的 PCL/OMLS
纳米复合材料的平均泡孔直径
○—两步法（溶液流延法）   △—两步法
（熔融挤出法）   ■—一步法

的熔融共混法和溶剂流延法可以得到与一步法相同的结果，其中发泡剂还起到了制备发泡聚合物/黏土纳米复合材料中纳米黏土分散的作用。

参 考 文 献

［1］ Woodruff MA, Hutmacher DW. The return of a forgotten polymer polycaprolactone in the 21st century ［J］. Progress in Polymer Science, 2010, 35: 1217-1256.

［2］ Nakayama A, Kawasaki N, Maeda Y, et al. Study of biodegradability of poly (ε-capcrolactone-co-L-lactide) s ［J］. J Appl Polym Sci, 1997, 66: 741-748.

［3］ VincentOjijo, Suprakas Sinha Ray. Processing strategies in bionanocomposites ［J］. Progress in Polymer Science, 2013, 38: 1543-1589.

［4］ Uyama H, Kobayashi S. Enzymic ring-opening polymerization of lactones catalyzed by lipase ［J］. Chem Lett, 1993, 22: 1149-1150.

［5］ Kobayashi S, Makino A. Enzymatic polymer synthesis: an opportunity for green polymer chemistry ［J］. Chem Rev, 2009, 109: 5288-5353.

［6］ Albertsson A C, Varma K. I. Recent developments in ring opening polymerization of lactones for biomedical applications ［J］. Biomacromolecules, 2003, 4: 1466-1486.

［7］ 张进兵. 聚 ε 己内酯/石墨烯纳米复合材料的制备、结构域性能 ［D］. 北京: 北京化工大学, 2012.

［8］ 翁云宣. 生物分解塑料与生物基塑料 ［M］. 北京: 化学工业出版社, 2010: 124.

［9］ 宋斐. 聚己内酯 (PCL) 的共混改性研究 ［D］. 西安: 西北工业大学, 2007.

［10］ Lissa Bennon Peppas. Polymer in controlled drug delivery ［J］. Medical Plastics Biomaterials, 1997, 4: 34.

［11］ Xiaoyan Yuan, Arthur F T M, Kangde Yao. Comparative observation of accelerated degradation of PLLA fibers in PBS and a dilute alkaline solution ［J］. Polymer Degradation and Stability, 2002, 72: 45.

［12］ Darinn Cam, Suong Hyu Hyon, Yoshito Ikada. Degradation of high molecular weight PLLA in alkaline medium ［J］. Biomaterials, 1995, 16 (11): 833.

［13］ KoleskeJV. Blends containing poly (ε-caprolactone) and related polymers. In Paul, DR, Newman S (eds.). Polymer Blends, Academic Press ［M］. New York, 1978: 369-389.

［14］ Pitt CG, Jeffcoat AR, Zweidinger RA. Sustained drug delivery systems. 1. The permeability of poly (ε-caprolactone), poly (DL-lactic acid), and their copolymers 1 ［J］. J Biomed Mater Res, 1979, 13: 497-507.

［15］ LAverous, LMoro, RDole, et al. Properties of thermoplastic blends: starch-polycaprolactone ［J］. Polymer, 2000, 4: 4157-4167.

［16］ Lin JR, Chen LW. Study on shape-memory behavior polyether-based polyurethanes. ［J］. Appl Polm Sci, 1998, 69: 673-677.

［17］ 张玉霞, 刘 学, 刘本刚, 等. 可生物降解聚合物的发泡技术研究进展 ［J］. 中国塑料, 2012, 26 (4): 4-12.

［18］ Di Maio E, Mensitieri G, Iannace S, et al. Structure Optimization of Polycaprolactone Foams by Using Mixtures of CO_2 and N_2 as Blowing Agents ［J］. Polymer Engineering Science, 2005, 45:

432-441.

[19] Jenkins J M, Harrison L K, Silva G CMM, et al. Characterisation of Microcellular Foams Produced from Semicrystalline PCL Using Supercritical Carbon Dioxide [J]. European Polymer Journal, 2006, 42: 3145-3151.

[20] Ioannis Tsivintzelis, Eleni Pavlidou, Costas Panayiotou. Biodegradable Polymer Foams Prapared with Supercritical CO_2 Ethanol Mixtures as Blowing Agents [J]. J of Supercritical Fluids, 2007, 42: 265-272.

[21] Mohammad Karimi, Matthias Heuchel, Thomas Weigel, et al. Formation and Size Distribution of Pores in Poly (caprolactone) Foams Prepared by Pressure Quenching Using Supercritical CO_2 [J]. J of Supercritical Fluids, 2012, 61: 175-190.

[22] Ray Smith. 生物降解聚合物及其在工农业中的应用 [M]. 戈进杰, 王国伟, 译. 北京: 机械工业出版社, 2011: 366-376

[23] Xiao xia Zhang, Charles A Wilkie. Nanocomposites based on poly (ε-caprolactone) (PCL) / clay hybrid: polystyrene, high impact polystyrene, ABS, polypropylene and polyethylene [J]. Polymer Degradation and Stability, 2003, (82): 441-450.

[24] Kesel CD, Wauven CV, David C. Biodegradation of polycaprolactone and its blends with poly (vinyl alcohol) by micro-organisms from a compost of house-hold refuse [J]. Polym Degrad Stab, 1997, 55: 107-113.

[25] Ishiaku US, Pang KW, Lee WS, et al. Mechanical properties and enzymic degradation of thermoplastic and granular sago starch filled poly (ε-caprolactone) [J]. Eur Polym J, 2002, 38: 393-401.

[26] Rees RW. In: Mark JE, editor. Encyclopedia Polym Sci Eng [M]. NY: John Wiley and Sons, 1985: 395.

[27] Messersmith PB, Giannelis EP. Polymer-layered silicate nanocomposites: in situ intercalative polymerization of ε-caprolactone inlayered silicates [J]. Chemistry of Materials, 1993, 5: 1064-1066.

[28] Messersmith PB, Giannelis EP. Synthesis and barrier properties of poly (ε-caprolactone) -layered silicate nanocomposites [J]. Journal of Polymer Science Part A: Polymer Chemistry, 1995, 33: 1047-1057.

[29] Pantoustier N, Lepoittevin B, Alexandre M, et al. Biodegradable polyester layered silicate nanocomposites based on poly (ε-caprolactone) [J]. Polymer Engineering & Science 2002, 42: 1928-1937.

[30] Gorrasi G, Tortora M, Vittoria V, et al. Physical properties of poly (ε-caprolactone) layered silicate nanocomposites prepared by controlled grafting polymerization [J]. Journal of Polymer Science Part B: Polymer Physics, 2004, 42: 1466-1475.

[31] Lepoittevin B, Pantoustier N, Devalckenaere M, et al. Poly (ε-caprolactone) /clay nanocomposites by in-situ intercalative polymerization catalyzed by dibutyl tindimethoxide [J]. Macromolecules, 2002, 35: 8385-8390.

[32] Kubies D, Pantoustier N, Dubois P, et al. Controlled ring-opening polymerization of ε-caprolac-

tone in the presence of layered silicates and formation of nanocomposites [J]. Macromolecules, 2002, 35: 3318-3320.

[33] Liao L, Zhang C, Gong S. Preparation of poly (ε-caprolactone) /clay nanocomposites by microwave-assisted in situ ring-opening polymerization [J]. Macromolecular Rapid Communications, 2007, 28: 1148-1154.

[34] Mehmet Atilla T. Poly (ε-caprolactone) /clay nanocomposites via "click" chemistry [J]. European Polymer Journal, 2011, 47: 937-941.

[35] Hrobarikova J, Robert JL, Calberg C, et al. Solid-state NMR study of intercalated species in poly (ε-caprolactone) /clay nanocomposites [J]. Langmuir, 2004, 20: 9828-9833.

[36] Di Y, Iannace S, Di Maio E, et al. Nanocomposites by melt intercalation based on polycaprolactone and organoclay [J]. Journal of Polymer Science Part B: Polymer Physics, 2003, 41: 670-678.

[37] Lepoittevin B, Pantoustier N, Devalckenaere M, et al. Polymer/layered silicate nanocomposites by combined intercalative polymerization and melt intercalation: a master batch process [J]. Polymer, 2003, 44: 2033-2040.

[38] Gain O, Espuche E, Pollet E, et al. Gas barrier properties of poly (ε-caprolactone) /clay nanocomposites: influence of the morphology and polymer/clay interactions [J]. Journal of Polymer Science Part B: Polymer Physics, 2005, 43: 205-214.

[39] Jimenez G, Ogata N, Kawai H, et al. Structure and thermal/mechanical properties of poly (ε-caprolactone) -clay blend [J]. Journal of Applied Polymer Science, 1997, 64: 2211-2220.

[40] Wu T, Xie T, Yang G. Preparation and characterization of poly (ε-caprolactone) /Na+-MMT nanocomposites [J]. Applied Clay Science, 2009, 45: 105-110.

[41] Luduena LN, Alvarez VA, Vazquez A. Processing and microstructure of PCL/clay nanocomposites [J]. Materials Science and Engineering: A, 2007, 460-461: 121-129.

[42] Marras SI, Kladi KP, Tsivintzelis I, et al. Biodegradable polymer nanocomposites: the role of nanoclays on the thermomechanical characteristics and the electrospun fibrous structure [J]. Acta Biomaterialia, 2008, 4: 756-765.

[43] Johns DB, Lenz RW, Luecke A. In: Ivin KJ, Saegusa T, editors. Ring-opening polymerization vol. 1 [M]. NY: 1984: 461.

[44] Lundberg RD, Cox EF. In: Frisch KC, Reegen SL, editors. Ring-opening polymerization [M]. NewYork: Marcel Dekker, 1969: 247.

[45] Knani D, Gutman AL, Kohn DH. Enzymatic polyesterification in organic media. Enzyme-catalyzed synthesis of linear polyesters. I. Condensation polymerization of linear hydroxyesters. II. Ring opening polymerization of ε-caprolactone [J]. J Polym Sci Part A: Polym Chem, 1993, 31: 1221-1232.

[46] Sawhney AS, Chandrashekhar PP, Hubbell JA. Bioerodiblehydrogels based on photo polymerized poly (ethylene glycol) -co-poly (a-hydroxy acid) diacrylate macromers [J]. Macromolecules, 1993, 26: 581-587.

[47] Cerrai P, Tricoli M, Paci FAM. Polyether-polyester block copolymers by non-catalysed polymeri-

zation of ε-caprolactone with poly (ethylene glycol) [J]. Polymer, 1989, 30: 338-343.

[48] Hall HK, Schneider HK. Polymerization of cyclic esters, urethans, ureas and imides [J]. J A-mer Chem Soc, 1958, 80: 6409-6412.

[49] Brown HC, Gerstein M. Acid-base studies in gaseous systems. Ⅶ. Dissociation of the addition compounds of trimethyl boron and cyclic imines: I—strain [J]. J Amer Chem Soc, 1950, 72: 2926-2933.

[50] Wilson DR, Beaman RG. Cyclic amine initiation of polypivalolactone [J]. J Polym Sci Part A-1, 1970, 8: 2161-2170.

[51] Lepoittevin B, Pantoustier N, Alexander M, et al. Polyester layered silicate nanohybrids by con-trolled grafting polymerization [J]. J Mater Chem, 2002, 12: 3528-3532.

[52] 王强华. 聚己内酯/改性层状粘土纳米复合材料的形态特征及其动态力学性能的研究 [J]. 玻璃钢, 2005, 4.

[53] Ernesto Di Maio, Salvatore Iannace, Luigi Sorrentino, et al. Isothermal crystallization in PCL/clay nanocomposites investigated with thermal and rheometric methods [J]. Polymer, 2004, 45: 8893-8900

[54] Miltner HE, Watzeels N, Block C, et al. Qualitative assessment of nanofiller dispersion in poly (ε-caprolactone) nanocomposites by mechanical testing, dynamic rheometry and advanced ther-mal analysis [J]. European Polymer Journal, 2010, 46: 984-996.

[55] Koleske JV, Lundberg RD. Lactone polymers. I. Glass transition temperature of poly-ε caprolac-tone by means on compatible polymer mixtures [J]. J Polym Sci Part A-2, 1969, 7: 795-807.

[56] Lepoittevin B, Devalckenaere M, PantoustierN, et al. Poly (ε-caprolactone) /clay nanocomposites prepared by melt intercalation: mechanical, thermal and rheological properties [J]. Polymer, 2002, 43: 4017-4023.

[57] Gorrasi G, Tortora M, Vittoria V, et al. Vapor barrier properties of polycaprolactone montmoril-lonite nanocomposites: effect of clay dispersion [J]. Polymer, 2003, 44: 2271-2279.

[58] Rittigstein P, Torkelson JM. Polymer-nanoparticle interfacial interactions in polymer nanocomposites: confinement effects on glass transition temperature and suppression of physical ageing [J]. Journal of Polymer Science Part B: Polymer Physics, 2006, 44: 2935-2943.

[59] Labidi S, Azema N, Perrin D, et al. Organo-modified montmorillonite/poly (ε-caprolactone) nanocomposites prepared by melt intercalation in a twin-screw extruder [J]. Polymer Degradation and Stability, 2010, 95: 382-388.

[60] Luduena LN, Kenny JM, Vazquez A, et al. Effect of clay organic modifier on the final perform-ance of PCL/clay nanocomposites [J]. Materials Science and Engineering A, 2011, 529: 215-223.

[61] Krishnamoorti R, Giannelis EP. Rheology of end-tethered polymer layered silicate nanocomposites [J]. Macromolecules, 1997, 30: 4097-4102.

[62] Jasim Ahmed, Rafael Auras, Thitisilp Kijchavengkul, et al. Rheological, thermal and structural behavior of poly (ε-caprolactone) and nanoclay blended films [J]. Journal of Food Engineering, 2012, 111: 580-589.

［63］Alexander M, Dubois P. Polymer-layered silicate nanocomposites: preparation, properties, and uses of a new class of materials ［J］. Mater Sci Eng, 2000, 28: 1-63.

［64］Tetto JA, Steeves DM, Welsh EA, et al. Biodegradable poly (ε-caprolactone) /clay nanocomposites ［C］. ANTEC-99. 1628-1632.

［65］Messersmith PB, Giannelis EP. Polymer-layered silicate nanocomposites: in situ intercalative polymerization of ε-caprolactone in layered silicates ［J］. Chem Mater, 1993, 5: 1064-1046.

［66］Kiersnowski A, Dabrowski P, Budde H, et al. Synthesis and structure of poly (ε-caprolactone) /synthetic montmorillonite nano-intercalates ［J］. Eur Polym J, 2004, 40: 2591-2588.

［67］Pucciariello R, Villani V, Belviso S, et al. Phase behavior of modified montmorillonite-poly (ε-caprolactone) nanocomposites ［J］. J Polym Sci Polym Phys, 2004, 42: 1321-1332.

［68］Pucciariello R, Villani V, Langerame F, et al. Interfacial effects in organophilic montmorillonite-poly (ε-caprolactone) nanocomposites ［J］. J Polym Sci Polym Phys, 2004, 42: 3907-3919.

［69］Perrine Bordes, Eric Pollet, Luc Avérous. Nano-biocomposites: Biodegradable polyester/nano-clay systems ［J］. Progress in Polymer Science, 2009, 34: 125-155.

［70］Lepoittevin B, Pantoustier N, Alexandre M, et al. Layered silicate/polyester nanohybrids by controlled ring opening polymerization ［J］. Macromol Symp, 2002, 183: 95-102.

［71］Viville P, Lazzaroni R, Pollet E, et al. Controlled polymer grafting on single clay nanoplatelets ［J］. J Am Chem Soc, 2004, 126: 9007-9012.

［72］Pantoustier N, Alexandre M, Degée P, et al. Intercalative polymerization of cyclic esters in layered silicates: thermal vs catalytic activation ［J］. Compos Interfaces, 2003, 10: 423-433.

［73］Kwak SY, Oh KS. Effect of thermal history on structural changes in melt-intercalated poly (ε-caprolactone) /organoclay nanocomposites investigated by dynamic viscoelastic relaxation measurements ［J］. Macromol Mater Eng, 2003, 288: 503-508.

［74］Maiti P. Influence of miscibility on viscoelasticity, structure, and intercalation of oligo-poly (caprolactone) /layered silicate nanocomposites ［J］. Langmuir, 2003, 19: 5502-5510.

［75］Calberg C, Jerome R, Grandjean J. Solid-state NMR study of poly (ε-caprolactone) /clay nanocomposites ［J］. Langmuir, 2004, 20: 2039-2041.

［76］Gardebien F, GaudelSiri A, Bredas JL, et al. Molecular dynamics simulations of intercalated poly (ε-caprolactone) -montmorillonite clay nanocomposites ［J］. J Phys Chem B, 2004, 108: 10678-10686.

［77］Gardebien F, Bredas JL, Lazzaroni R. Molecular dynamics simulations of nanocomposites based on poly (ε-caprolactone) grafted on montmorillonite clay ［J］. J Phys Chem B, 2005, 109: 12287-12296.

［78］A Tsimpliaraki, I Tsivintzelis, SIMarras, et al. Foaming of PCL/clay nanocomposites with supercritical CO_2 mixtures: The effect of nanocomposite fabrication route on the clay dispersion and the final porous structure ［J］. J of Supercritical Fluids, 2013, 81: 86- 91.

第6章

聚对苯二甲酸–己二酸–丁二醇酯及其纳米复合材料

6.1 概述

芳香族聚酯是由脂肪二元醇和芳香二元酸缩合得到的，芳香环的存在使这类聚合物具有很好的耐水解和耐溶剂性。也正是由于其难水解，这类聚合物不具备生物降解性能，如聚对苯二甲酸丁二醇酯（PBT）和PET，但是可以通过添加一些对水解敏感的单体，如醚键、氨基或脂肪基等使聚合物具有生物降解性能。聚对苯二甲酸-己二酸-丁二醇酯（PBAT）就是其改性聚合物，由丁二醇和己二酸、对苯二甲酸反应得到，化学结构式如图6-1所示。

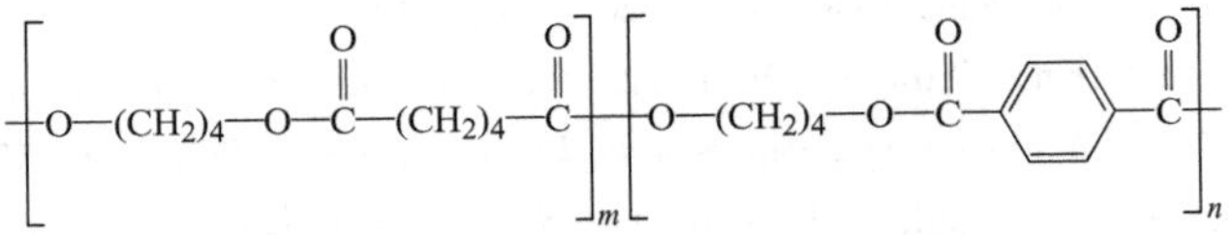

图6-1 聚对苯二甲酸-己二酸-丁二醇酯（PBAT）化学结构式

生产PBAT的公司有德国BASF公司、Eastman化学公司（已被意大利Novamont公司收购）等。德国BASF公司生产的脂肪族-芳香族、无规共聚酯（Ecoflex®）的单体为己二酸、对苯二甲酸和1,4-丁二醇，其对O_2和水蒸气有良好的阻隔性能，专门设计用于食品包装，尤其是高级食品或绿色食品的包装，目前生产能力为140000t/a。世界上工业化生产脂肪族-芳香族聚酯共聚物的主要生产厂家见表6-1。

表6-1 化学合成脂肪族-芳香族聚酯共聚物的主要生产厂家

树脂名称	商品名	生产企业	生产规模/（t/a）
聚己二酸-对苯二甲酸-丁二醇酯（PBAT）	Ecoflex®	BASF	8000，计划30000
	Enpol®	Ire Chemical	8000，计划50000

树 脂 名 称	商 品 名	生 产 企 业	生产规模/（t/a）
聚己二酸-对苯二甲酸-丁四醇酯（PT-MAT）	Easter Bio® GP	Eastman	15000
聚琥珀酸-对苯二甲酸-乙二醇酯（PETS）	Biomax®	DuPont	含普通 PET，共90000

6.2　PBAT 的性能

PBAT 的典型产品是 BASF 公司生产的全生物分解塑料——Ecoflex®，是一种脂肪族-芳香族无规共聚酯，具有长支链结构，T_g 为 -30℃，T_m 为 110~115℃，断裂伸长率约为800%，是一种与 LDPE 类似的热塑性塑料，具有优良的力学性能，易于加工，可以通过挤出成型制成具有高撕裂强度和韧性的包装材料。同时，由于其具有适中的水渗透作用，使得其适合作透气薄膜。Ecoflex® 薄膜还有较强的韧性和良好的缠结性，可用于生产蔬菜、水果和肉类保鲜膜，也可用于生产农用薄膜等。

6.2.1　基本性能

Ecoflex® 具有良好的加工性能，通常的加工温度仅为 150~160℃，而且可以用成型 LDPE 的设备加工。良好的拉伸性能使其能够制得厚度为 10μm 的薄膜，性能类似于 LDPE，且有弹性。Ecoflex® 的基本性能见表 6-2。

表 6-2　Ecoflex® 的基本性能

性　　　质		Ecoflex®	Lupolen2420F（LDPE）
密度/（g/cm³）		1.25~1.27	0.922~0.925
熔体流动速率	MVR（190℃，2.16kg）/（mL/10min）	3~8	—
	MFR（190℃，2.16kg）/（g/10min）	—	0.6~0.9
T_m/℃		110~115	111
T_g/℃		-30	—
硬度 H_D		32	48
维卡软化点/℃		8	96

6.2.2　生物分解性能

按照 ISO 14855：1999《受控堆肥化条件下塑料材料生物分解能力和崩解的测定——采用测定释放的二氧化碳的方法》测试，Ecoflex® 的生物分解速率如图 6-2 所示。Ecoflex® 具有很好的生物分解性能，但是其生物分解速率比纤维素稍低。DIN V 54 900（EN 13432）要求材料能在 180d 内有 60%（质量分数）发生生物分解才能被认定为是生物分解材料，Ecoflex®完全符合这一要求。

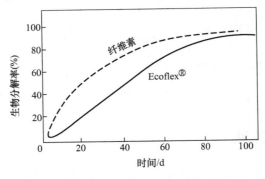

图 6-2　Ecoflex®分解过程

6.2.3　加工性能

Ecoflex®是吹塑柔性薄膜的优良生物分解塑料，并且可以用作其他生物分解塑料的改性剂，对天然生物分解塑料，如淀粉、PLA 等尤其适用。

为了防止吹塑过程中薄膜粘连，吹塑 Ecoflex®薄膜时应加入防粘连剂母料和润滑剂母料，其典型的吹塑工艺条件：机筒温度为 $140 \sim 160$℃；吹胀比为 $2 \sim 3.5$；防粘连剂母料和润滑剂母料加入量（质量分数）分别为 $2\% \sim 5\%$ 和 $0.5\% \sim 1\%$。

表 6-3　Ecoflex®吹塑薄膜的性能

性　　能		Ecoflex®		LDPE
		厚度为 $20\mu m$	厚度为 $50\mu m$	厚度为 $50\mu m$
拉伸强度/MPa	横向	32	35	26
	纵向	40	34	20
断裂伸长率（%）	横向	470	650	300
	纵向	640	800	600
断裂能量（动态试验）/（J/mm）		20	14	5.5

6.3　应用

Ecoflex®具有广泛的应用前景，可用作农用薄膜、柔性膜（阻透膜、保鲜膜等）、发泡包装产品等。

地膜现在是 Ecoflex®的重要应用领域。在日本，农作物收获后使用过的地膜禁止在农田就地燃烧，因此农民必须将用过的地膜收集起来并将其运到集中地，然后在焚烧炉或水泥窑中处理掉。为此，农民在每 kg 地膜上的花费达 50 日元。而采用生物分解塑料地膜，在耕地时可以与农作物秸秆等一起埋入地下，转化为有机肥料，这样既可以节省开支和劳力，又有利于土壤改良。

包装薄膜也是 Ecoflex® 的重要目标市场，可以用作购物方便袋、庭院垃圾（草、落叶）袋，也可以用作保鲜膜和托盘用包装薄膜等。各种包装容器也是其重要市场，可用于冷、热饮料杯，也可用作冰淇淋盒和冷冻食品的外包装等。此外，其可以像 LDPE 一样拉伸生产扁丝，拉伸 6 倍的扁丝可以用于水果包装编织袋。

此外，Ecoflex® 具有良好的拉伸性能、黏结性能、抗油溶性能和热合性能，适宜作纸的涂覆层，应用前景十分诱人。

6.4 PBAT 与可生物降解聚合物的共混改性

6.4.1 PBAT/PLA 共混物

PLA 具有较高的拉伸强度和压缩模量，但质硬，且韧性较差，缺乏柔性和弹性，极易弯曲变形。这限制了 PLA 应用。而 PBAT 具有良好的拉伸性能和柔韧性，利用 PBAT 对 PLA 进行增韧不失为一种行之有效的方法。

顾书英等用熔融挤出法制备了 PLA/PBAT 共混物。共混物的冲击强度及断裂伸长率随着 PBAT 含量的增加而增大，在 PBAT 含量为 30%（质量分数）时，断裂伸长率最大，达到 9%。不过 PBAT 的加入降低了共混物的拉伸强度和弯曲性能，但在添加量（质量分数）较低的情况（如 5% 和 10%）下，下降不大。

PLA 与 PBAT 的相容性差，导致 PLA/PBAT 的共混物拉伸强度降低较多。为了扩大其应用范围，需在共混物中引入增容剂以减小两相界面张力，增大界面结合力，改善共混体系的力学相容性和冲击性能。赵正达等以德国 BASF 公司的扩链剂 Joncryl ADR-4368 增容了 PLA/PBAT 共混体系。Joncryl 是由甲基丙烯酸缩水甘油酯与其他丙烯酸树脂或苯乙烯合成的共聚物，可以提高共混体系的结晶温度，降低结晶度。PLA/PBAT 以 60/40（质量比）的比例共混时，加入扩链剂 Joncryl 0.5 份后增强了 PLA 与 PBAT 间的界面结合力，共混物的拉伸强度和断裂伸长率都得到明显提高，分别达到 30MPa 和 700%。刘涛等用法国阿科玛公司的 LotaderAX8900 增容了 PLA/PBAT 共混体系，在 PLA/PBAT（质量比）比例为 60/40、AX8900 用量为 3 份时 PLA 与 PBAT 两相界面黏接力得到提高，从而改善了共混物的综合力学性能。朱兴吉等用双螺杆挤出机熔融挤出制备了 PLA/PBAT 共混物，并研究了聚乙二醇（PEG）对其的增容作用。结果表明，少量 PEG 的加入使共混物的拉伸强度、弯曲强度和弹性模量都得到了显著改善，冲击强度略有增加；PEG 增强了共混物中 PLA 与 PBAT 分子链段的相互作用，使共混物的相容性有所提高。卢伟等以乙酰化柠檬酸三丁酯（ATBC）作为增塑剂，采用熔融共混法制备了 PLA/PBAT/AT-BC 共混物。结果表明，PLA/PBAT 以 80/20（质量比）比例共混时，随着 ATBC 量的增加，PLA 的 T_g、T_c 和 T_m 都降低，结晶度提高，球晶生长速率增加。王亮等用 PCL 对 PLA/PBAT 共混物进行增容，发现 PLA/PBAT 共混物的拉伸强度、拉伸弹性模量及冲击强度都随着 PCL 含量的增加而呈上升趋势，断裂伸长率随着 PBAT 含量的增加而降低，但降幅较小；加入 2 份 PCL 可获得相容性良好的共混物。

6.4.2　PBAT/PBS 共混物

PBS 具有良好的生物降解性能，同时主链中大量的亚甲基又使其具有与通用 PE 相近的力学性能。然而，通常 PBS 的加工温度较低、黏度低、熔体强度差，难以采用吹塑和流延的方式进行加工。另外，PBS 是结晶聚合物，其制品往往呈一定脆性，因此需要对其改性。PBAT 既有长亚甲基链的柔顺性，又有芳环的韧性，能够改善 PBS 的脆性，并提高其加工性能。吕怀兴等发现将 PBAT 加入 PBS 中能够降低共混物的熔体流动性，提高熔体黏度，这有利于 PBS/PBAT 的吹塑成型。PBAT 含量为 20%（质量分数）时，与纯 PBS 相比，PBS/PBAT 共混物断裂伸长率提高了 10 倍，冲击强度提高了 82%，而拉伸强度仅降低 6%。

6.4.3　PBAT/PHBV 共混物

PHBV 是一类通过微生物合成，用于碳源和能量储存的热塑性塑料，因其具有良好的生物降解性和生物相容性，引起了人们的极大关注。但 PHBV 脆性大等缺陷严重制约着其应用。将 PHBV 与 PBAT 共混改性，不仅可以提高 PHBV 的韧性，还保证了共混物的全生物降解性。欧阳春发等研究发现 PHBV 与 50%（质量分数）的 PBAT 共混后，共混物的缺口冲击强度和无缺口冲击强度分别由 24J/m、6.5kJ/m^2 提高到 542J/m、63.9kJ/m^2。

共混改性可以改善 PBAT 的某些性能，降低成本，形成适应不同应用的新材料。作为环境友好型的新型聚合物，PBAT 与可生物降解聚合物的共混将更受关注。随着研究的深入，PBAT 的综合性能将不断得到提高，并扩大应用。

6.5　PBAT/黏土纳米复合材料

可生物降解共聚酯 PBAT 在环境和组织工程上呈现很大的应用潜力，但限制其医疗应用的最大问题是力学性能差。然而，研究发现，在 PBAT 中加入纳米尺寸的填料可以克服这一缺陷，赋予 PBAT 基纳米复合材料更好的性能。常用的纳米填料主要有纳米黏土等，可以采用熔融插层法、溶液插层法等制备 PBAT/黏土纳米复合材料。

6.5.1　制备方法

PBAT/黏土纳米复合材料的研究工作已经取得了一定的进展，熔融插层法和溶液插层法都已经用于其制备，所得 PBAT/黏土纳米复合材料的结构见表 6-4。

表 6-4　PBAT/黏土纳米复合材料的结构

制　备　方　法	体　　系	复合材料的结构
溶液插层	MMT-N$^+$（Me）$_2$（tallow）$_2$/氯仿	插层
	MMT-N$^+$（Me）$_2$（CH$_2$-ϕ）（tallow）/氯仿	插层
熔融插层	MMT-NH$_3^+$（C$_{12}$）	插层
	MMT-NH$_3^+$（C$_{18}$）	插层/剥离
	MMT-NH$^+$（EtOH）$_2$（C$_{12}$）	插层
	MMT-N$^+$（Me）$_2$（tallow）$_2$	插层
	MMT-N$^+$（Me）$_2$（CH$_2$-ϕ）（tallow）	插层
	MMT-N$^+$（Me）（EtOH）$_2$（tallow）	插层
母料法	MMT-N$^+$（Me）（EtOH）$_2$（tallow）-g-PCL + PBAT	插层

注：tallow—牛脂。

1. 熔融插层法

（1）PBAT/OMLS 纳米复合材料　Smita M 等采用熔融插层法在双螺杆挤出机上制备了 PBAT/OMLS 纳米复合材料。所用 PBAT 的熔体流动速率为 3.3～6.6g/10min，密度为 1.25～1.27g/cm^3，熔点为 110～115℃。所用蒙脱土为钠基蒙脱土（Na$^+$MMT）和 3 种商用纳米黏土 Cloisite30B（C30B）、Cloisite20A（C20A）和 Bentonite（B109）。WAXD 表明，PLA/OMLS 纳米复合材料中纳米黏土的层间距增大，表明形成了剥离结构的黏土。TEM 表明，纳米黏土均匀地分散于 PBAT 基体中，在复合材料中既有部分剥离结构的黏土存在，也有插层结构存在。力学性能测试表明，用 B109 制备的 PBAT/OMLS 纳米复合材料的拉伸模量较高。将 PBAT 接枝后力学性能进一步提高。FTIR 表明，在接枝的 PBAT/OMLS 纳米复合材料中存在着表面键接。DSC 表明，PBAT/OMLS 纳米复合材料的熔融性能优于纯 PBAT。TGA 表明，复合材料的热稳定性也优于 PBAT。DMA 表明，添加纳米黏土后，复合材料的储能模量增加。此外，其生物降解速率也提高了。

（2）不同改性剂处理的黏土与 PBAT 的复合材料　Someya 等制备了 3 种有机改性 OMLS，MMT-NH$_3^+$（C$_{12}$）、MMT-NH$_3^+$（C$_{18}$）和 MMTNH$^+$（EtOH）$_2$（C$_{12}$）。他们将 3%～10%（质量分数）的黏土添加到 PBAT 中，采用熔融插层法制备了 PBAT/黏土纳米复合材料，并研究了其结构和性能。结果表明，采用 MMT-NH$_3^+$（C$_{12}$）和 MMT-NH$^+$（EtOH）$_2$（C$_{12}$）的体系为插层结构，而采用 MMT-NH$_3^+$（C$_{18}$）的体系除了少量插层外都是剥离结构，而且更为均匀地分散在基体中，同时体系的力学性能与纳米复合材料的结构和结晶度有关。黏土的增强作用在温度高于 T_g 时确实有效，PBAT/MMT-NH$_3^+$（C$_{18}$）体系的性能普遍提高，因为分散的纳米黏土层片限制了聚合物分子链的运动。与 PBAT 相比，未改性 MMT 的 PBAT/MMT 微米复合材料的失重高于 PBAT/MMT-NH$_3^+$（C$_{18}$）纳米复合材料。

2. 溶液插层法

Chivrac 等将这一研究范围扩大，研究了 C20A、D43B 和 N804 改性 PBAT。结果表明，采用溶液插层法制备的纳米复合材料的插层度高于熔融法，而且 C20A 和 D43B 与 PBAT 的亲和力更高。实验没有发现黏土对 T_g 和 T_m 有影响，而结晶度随着黏土含量的增加而增加。对结晶动力学的研究表明，少量 MMT 的加入加快了 PBAT 的成核过程，但是也阻碍了晶粒的长大。根据黏土的分散，这两个相反的作用使 PBAT 表现出不同的结晶行为。此外，拉伸性能测试表明，刚性随着黏土含量的增加而提高，这源于 PBAT 与纳米黏土之间强烈的相互作用，尤其是 C20A，因为结晶度随着黏土用量的增加而降低。但是，在黏土含量高时，由于其团聚，屈服应变和断裂伸长率都下降（图 6-3）。在 MMT-Na 添加量为 3%（质量分数）时，起始分解温度的提高最大，但是其用量再增加后起始分解温度下降，不论是溶液插层法还是熔融插层法都是这样。这一现象与 Lim 的描述一样，即黏土起到了热阻隔层的作用，热分解后成炭，但是遗憾的是层片积热，会加速分解反应。

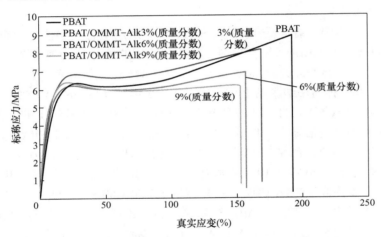

图 6-3　C20A 添加量（质量分数）分别为 3%、6% 和 9% 时
纯 PBAT 及其纳米复合材料的应力—应变曲线

6.5.2　结构

Smita M 等制备了不同种类的 PBAT/黏土纳米复合材料。图 6-4a 所示为 Na⁺ MMT 和有机改性的层状硅酸盐 C20A、C30B 和 B109 的 XRD 谱图。Na⁺ MMT 的 d_{001} = 1.1nm，而 C20A、C30B 和 B109 纳米黏土的 d_{001} 分别为 2.209nm、1.574nm 和 3.005nm。很明显，有机改性后，Na⁺ MMT 和 3 种黏土的层间距 d_{001} 都增大了，层间距的变化顺序：B109 > C20A > C30B > Na⁺ MMT。这说明有机改性后，黏土被插层。图 6-4b 所示为 PBAT/OMLS（加入质量分数为 3%）纳米复合材料的 XRD 谱图，从中可以看出，PBAT/C20A、PBAT/C30B 和 PBAT/ B109 纳米复合材料的特征峰都向小角度方向移动，说明 PBAT 插层到了层状硅酸盐层间了。d_{001} 的大小顺

序：B109 > C20A > C30B。这进一步说明这种高度插层结构是 PBAT 上的羰基与有机黏土上的—OH 作用的结果（图6-5）。

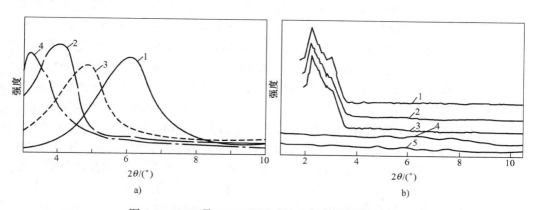

a)

b)

图6-4　MMT 及 PBAT/OMLS 纳米复合材料的 WAXD

a）MMT 的 WAXD

1—Na$^+$MMT　2—C20A　3—C30B　4—B109

b）PBAT/OMLS 纳米复合材料

1—PBAT/C20A　2—PBAT/C30B　3—PBAT/B109　4—MA-g-PBAT-C30B　5—MA-g-PBAT-B109

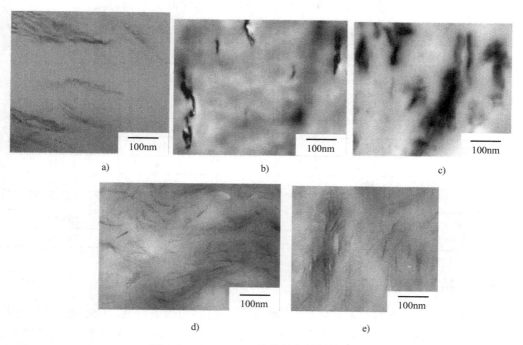

a)　　　　　　　　　　b)　　　　　　　　　　c)

d)　　　　　　　　　　e)

图6-5　PBAT/MMT 纳米复合材料的 TEM

a）PBAT/C30B　b）PBAT/B109　c）PBAT/C20A　d）MA-g-PBAT-C30B　e）MA-g-PBAT-B109

6.5.3 力学性能

表 6-5 给出了 PBAT 及其纳米复合材料的拉伸强度、拉伸模量和断裂伸长率随纳米黏土用量的变化情况。纯 PBAT 的纵、横向拉伸模量分别为 30.17MPa 和 26.20MPa。很明显，添加纳米黏土后，不论是纵向还是横向的拉伸模量都得到了提高。对于含 C30B 的 PBAT/OMLS 纳米复合材料，纵、横向的拉伸模量分别提高了 31.99% 和 30.59%，这可能是纳米黏土的长径比大，在 PBAT 与纳米黏土间产生了强烈的相互作用所致。其他几种 PBAT/MMT 复合材料的纵、横向拉伸强度也都得到了提高。按照弹性模量增幅的大小顺序排列，PBAT/B109 > PBAT/C30B > PBAT/C20A > PBAT/Na$^+$MMT。在所有 PBAT/OMLS 纳米复合材料中，PBAT/B109 纳米复合材料的性能最好，这可能是 B109 在 PBAT 中的均匀分布和微米分散，促进了纳米黏土层片的分离，进而在熔融复配中通过剪切应力的作用实现了部分剥离和插层。B109 是蒙脱石的变种，是锂蒙脱石，单位质量的颗粒更多，层片更小，因而产生的表面积更大，因此其比有机改性的 C20A 和 C30B 具有更好的性能。在所有 PBAT/MMT 复合材料中，纵向的性能均高于横向，这可能是纳米黏土在纵向方向上的排布更均匀、界面间的作用更大所致。然而，添加纳米黏土后拉伸强度和断裂伸长率均下降，这与纳米黏土含量有关，其中 PBAT/Na$^+$MMT 复合材料下降得最为明显。这进一步表明，PBAT 与亲水的 Na$^+$MMT 间的亲和力低。

表 6-5　纳米黏土用量对 PBAT/MMT 复合材料力学性能的影响

试　　样		拉伸模量/MPa	拉伸强度/MPa	断裂伸长率（%）
PBAT	横向	26.20	20.81	602.00
	纵向	30.17	14.32	766.89
PBAT/Na$^+$MMT	横向	26.30	6.75	533.99
	纵向	30.29	5.03	620.00
PBAT/C30B（质量分数为3%）	横向	34.21	6.88	552.84
	纵向	39.81	10.78	601.95
PBAT/C20A（质量分数为3%）	横向	30.03	3.51	544.00
	纵向	32.35	4.19	550.94
PBAT/B109（质量分数为3%）	横向	36.38	5.49	595.00
	纵向	44.33	17.37	740.00

6.5.4 结晶与熔融行为

表 6-6 及图 6-6 给出了 PBAT 及其纳米复合材料的熔融特性。DSC 曲线揭示出了 PBAT 共聚酯的单一转变，即 T_g、T_c 和 T_m。室温时 PBAT 表现为 T_g 和 T_m 之间的橡胶平台。考虑了酯键、亚甲基和对苯基后计算的 100% 结晶 PBAT 的结晶焓分别为 22.5kJ/mol、4.0kJ/mol 和 5.0kJ/mol。结晶度的计算所用公式为

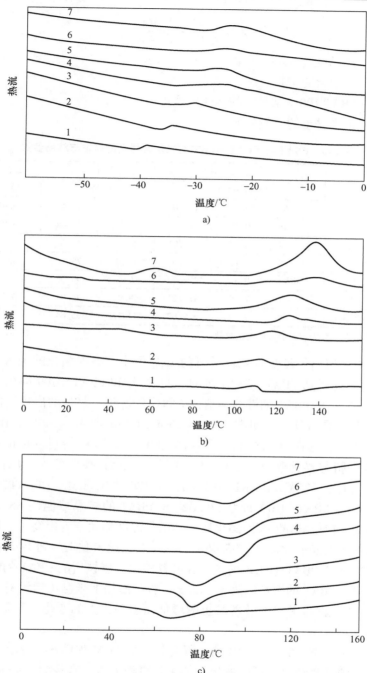

图 6-6　PBAT 与 PBAT/MMT 纳米复合材料的 T_g、T_m 和 T_c

a)　T_g　b)　T_m　c)　T_c

1—PBAT　2—PBAT-Na$^+$MMT　3—PBAT-C20A　4—PBAT-C30B　5—PBAT-B109

6—MA-g-PBAT-C30B　7—MA-g-PBAT-B109

$$X_c = \frac{\Delta H_f}{\Delta H_{100\%}} \cdot \frac{100}{1 - w_w}$$

式中　　X_c——结晶度（%）；

　　　　ΔH_f——熔融焓的实验值；

　　　　$\Delta H_{100\%}$——PBAT 100% 结晶时的熔融热焓；

　　　　w_w——纳米黏土的质量分数。

表6-6　PBAT 与 PBAT/MMT 纳米复合材料的熔融与结晶参数

试　　样	$T_g/℃$	$\Delta C_p/$ $[J/(g \cdot ℃)]$	$T_m/℃$	ΔH_f $/(J/g)$	$T_c/℃$	ΔH_c $/(J/g)$	X_c（%）
PBAT	-39.69	0.46	109.02	4.01	66.41	-3.90	3.51
PBAT/Na⁺ MMT 3%	-35.48	0.37	112.00	5.01	77.48	-3.94	4.54
PBAT/C20A 3%	-33.24	0.22	118.01	5.68	79.31	-4.12	5.13
PBAT/C30B 3%	-27.28	0.17	125.00	6.39	75.47	-5.30	5.77
PBAT/B109 3%	-26.16	0.39	126.72	7.98	95.05	-16.3	7.20
MA-g-PBAT/C30B 3%	-26.31	7.18	138.25	18.91	94.01	-6.29	17.10
MA-g-PBAT/B109 3%	-25.28	7.49	139.02	24.31	95.64	-15.2	21.98

注：试样中的百分数为填料加入的质量分数。

可以看出，玻璃化转变时复合材料的 ΔC_p 很小。纳米黏土的加入使 PBAT 的 T_g 从 -39.69℃ 提高到 PBAT/ C30B 时的 -27.28℃ 和 PBAT/B109 时的 -26.16℃，这是 C30B 的羟基与 PBAT 酯键的羰基分子间作用所致。氢键的出现可能使分子链难以运动，进而提高其 T_g。此外，MA-g-PBAT/C30B 和 MA-g-PBAT/B109 纳米复合材料的 T_g 更高，分别为 -26.31℃ 和 -25.28℃，说明化学链接/物理链接的形成改善了基体树脂与纳米黏土间的界面。同样，PBAT 基体的 T_m 也有较大提高，PBAT/C30B 的为 125℃、PBAT/B109 的为 126.72℃、MA-g-PBAT/C30B 的为 138.25℃、MA-g-PBAT/B109 的为 139.02℃。PBAT 的结晶峰温为 66.41℃，添加纳米黏土和 MA 接枝 PBAT 官能团化后，其结晶温度都大幅度提高了。PBAT/C30B 纳米复合材料的结晶温度最高，95.45℃，这主要是纳米黏土起到了异相成核作用。但是，与未接枝的 PBAT/OMLS 纳米复合材料相比，接枝后的 PBAT 的结晶温度并没有大的提高。PBAT 的熔融焓为 4.01J/g 左右，添加纳米黏土后没有表现出大的变化。PBAT 的结晶度并没有随着黏土的增加而表现出大的变化，但是 PBAT 官能团化后大幅度增加。

Fang Y 等制备的 PBAT/C30B 纳米复合材料的 POM 如图 6-7 所示。图 6-7a 所示为纯 PBAT 的结晶情况，可以看出晶体生长得很完善，直径为 7 ~ 8μm，晶体密度相对较低。而 PBAT/2%（质量分数）C30 纳米复合材料（图 6-7b、c）中 PBAT 的球晶变得小得多了，而且随着 C30B 含量的增加，球晶密度增加，这显示出了 C30B 的异相成核作用，使成核密度增加。因此，可以得出结论，即 C30B 的存在及其含量对 PBAT 的球晶结构和总的结晶过程有着十分重要的影响。图 6-8 表明，纯 PBAT 和 PBAT/C30B 的 WAXD 谱图几乎在相同的位置表现出同样的衍射峰，这说明 C30B 并不会改变 PBAT 的晶型结构。

图 6-7　纯 PBAT 及其复合材料的 POM

a）纯 PBAT　b）PBAT/2%（质量分数）C30B　c）PBAT/5%（质量分数）C30B

注：从熔融态于 120℃下结晶 30min。

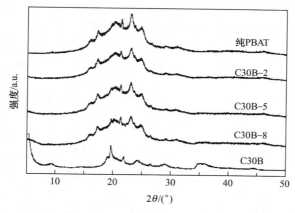

图 6-8　纯 PBAT 和 PBAT/2%（质量分数）C30B 的 WAXD 谱图

注：90℃下结晶 58h。

6.5.5　热稳定性

图 6-9 和表 6-7 为 PBAT 及其纳米复合材料的起始分解温度和分解 50%（质量分数）时的温度及质量残留率。纯 PBAT 的起始热分解温度为 310.58℃，100% 分解时的温度为 412℃，而添加有机改性的纳米黏土大大提高了其热稳定性。PBAT/C30B 纳米复合材料的起始热分解温度为 322.58℃，最终分解温度为 462.24℃，远高于 PBAT 基体的。PBAT/B109 纳米复合材料也出现了类似的趋势，其起始热分解温度和最终分解温度分别为 326.23℃ 和 469.24℃。这主要是纳米黏土起到了隔热层的作用，而且有助于热分解过程中炭层的形成。

MA-g-PBAT/OMLS 纳米复合材料的热分解温度进一步提高，其中 MA-g-PBAT/B109 的起始分解温度和最终分解温度最高，分别为 339.59℃ 和 505.82℃，这是因为其比表面积高，层片更小。质量残留率也表明纳米复合材料的热稳定性提高。

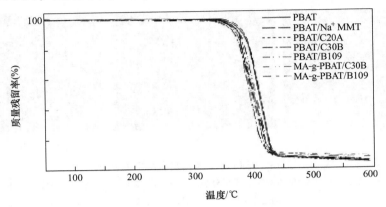

图 6-9　PBAT 与其纳米复合材料的 TGA 图

表 6-7　PBAT 与 PBAT/MMT 纳米复合材料的热分解性能

试　　样	初始分解温度/℃	最终分解温度/℃	50%分解温度/℃	残碳量（质量分数,%）
PBAT	310.58	412.00	405.01	8.13
PBAT/Na⁺MMT	311.12	416.25	406.54	8.03
PBAT/C30B（质量分数为3%）	315.29	420.59	410.12	7.95
PBAT/C20A（质量分数为3%）	322.58	462.24	414.38	7.32
PBAT/B109（质量分数为3%）	326.23	469.24	421.13	7.41
PBAT/PBAT-g-MA/C30B（质量分数为3%）	322.88	462.58	418.72	8.12
PBAT/PBAT-g-MA/B109（质量分数为3%）	339.59	505.82	419.33	5.05

6.5.6　降解性能

图 6-10 给出了 PBAT 及其纳米复合材料的降解性能。可以看出，随着堆肥时间的增加，生物降解性线性增加。PBAT 基体的降解速率随着未改性纳米黏土的增加而增加，但随着有机改性黏土的添加而大幅度下降，这可能是黏土的亲水性所致。而另一方面，降解速率随着有机改性的 Na⁺MMT 和 MA-g-PBAT 而降低，这进一步表明 PBAT 基体中大长径比的层状硅酸盐界面改善，而且分散均匀，从而使基体中的酶或者是水透过薄膜的扩散路径更加曲折。这可能是与未改性的 Na⁺MMT 相比，改性的 Na⁺MMT 的亲水性更大的缘故。PBAT 基体降解性增加顺序：PBAT/Na⁺MMT ＞ PBAT ＞ PBAT-g-MA/C30B ＞ PBAT/C30B。降解程度根据产生的 CO_2 量确

定。纯 PBAT 在 120d 内的降解程度为 66.38%（质量分数），这证实其是一种生物降解塑料，而且添加纳米黏土后并没有抑制其内在降解性，即 PBAT 的降解性随着未改性的 MMT 的加入而提高。

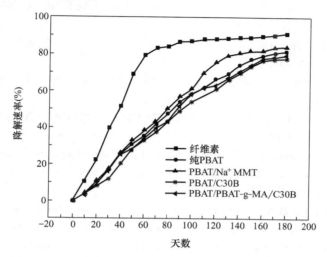

图 6-10　纯 PBAT 与 PBAT/MMT 复合材料的生物降解速率

参 考 文 献

［1］Ray Smith. 生物降解聚合物及其在工农业中的应用［M］. 戈进杰，王国伟，译. 北京：机械工业出版社，2011：17.

［2］杨斌. 绿色塑料聚乳酸［M］. 北京：化学工业出版社，2007：5.

［3］翁云宣. 生物分解塑料与生物基塑料［M］. 北京：化学工业出版社，2010：138-143.

［4］顾书英，詹辉，任杰，等. 聚乳酸-PBAT 共混物的制备及其性能研究［J］. 中国塑料，2006，20（10）：39 - 42.

［5］赵正达，刘涛，顾书英. Joncryl 增容 PLA/PBAT 共混体系结构及性能研究［J］. 材料导报，2008，22：416 - 421.

［6］刘涛，赵正达，顾书英. AX8900 增容聚乳酸/PBAT 共混体系的研究［J］. 塑料工业，37（3）：75 - 81.

［7］朱兴吉，顾书英，任杰，等. PEG 对 PLA/Ecoflex 复合材料性能的影响［J］. 塑料工业，2007，35（7）：19 -21.

［8］卢伟，李雅明，杨钢，等. 聚乳酸/PBAT/ATBC 共混物的结晶行为［J］. 胶体与聚合物，2008，26（2）：19 - 21.

［9］王亮，顾书英，詹辉，等. 聚己内酯对聚乳酸/PBAT 共混物增容作用的研究［J］. 工程塑料应用，2007，35（8）：5 -8.

［10］袁华，杨军伟，刘万强，等. 熔融扩链反应制备 PLA/PBAT 多嵌段共聚物［J］. 工程塑料

应用，2008，36（10）：46 - 50.

[11] 吕怀兴，杨彪，许国志. PBS/PBAT 共混型全生物降解材料的制备及其性能研究 [J]. 中国塑料，2009，23（8）：18 -21.

[12] 王秋艳，许国志，翁云宣. PPC/PBAT 生物降解材料热性能和力学性能的研究 [J]. 塑料科技，2011，39（6）：51 -54.

[13] 欧阳春发，贾润萍，王霞，等. PHBV/PBAT 共混物形态与性能研究 [J]. 中国塑料，2008，22（6）：44 -48.

[14] 宁平，陈明月，肖运鹤. 填充改性 PBAT 的结构与性能研究 [J]. 化工新型材料，2010，38（7）：116 -119.

[15] 丘桥平，谢新春，谭磊，等. 可生物降解 TPS/PBAT 复合材料的制备 [J]. 合成树脂及塑料，2009，26（3）：13 - 16.

[16] Olivato J B, Grossmann M V E, Yamashita F, et al. Compatibilisation of starch/poly（butylene adipate coterephthalate）blends in blown films [J]. International Journal of Food Science and Technology, 2011, 46（9）：1934 - 1939.

[17] Fukushima K, Wu M H, Bocchini S, et al. PBAT based nanocomposites for medical and industrial applications [J]. Materials Science & Engineering C, 2012, 32, 1331-1351.

[18] Yang F, Qiu Z. Preparation, crystallization, and properties of biodegradable poly（butylene adipate-co-terephthalate）/organo modified montmorillonite nanocomposites [J]. Journal of Applied Polymer Science, 2011, 119：1426-1434.

[19] Dimitry O I H, Abdeen Z I, Ismail E A, et al. Preparation and properties of elastomeric polyurethane/organically modified montmorillonite nanocomposites [J]. Journal of Polymer Research, 2010, 7：801-813.

[20] Chen J H, Chen C C, Yang M C. Characterization of nanocomposites of poly（butylene adipate-co-terephthalate）blending with organoclay [J]. Journal of Polymer Research, 2011, 18：2151-2159.

[21] Chivrac F, Kadlecova Z, Pollet E, et al. Aromatic copolyester-based nano-biocomposites：elaboration, structural characterization and properties [J]. Journal of Polymers and the Environment, 2006, 14：393-401.

[22] Perrine Bordes, Eric Pollet, Luc Avérous. Nano-biocomposites：Biodegradable polyester/nanoclay systems [J]. Progress in Polymer Science, 2009, 34：125-155.

[23] Smita Mohanty, Sanjay K Nayak. Aromatic-Aliphatic Poly（butylene adipate-coterephthalate）Bionanocomposite：Influence of Organic Modification on Structure and Properties [J]. Polymer Composite, 2010, 31：1194-1204.

[24] 刘海云. 聚（己二酸丁二醇酯–对苯二甲酸丁二醇酯）的改性研究 [D]. 扬州：扬州大学，2014：8.

▶▶▶▶▶▶

第7章

聚乙烯醇及其纳米复合材料

7.1　概述

聚乙烯醇〔poly（vinyl alcohol），PVA〕是由醋酸乙烯（PVAC）皂化而成的，是目前发现的唯一具有水溶性的聚合物。它是一种无色、无毒、高阻隔、可生物降解的水溶性有机高分子聚合物。事实上，PVA 是聚醋酸乙烯酯的精炼产物，因为其最为常见的制备工艺是在碱性催化剂，如氢氧化钠等存在的情况下通过水解（醇解）用羟基代替醋酸酯基而得。水解程度决定了残存乙酰基的量，这进而影响PVA 的黏度特性。PVA 只以聚合物的形式存在，还没有分离出单体。

PVA 具有优良的综合性能，力学性能和耐热性能远优于聚烯烃，与工程塑料聚酰胺、聚碳酸酯等相当，阻隔性能优异。PVA 有很多种工业应用，可以用在医疗、建筑、包装等领域。

PVA 是重要的可由煤、天然气等非石油路线大规模工业化生产的高分子材料，近年来发展十分迅速。我国 PVA 产能由 2008 年的 66 万 t 增加到 2012 年的 120 万 t，居世界第一。

7.2　PVA 的合成

PVA 是由聚醋酸乙烯酯水解而得到的，其合成与分子式如图 7-1 所示。聚合度的高低决定了其相对分子质量的大小和黏度高低，水解的程度也反映了由聚醋酸乙烯酯到 PVA 的转变程度。部分水解得到的 PVA 的 T_g 为 58℃，T_m 为 180℃；完全水解得到的 PVA T_g 和 T_m 则分别为 85℃ 和 230℃。

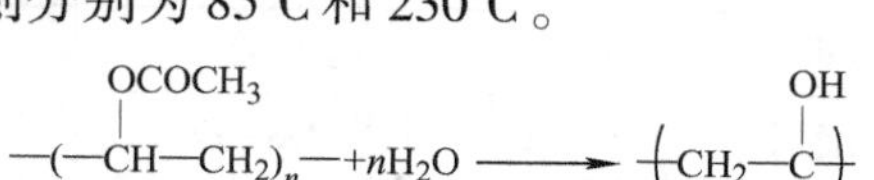

图 7-1　PVA 的分子结构

7.3 PVA 的性能

PVA 分子结构中含有大量的羟基，分子链为锯齿形直链状，结构规整，分子内或分子间均易形成较强的氢键，结晶度高，因此具有独特的性能。

1. 吸湿性

PVA 是易吸潮的高分子材料，其粉末原料的吸湿性较加工成膜的差，但成膜过程中使用的增塑剂通常会增加其吸湿性。虽有高吸湿性，但其薄膜在高湿度下仍保持不粘和干燥。

2. 热稳定性

PVA 在 170℃以上会软化而不熔，在有氧存在的条件下其热稳定性极差，加热时色泽由浅变深，直至分解。其分解温度为 180℃，在真空中为 200℃。

3. 气体阻隔性

PVA 对许多气体都有很高的阻隔性能，如氧气、二氧化碳、氢气、氦气和硫化氢气体。完全醇解的 PVA 在 25℃下测得的氧、氮的透气率几乎为 0，二氧化碳仅为 $0.02g/m^2$。值得注意的是，氨和水蒸气对 PVA 薄膜的透过率较高（表 7-1 和表 7-2）。

表 7-1　PVA 薄膜的水蒸气透过率

膜厚/mm	膜两侧相对湿度	水蒸气透过率/$[g/(m^2 \cdot 24h)]$
0.076	0/50	7.0
0.076	50/72	147

注：按 ASTME96-53T 法测定。

表 7-2　各种薄膜的透氧性

薄膜种类	PVA	EVOH	PVDC	PAN	PA	HDPE
透氧量（厚 25μm，23℃，相对湿度为 0%）/$[g/(m^2 \cdot 24h)]$	<0.2	0.4~5	7.7~26.5	12.5	40	510~3875

4. 光学性质

PVA 薄膜透明度高，与聚酯薄膜相当，对可见光的透光率达 80% 以上，对紫外光透光率达 70% 以上，而对红外线 15~6.6μm 波长光是不透过的，很适合作农用保湿薄膜，见表 7-3。

表 7-3　不同材料的透明性与光泽性

性　　能	测试仪器	PVA	玻　璃　纸	PVC	PE
透过率（%）	普尔弗里光度计	60~66	58~66	48~58	54~58
反射率（%）	树上式光泽度计	81.5	60.0	79.5	22.0

5. 力学性能

PVA 的拉伸强度比通用塑料高，能制得非常强韧、耐撕裂的薄膜。其优点是薄膜或模塑制品的拉伸强度、断裂伸长率、撕裂强度、硬度等都可由增塑剂用量、水含量等来调节。

（1）拉伸性能　在相同的试验条件下，一定醇解度的 PVA 的拉伸强度随聚合度的增加而增加。在伸长时，PVA 薄膜的拉伸强度明显增加，定向前平均拉伸强度为 69MPa 的薄膜在拉伸到原长的 5 倍后增加到 345MPa。未经拉伸的 PVA 薄膜的断裂伸长率差异很大，从 10% 到 600% 以上，主要受其聚合度、增塑剂含量及水分的影响，见表 7-4 所示。

表 7-4　各种薄膜的力学性能

薄　　膜	PVA	玻　璃　纸	PVC	PE	PP
拉伸强度/MPa	95.6 ~ 99.8	55.9 ~ 100.4	21.0 ~ 23.5	16.8 ~ 20.1	40.2 ~ 55.5
撕裂强度/MPa	15 ~ 85	0.2 ~ 0.4	4 ~ 8	3 ~ 10	1.3 ~ 7.0
断裂伸长率（%）	80 ~ 300	14 ~ 30	5 ~ 30	60 ~ 400	150 ~ 500

（2）撕裂强度　PVA 薄膜的撕裂强度随醇解度和聚合度的增加而增大，加入少量增塑剂会明显提高其撕裂强度。

（3）硬度和柔软度　未增塑时，PVA 的邵氏硬度在 100 以上，脆性较大。加入增塑剂后可得到邵氏硬度低于 10 的柔性产物。

6. 生物降解性

PVA 是水溶性聚合物，其在环境中具有优异的生物降解性。自从 Nord 于 1936 年报道 PVA 在土壤中的生物降解以来，关于 PVA 生物降解的研究已有 80 年的时间。通常认为 PVA 的降解机理有两种，即聚合物链上的无规断裂和端基解聚反应。除了其水溶液外，PVA 薄膜和纤维也具有生物降解性，但降解速率要比其水溶液低一些。与喜氧环境相比，在厌氧条件下 PVA 需要较长的降解时间。其结构，如皂化度、聚合度、规整度和 1,2-乙二醇的含量等都会影响其降解性能。1,3-二醇脱氢化反应要比单体头头链接形成的 1,2-二醇结构快得多。PVA 中未反应的乙酰基会被酯酶催化水解，进而得到相应的羟基。其生物降解过程受其上羟基的立体化学构象影响。

PVA 薄膜具有很好的水溶性，实验表明，将纯 PVA 薄膜在 50℃下热处理 10min 后放在 25℃去离子水中，其完全溶解的时间仅为 40s。热处理条件不同，其溶解时间也不同。一般来说，随着高温下热处理时间的延长，PVA 薄膜对水的溶解性下降；低温下即使处理很长时间溶解性也不会有很大变化。

由于 PVA 薄膜具有水溶性和生物降解性，常作医用袋、一次性包装袋等使用。

7.4 PVA 的加工

PVA 多羟基强氢键特性使其熔点（226℃）与分解温度（200～250℃）十分接近，难以热塑加工，如能实现 PVA 的热塑加工，则可开拓其应用领域。开展这方面的研究具有十分重要的意义。国内外已对此进行了许多研究，关键是获得热塑加工窗口，采用的方法主要有溶液增塑、化学改性和与其他高分子材料共混改性等。王琪等通过分子复合和增塑，选择与 PVA 有互补结构的含氮化合物和水组成复合改性剂，抑制其结晶，降低其熔点，提高其热分解温度，获得热塑加工窗口。同时，通过控制 PVA 中的水状态，避免加工中水剧烈蒸发产生气泡，从而成功实现了其热塑加工。

7.4.1 分子复合实现 PVA 热塑加工

分子复合是指结构互补的分子通过库仑力、氢键、范德华力、电荷转移相互作用等次价键力而缔合，形成独特的超分子结构，赋予材料新的性能。王琪等通过分子复合实现了 PVA 热塑加工。

1. 抑制 PVA 结晶，获得热塑加工窗口

王琪等根据超分子科学原理，选择与 PVA 有互补结构的含氮化合物和水组成 PVA 的复合改性剂，通过含氮化合物中的 C═O 和 N—H 等基团与 PVA 的羟基形成新的小分子与大分子间氢键，破坏 PVA 自身分子内、分子间氢键，抑制其结晶，使其熔点从 226℃降至约 130℃，起始分解温度提高到 261℃，获得 120℃以上的热塑加工窗口，解决了 PVA 难以热塑加工的难题。

2. 控制 PVA 中水的状态，避免其发泡

水是 PVA 理想的增塑剂，但其沸点较低，易在加工温度下蒸发，不利于 PVA 的稳定热塑加工。王琪等在改性 PVA 体系中使水的沸点由纯水的 96℃升高至 139.8℃，且沸程变宽，蒸发速率降低，从而避免了其熔融加工过程中水剧烈蒸发形成气泡，这是实现 PVA 稳定热塑加工的必要条件。

3. 改进 PVA 熔体流变行为

PVA 熔体表现出明显的剪切变稀行为，为假塑性流体。温度降低，PVA 熔体的温度敏感性和剪切敏感性明显增加，非牛顿性增强。PVA 熔体是拉伸稀化型流体，王琪等研究表明，用 Ac 取代部分水可以降低体系的拉伸黏度。挤出成型时 PVA 熔体由螺杆进入口模的过程中部分水分散失，表现出类似凝胶的流变性能。因此，其热塑加工时应严格控制加工条件，以获得流动稳定、良好的 PVA 熔体。

4. 改善 PVA 熔体结晶行为

PVA 热塑加工的实现，使其熔体结晶研究成为可能。王琪等在较温和的实验条件下观察到改性 PVA 熔体结晶得到的具有黑十字消光图像的正球晶（图 7-2）。

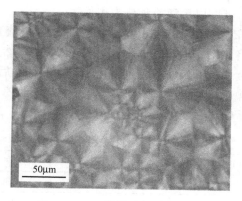

图 7-2 PVA 熔体冷却时的 POM

7.4.2 PVA 热塑加工新技术

1. 熔融纺丝

传统湿法纺丝得到的 PVA 纤维截面呈腰子形，有明显的皮芯结构，难以高倍拉伸，强度仅为 0.6 ~ 0.7GPa。王琪等成功实现了 PVA 连续稳定的熔融纺丝，制备了圆形截面、均匀结构的 PVA 初生纤维（图 7-3）。他们是利用初生纤维中复合改性剂对 PVA 分子间氢键的弱化实现了其熔纺纤维的高倍拉伸，随着拉伸倍数增加，纤维取向结构形成并发展，无定形区分子链取向程度提高。取向诱导使其结晶更快，结晶结构更加完善，微晶增大，片晶厚度增加。取向结构的形成促使其分子链排列更加紧密，单位体积内分子链数目增多，氢键强度增大，显著改善了熔融纺丝纤维的力学性能。拉伸 16 倍时，PVA 纤维的拉伸强度可达 1.9GPa、弹性模量可达 39.5GPa，是传统湿法纺丝的 2 ~ 3 倍。

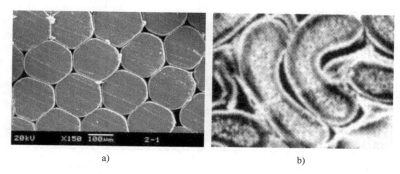

a)   b)

图 7-3 不同工艺得到的 PVA 纤维的横断面

a）熔融纺丝法 b）传统湿法纺丝

2. PVA 薄膜的加工

目前国内外 PVA 薄膜的成型工艺主要有溶液流延涂布法、湿法挤出吹塑法和干法挤出吹塑法 3 种。其中以溶液流延法为主。

（1）溶液流延涂布法　目前市售 PVA 薄膜多采用溶液流延法生产，工艺复杂，能耗高。工艺流程：将 PVA 树脂溶于溶剂水中配成溶液，然后将溶液均匀分散到连续的金属带上，随金属带的运动，经过烘箱蒸发溶剂，然后从金属带上将薄膜剥离；再经加热辊筒干燥，然后经骤冷、卷取，得到连续的 PVA 薄膜。制备薄膜的关键是控制涂胶量及干燥过程的温度和热风流量。

表 7-5　溶液流延涂布法 PVA 薄膜的性能

性　　能	数　　值
拉伸强度/MPa	30 ~ 47
断裂伸长率（%）	180 ~ 300
撕裂强度/（kN/m）	150 ~ 200
热封强度/（N/15mm）	5 ~ 12

（2）湿法挤出吹塑法　将 PVA 与水、助剂进行溶胀，然后经挤出熔融、过滤、脱泡后吹塑成薄膜。湿法挤出吹塑法生产 PVA 薄膜的工艺流程如图 7-4，其薄膜性能见表 7-6。

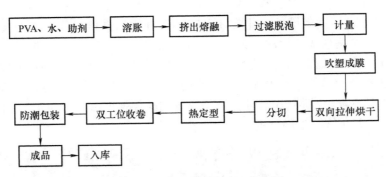

图 7-4　湿法挤出吹塑法工艺简图

表 7-6　湿法挤出吹塑法 PVA 薄膜性能

性 能 名 称	数　据	
	纵　　向	横　　向
拉伸强度/MPa	113.6	113.9
断裂伸长率（%）	101.0	79.2
透氧量/[mL/（10^{-5}Pa·24h）]	0.3 ~ 6.0	

（3）干法挤出吹塑法　将 PVA 真空干燥 24h 后与塑化改性剂、成膜剂按一定配比在高速混合机内混合均匀，然后经单螺杆挤出机挤出造粒，再经挤出机脱泡吹塑薄膜，工艺流程如图 7-5 所示，所得薄膜性能见表 7-7。

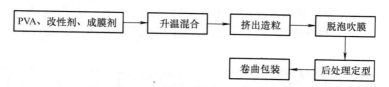

图7-5　干法挤出吹塑法工艺流程图

表7-7　干法挤出吹塑法 PVA 薄膜性能

项　　目	纵　　向	横　　向
拉伸强度/MPa	41.7～54.0	39.4～77.1
断裂伸长率（%）	340～380	160～200
直角撕裂强度/（kN/m）	109.1～151.4	52.1～84.9
O_2透过系数/[cm^2/（s・cm・133.322Pa）]	\multicolumn{2}{c}{(1.63～1.97)×10^{-13}}

（4）各种成型方法的优缺点　溶液流延涂布法的特点是薄膜厚度均匀，透明度、光泽度好，但设备投资大，生产环境差，对环境不利。湿法挤出吹塑法设备投资少，成型出的薄膜为筒状，便于制袋，但工艺相对复杂，因此国内的 PVA 薄膜主要依赖进口，价格较高。干法挤出吹塑法设备相对简单，生产稳定可控，薄膜性能优异，生产成本相对较低，对扩大 PVA 的应用有积极推动作用。

3. **热塑发泡**

王琪等利用水的可发泡性，结合 PVA 热塑加工新技术，以水为增塑剂兼物理发泡剂，通过熔融挤出连续发泡或模压法静态发泡制备了模量可调、泡孔结构均匀的 PVA 极性泡沫材料，在外科敷料、药物释放、包装、重金属吸附、隔声降噪等领域有重要应用。

吴文情等将塑化 PVA/发泡剂 601/成核剂滑石粉/二氧化硅等按照 100/1.0/1.0/0.5（质量比）的比例在高速混合机内混合，然后在单螺杆挤出机上将其挤出发泡。工艺条件：螺杆转速分别为 10r/min、15r/min、20r/min、30r/min、40r/min、80r/min，各区温度（从加料口到机头方向）分别为 185℃、200℃、210℃、205℃，机头 195℃。结果表明，在低剪切速率下，泡孔密度较大，而且泡孔分布均匀，随着螺杆转速的提高，泡孔分布以及尺寸不均匀。因为在低剪切速率下，PVA 熔体黏度较大，不易发生泡孔破裂或泡孔合并，有利于泡孔的稳定，而且转速较低，物料在螺杆内停留时间较长，能够使发泡剂和成核剂最大程度均匀地分布在 PVA 基体中，因此泡孔尺寸分布以及泡孔分布均匀。随着转速的提高，PVA 熔体黏度下降，因此出现了图 7-6b 所示的泡孔合并现象。气泡为变形的圆形或椭圆形，而且一些泡孔不具备完整的泡壁，有较多的空洞，表明制备出的 PVA 泡沫是开、闭孔混合结构的发泡材料。随着转速的持续升高，黏度不断下降，泡孔并泡严重，而且物料在螺杆中停留时间缩短，发泡剂和成核剂分布不均，造成泡孔并泡。

转速达到40r/min时（图7-6e），熔体黏度已经趋于平稳。黏度较低，气体极易从PVA熔体中逸出，只有很少一部分气体起到了发泡剂的作用，泡孔数量和尺寸均减少。

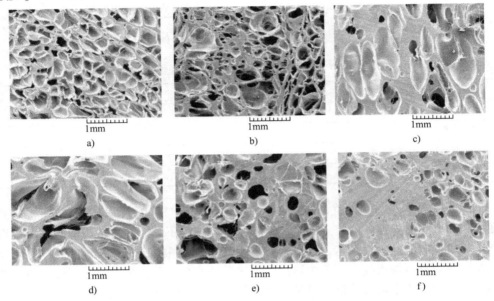

图7-6　不同螺杆转速时 PVA 的泡孔形态 SEM 照片
a）螺杆转速为10r/min　b）螺杆转速为15r/min　c）螺杆转速为20r/min
d）螺杆转速为30r/min　e）螺杆转速为40r/min　f）螺杆转速为80r/min

7.5　PVA/层状硅酸盐纳米复合材料

研究表明，层状分散的 MMT 可以克服 PVA 薄膜耐水性差等缺点，这主要与层状分布的 MMT 延长了分子扩散路径并限制了 PVA 分子活动空间有关。MMT 分布在 PVA 基体中通常有 3 种形态——常规、插层及剥离，后两种为纳米尺度的复合。根据分散状态所占比例的不同，复合材料可分为插层型及剥离型两种。制备插层型或剥离型的 PVA/MMT 纳米复合材料通常采用原位插层聚合法、溶液插层法及熔融插层法。

7.5.1　制备方法

1. 原位插层聚合法

由于烯醇单体不能稳定存在，PVA 不能使用乙烯醇单体直接均聚得到，而需使用醋酸乙烯酯单体聚合后通过水解得到聚乙烯醇。为了使醋酸乙烯酯单体更好地插入 MMT 片层中，通常要先对 MMT 进行有机化处理，即通过其片层间的阳离子交换作用将有机长碳链离子引入其中，扩大片层间距，同时使 MMT 片层表面由亲水性变成疏水性，以利于醋酸乙烯单体插入其中。

Yuan-Hsiang Yu 等采用原位自由基聚合法制备了 PVA/OMLS 复合材料。他们将 0.015~0.5g 的 OMLS 分散于 100 mL 甲醇溶液中，常温下磁力搅拌 24 h；同时将乙酸乙烯酯（VAc）单体 9.5~10 g 溶于 8 mL 甲醇溶液中，与之前的分散体系混合，搅拌加热至 60~65℃，加入适量引发剂再加热搅拌 4h，制得 PVA/OMLS 纳米复合材料；随后冷却至 40℃，加入含有 0.2 g NaOH 的甲醇溶液 20mL，水解 10min，过滤后用甲醇洗涤，在 40℃下真空干燥 48 h，即可制得 PVA/OMLS 纳米复合材料。结果表明，随 OMLS 含量的增加，复合材料的分解温度由 229.51℃升高至 270.13℃，并随 OMLS 含量的增加而升高。燃烧残炭量也呈现同一趋势，质量分数由 5.36% 增加至 15.02%。其原因有三：其一是 OMLS 具有极好的隔热性，可以抑制热量的传递，而且对降解过程中物质的挥发起到阻透作用；其二是呈纳米级分散的 OMLS 片层阻碍了 PVA 分子的热运动；其三是 PVA 分子进入到 OMLS 片层中，被片层保护，增加了体系的热稳定性。随着 OMLS 含量的增加，以上 3 种作用愈加明显，因此体系呈现热稳定性逐渐增加的趋势。与 OMLS 复合后，合成的 PVA 相对分子质量随 OMLS 含量的增加呈下降趋势，而相对分子质量分布却相对集中。这是由于随 OMLS 的添加，越来越多的 VAc 单体分散进入 OMLS 片层间进行聚合，分子链增长受到一定限制，从而使得相对分子质量随 OMLS 含量的增加而减小，相对分子质量分布也随之变窄。将制得的复合材料制成质量分数为 1% 的水溶液，流延成薄膜。与 PVA 薄膜相比，PVA/OMLS 复合材料薄膜的储能模量升高，并随 OMLS 含量的增加呈上升趋势，但薄膜的透光率随之降低，由 70% 逐渐降至 23%。

Jeong HyunYeum 等采用悬浮聚合法制备了 OMLS 含量为 1%~5%（质量分数）的 PVA/OMLS 纳米复合材料，发现聚合的 PVA 分子已成功插层进入 OMLS 片层中，如图 7-7 所示。插层后，由于片层间距离增大，使得衍射角有所偏移。随着 OMLS 含量的增加，PVA 重均相对分子质量、数均相对分子质量和相对分子质量均较大，复合材料的热稳定性提升明显，添加 1%（质量分数）OMLS 时复合材料的残炭量高于纯 PVA 5%。

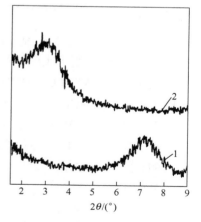

图 7-7 插层前后 XRD 曲线

2. 溶液插层法

采用原位插层聚合法可制得分散形态最好的 PVA/MMT 复合材料，但采用这种方法制得的 PVA 相对分子质量较低，而且制备过程繁琐，制备薄膜等的工艺也颇为复杂，目前最广泛应用的方法为工艺较为简单的溶液插层法。

（1）PVA/MMT 纳米复合材料 Strawhecker 和 Manias 采用同样方法尝试制备

PVA/MMT 纳米复合材料薄膜，他们将含有 PVA 的 MMT/水悬浮液流延制膜。典型工艺过程：用室温蒸馏水制得 Na⁺-MMT 悬浮液，然后将其搅拌 1h，再超声处理 30min；之后再将低黏度、完全水解的无规 PVA 加入搅拌的悬浮液中，这样固体（硅酸盐和聚合物）总含量（质量分数）≤5%；接着将混合物加热到 90℃ 溶解 PVA，之后再次超声处理 30min，将薄膜在 40℃ 的烘箱中流延，并保持 48h；最后将得到的流延薄膜用 WAXD 和 TEM 表征。图 7-8 所示为不同 MMT 含量时复合材料的 XRD 谱图，内嵌图为相应的 MMT 层间距。可以看出，MMT 的层间距及其分布都随着纳米复合材料中 MMT 含量的增加而降低。从 TEM（图 7-9）看出，MMT 含量为 20%（质量分数）的纳米复合材料中剥离结构和插层结构的硅酸盐共存。

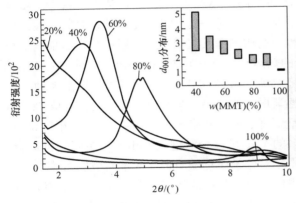

图 7-8　不同 MMT 含量时，PVA/MMT
纳米复合材料的 XRD 谱图
注：内嵌图为相对应的 MMT 层间距。

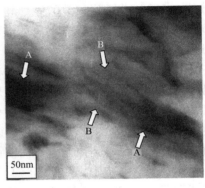

图 7-9　MMT 含量为 20%（质量分数）
的 PVA/MMT 纳米复合材料的亮场
TEM 插层（A）和剥离（B）结构共存

（2）不同种类 MMT 制得的 PVA/MMT 复合材料　Chang 等用 3 种不同类型的 MMT 和 OMLS 采用溶剂流延法制备了 PVA/MMT 纳米复合材料，他们使用的是十二烷基铵改性 MMT（C₁₂MMT）和氨基十二酸改性 MMT（C₁₂OOHMMT）。所用溶剂除了水外，还有 N,N-二甲基乙酰胺。典型的制备过程：将含有 0.08g C₁₂MMT、4.0g PVA 和过量 DMAc 的分散液（50.0g）混合物在室温下强力搅拌 1h；然后将溶液在玻璃板上流延，溶剂在 50℃ 的真空烘箱烘干 48h；之后再将薄膜再次在 50℃ 的真空烘箱中烘干 24h，去除溶剂。另外，他们用 PVA 水悬浮液流延制备 Na⁺-MMT 和 Na⁺-SPT（未改性皂石）复合材料薄膜。工艺如下：首先将悬浮液加热到 70℃ 使 PVA 溶解；之后超声处理 5min；最后将薄膜放置在封闭的烘箱中 48h，温度 40℃。薄膜厚度为 10~15μm。图 7-10、图 7-11 所示分别为 MMT 及其与 PVA 的纳米复合材料的 XRD 谱图和 TEM，它们都清楚表明形成了剥离结构的纳米复合材料。另外，所得到的插层结构纳米复合材料是 OMLS 制得的，这表明 MMT 的亲水性促进了其在水溶性聚合物中的分散。

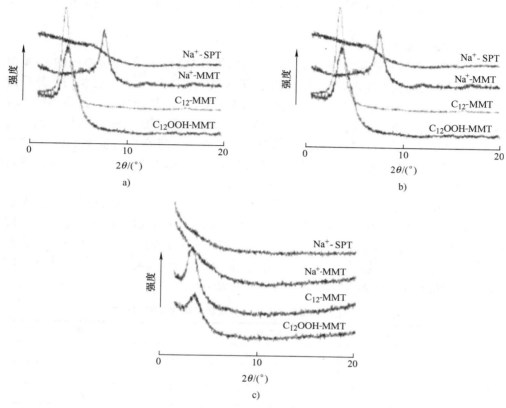

图 7-10　MMT、PVA/MMT 纳米复合材料的 XRD 谱图

a）MMT　b）PVA/4%（质量分数）MMT 纳米复合材料　c）PVA/8%（质量分数）MMT 复合材料

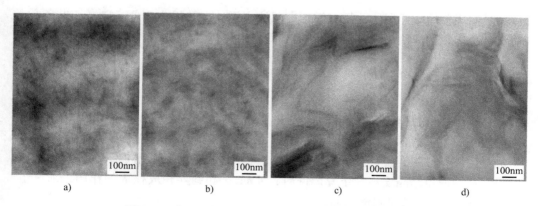

图 7-11　含 4% 黏土的 PVA/MMT 纳米复合材料的 TEM

a）Na^+-SPT　b）Na^+-MMT　c）C_{12}-MMT　d）C_{12}OOH-MMT

溶液插层法作为目前使用最多且最广泛的制备 PVA/MMT 复合材料的方法，技术成熟且相对简便。

3. 熔融插层法

王婧等采用熔融插层法制备了 PVA/MMT 复合材料。他们将增塑过的 PVA 与 MMT 按照不同的比例加入高速混合机中，于常温下搅拌 20 min 混合均匀，然后用单螺杆挤出机于 190℃ 下挤出造粒，制得 PVA/MMT 纳米复合材料，并将制得的粒料于 210℃ 下进行挤出吹塑薄膜。他们研究了 MMT 含量为 0 ~ 3%（质量分数）的 PVA/MMT 纳米复合材料薄膜的力学性能。结果表明，薄膜的拉伸强度随 MMT 含量的增加呈现上升趋势，由最初的 60.7 MPa 提高至 86.7 MPa，但断裂伸长率由 163% 降低至 71.2%，热稳定性也呈增加趋势。

王丽丽等采用干法挤出吹塑法制得 OMLS 含量 0 ~ 7%（质量分数）的 PVA/OMLS 纳米复合材料薄膜，薄膜的拉伸强度随 OMLS 含量的增加呈现先上升后下降趋势。OMLS 含量为 3%（质量分数）时，拉伸强度由 26MPa 提高至 33 MPa，而断裂伸长率随 OMLS 含量的增加呈下降趋势，由 350% 降至 140%。他们还发现，随 OMLS 含量的增加，耐水性先升高后下降，见表 7-8。

表 7-8　不同 OMLS 含量的纳米复合材料薄膜的耐水性

OMLS 含量（质量分数,%）	溶胀率（%）	溶胀失重率（%）
0	18.0	4.5
1	17.5	4.0
3	13.0	3.5
5	10.0	2.7
7	7.0	2.1

虽然当前熔融插层法并没有得到广泛地应用，但其操作简便且制备工艺简单，应具有更广阔的应用前景。

7.5.2　性能

1. 结晶性能

Yu 等的研究发现，加入 MMT 后，PVA/MMT 复合材料的结晶温度及结晶度均随 MMT 含量的增加而降低。原因是 MMT 片层分散于 PVA 基体中，限制了 PVA 分子的自由体积，阻碍了其分子链的重排结晶；随 MMT 含量的增加，这种影响愈加明显，从而使得结晶度不断下降。同时，MMT 又起到异相成核剂的作用，加速了 PVA/MMT 纳米复合材料的结晶。

王滨等关于 MMT 对 PVA/MMT 纳米复合材料结晶性能的影响研究发现，MMT 的加入加快了 PVA 的结晶，使其结晶温度向高温方向偏移，但同样也限制了 PVA 分子链的运动，使其难以形成大尺寸晶体，晶体尺寸下降明显，如图 7-12 所示。

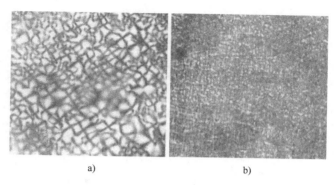

a)　　　　　　　　　　　　　b)

图7-12　PVA 及其与 MMT 的复合材料结晶形态
a) PVA　b) PVA/MMT

2. 拉伸性能

Yu 等对 PVA/MMT 纳米复合材料［其中 MMT 用量（质量分数）分别为 0、2%、4%、6% 和 10%］的拉伸性能测试表明，所有试样都有屈服，而且在塑性变形过程中，所有试样都有弹性变形的初始期，之后是明显的应力单调增加，直到断裂。图 7-13 所示为弹性模量、断裂应力和断裂应变以及测量的断裂随着 MMT 用量的变化情况。模量基本上都随着 MMT 用量的增加而增加，在 MMT 用量为 4%（质量分数）时，纳米复合材料的模量高于纯 PVA 约 300%。超过这一用量，模量开始趋于不变。图 7-13 表明，σ_{max} 对 MMT 用量的变化并不敏感。韧性的下降十分温和，这可能是断裂伸长率的相应下降所致。

3. 气体阻透性

Strawhecker 等对纯 PVA 及其低 MMT 用量纳米复合材料的水蒸气透过率进行了研究。结果表明，在 MMT 用量只有 4% ~6%（质量分数）时，纳米复合材料的水蒸气透过率下降到纯 PVA 的 40% 左右，表明阻隔性能大幅度提高。

4. 热稳定性

图 7-14 所示为 PVA 基纳米复合材料典型的 TGA 曲线，氮气气氛。可以看出，PVA 及相应的 MMT 纳米复合材料主要的失重发生在 200 ~500℃的温度范围内。很明显，纳米复合材料的热分解温度稍微向高温方向偏移了，这证实了受限聚合物热稳定性提高。在 600℃之后，所有曲线都变平了，主要是残存的有机物。

5. 耐水性

张英杰等研究了使用溶液插层法制得的 PVA/MMT 纳米复合材料薄膜的耐水性能，结果见表 7-9。可以看出，随 MMT 含量的增加，薄膜的耐水性呈现先上升后下降的趋势。原因有二：一是 MMT 片层的存在限制了 PVA 分子的振动空间，使之不容易发生吸水溶胀；二是大面积的片层阻止了水分子由表面向内部的扩散，使吸水速度降低。但由于 MMT 亲水，含量过高后，耐水性也会随之下降。

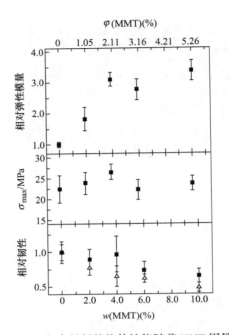

图 7-13　PVA/MMT 复合材料的拉伸性能随着 MMT 用量的变化情况

注：从上至下分别为本体值（68.5MPa）无量纲化的弹性模量、最大断裂应力、韧性（■）和断裂应变（△）。后两者也是分别用本体值（45.8MPa 和 330%）无量纲化的值。

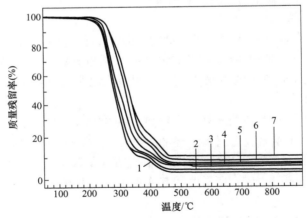

图 7-14　不同材料的 TGA 曲线

1—w(MMT) = 0　2—w(MMT) = 0.15%　3—w(MMT) = 0.3%　4—w(MMT) = 1%
5—w(MMT) = 1.5%　6—w(MMT) = 3%　7—w(MMT) = 5%

表7-9　不同 MMT 含量的 PVA/MMT 纳米复合材料的耐水性

样　品	吸水速度（%/min）	10min 吸水率（%）	饱和吸水率（%）
PVA	16.7	142	160
PVA/MMT（质量分数为 3%）	13.5	105	132
PVA/MMT（质量分数为 5%）	11.7	82	94
PVA/MMT（质量分数为 7.5%）	11.5	85	105
PVA/MMT（质量分数为 10%）	14.3	97	117

6. 剥离型与插层型 PVA/MMT 纳米复合材料性能比较

MMT 的分散状态对 PVA/MMT 复合材料性能的影响见表7-10。从表7-10可以看出，由于插层型复合材料可以将更多的 PVA 分子链束缚在层片之间，可以更大程度地限制分子链的热运动，并且可以保护插入层中的 PVA 分子，因此热稳定性明显好于剥离型材料。插层型复合材料的 MMT 片层可以更多地限制 PVA 分子的吸水溶胀且延长水分子的渗透路径，但由于插层型材料的 MMT 含量高，且其具有较高的亲水性，因此两种类型复合材料的耐水性能相差不大，当 MMT 含量为 7.5%（质量分数）时性能最佳。由于 MMT 片层易产生堆叠，插层型 PVA/MMT 复合材料的透光性能出现明显下降。由于 MMT 含量较高时 MMT 片层间距小，因此拉伸产生银纹时 PVA/MMT 复合材料基体无法像剥离型复合材料那样迅速产生塑性变形来吸收冲击能，银纹得以快速扩大，因此剥离型复合材料的拉伸强度更好。

表7-10　MMT 的分散状态对 PVA/MMT 复合材料性能的影响

样　品	完全分解温度/℃	拉伸强度/MPa	饱和吸水率（%）	透光率（%）
纯 PVA	514.8	54.0	154.3	90.0
剥离型	552.1	65.0	129.4	87.0
插层型	648.4	54.0	127.0	78.0

PVA/MMT 纳米复合材料可通过原位聚合、溶液插层及熔融插层 3 种方法来制得。3 种制备方法各有优势：原位聚合法可制得 MMT 分散状态最好的复合材料；溶液插层法技术成熟，是目前最常用的插层方法；熔融插层法操作简便，过程短，节省能源。3 种方法制得的复合材料，具有相同或相似的结构，在性能上也基本相近。与其他两种插层方法相比，熔融插层法生产周期短，操作简便，不需有机溶剂，工艺相对简单，对环境友好，具有更广阔的应用前景。

参 考 文 献

[1] 王琪，李莉，陈宁，等. 聚乙烯醇热塑加工的研究［J］. 高分子材料科学与工程，2014，30（2）：192-197.

［2］ Ray Smith. 生物降解聚合物及其在工农业中的应用［M］. 戈进杰，王国伟，译. 北京：机械工业出版社，2011：18，71，284.

［3］ 翁云宣，等. 生物分解塑料与生物基塑料［M］. 北京：化学工业出版社，2010：147-149.

［4］ Mohsin M, Hossin A, Haik Y. Thermal and mechanical properties of poly（vinyl alcohol）plasticized with glycerol［J］. J Appl Polym Sci, 2011, 122（5）：3102-3109.

［5］ Sakellarioul P, Hassan A, Rowe R C. Plasticization of aqueous poly（vinyl alcohol）and hydroxypropyl methylcellulose with polyethylene glycols and glycerol［J］. Eur Polym J, 1993, 29（7）：937-943.

［6］ Blackwell A L. Ethylene vinyl alcohol copolymers［M］//Raymond B S, Gerald S K. High Performance Polymers：Their Origin and Development. New York：Springer Netherlands, 1986：425-435.

［7］ Ding J, Chen S C, Wang X L, et al. Preparation and rheological behaviors of thermoplastic poly（vinyl alcohol）modified by lactic acid［J］. Ind Eng Chem Res, 2011, 50（15）：9123-9130.

［8］ Nishino T, Kani S, Gotoh K, et al. Melt processing of poly（vinyl alcohol）through blending with sugar pendant polymer［J］. Polymer, 2002, 43（9）：2869-2873.

［9］ Cui L, Yeh J T, Wang K, et al. Miscibility and isothermal crystallization behavior of polyamide 6/poly（vinyl alcohol）blend［J］. J Polym Sci B：Polym Phys, 2008, 46（13）：1360-1368.

［10］ Bekturov E A, Bimedina L A. Interpolymer complexes［J］. Adv Polym Sci, 1981, 41：99-147.

［11］ Tsuchida E, Abe K. Interactions between macromolecules in solution and intermacromolecular complexes［J］. Adv Polym Sci, 1982, 45：1-119.

［12］ 王琪，李莉，陈宁，等. 通过分子复合超分子方法制备高性能高分子材料［J］. 高分子学报，2011（9）：932-938.

［13］ 徐僖，王琪. P（MMA-MAA）/PEO 氢键复合物的研究［J］. 成都科技大学学报，1989，48（6）：88.

［14］ Wang Q, Xu X. Structure and Properties of P（MMA-MAA）/PEO intermacromolecular complex formed through hydrogen bonding［J］. Sci China Ser B, 1991, 34（12）：1409-1417.

［15］ 王琪，徐僖. P（MMA-MAA）/PEO 氢键复合物的增容效应［J］. 高等学校化学学报，1991，12（3）：413-416.

［16］ Wang Q, Gao J, Qian Y Q. A study on the ionic conductivity of a new polymer solid electrolyte［J］. Eur Polym J, 1996, 32（3）：299-302.

［17］ Wang Q, Dan Y, Wang X G. A new polymer flooding agent prepared through intermacromolecular complexation［J］. J Macromol Sci, Pure Appl Chem, 1997, 34（7）：1155-1169.

［18］ Chen N, Li L, Wang Q. New technology for thermal processing of poly（vinyl alcohol）［J］. Plast Rubber Compos, 2007, 36（7-8）：283-290.

［19］ 王茹，王琪，李莉，等. 改性聚乙烯醇体系熔体的流变性能［J］. 中国塑料，2002，16（11）：16-20.

［20］ Wang R, Wang Q, Li L. Evaporation behavior of water and its plasticizing effect in modified PVA systems［J］. Polym Int, 2003, 52（12）：1820-1826.

［21］ Li L, Chen N, Wang Q. Effect of poly（ethylene oxide）on the structure and properties of poly（vinyl alcohol）［J］. J Polym Sci B：Polym Phys, 2010, 48（18）：1946-1954.

［22］Wu Q, Chen N, Wang Q. Crystallization behavior of melt-spun poly（vinyl alcohol）fibers during drawing process［J］. J Polym Res, 2010, 17（6）：903-909.

［23］Wu Q, Chen N, Li L, et al. Structure evolution of melt-spun poly（vinyl alcohol）fibers during hot-drawing［J］. J Appl Polym Sci, 2012, 124（1）：421-428.

［24］李莉, 王琪, 王茹, 等. 聚乙烯醇薄膜的力学性能［J］. 高分子材料科学与工程, 2003, 19（1）：112-115.

［25］康智勇, 项爱民. 聚乙烯醇包装膜研究进展［J］. 塑料, 2003, 32（5）：65-69.

［26］况泰贵. 聚乙烯醇吹塑薄膜工艺研究［J］. 塑料工业, 1993,（1）：54-56.

［27］Wallace Shapero. Plastic Moldable Composition US, Patent 5506290［P］. 1996-04-09.

［28］项爱民, 刘万蝉, 赵启辉, 等. 聚乙烯醇改性及吹膜技术研究［J］. 中国塑料, 2003, 17（2）：61.

［29］熊宪辉, 杨芳, 王琪, 等. 聚乙烯醇吹塑管坯汽油阻隔性能的研究［J］. 塑料工业, 2007, 35（2）：10-12, 16.

［30］Zhang H, Wang Q, Li L. Dehydration of water-plasticized poly（vinyl alcohol）systems：particular behavior of isothermal mass transfer［J］. Polym Int, 2009, 58（1）：97-104.

［31］彭贤宾, 李莉, 王琪. 改性聚乙烯醇熔融挤出发泡成型及影响因素的研究［J］. 塑料工业, 2008, 36（4）：33-36.

［32］Guo D, Wang Q, Bai S B. Poly（vinyl alcohol）/melamine phosphate composites prepared through thermal processing：thermal stability and flame retardancy［J］. Polym Adv Technol, 2013, 24（3）：339-347.

［33］吴文倩, 贾青青, 高伦巴根, 等. 塑化聚乙烯醇的流变性能及发泡行为研究［J］. 中国塑料, 2011, 25（8）：69-74.

［34］贾青青, 田华锋, 项爱民. PVA/MMT 纳米复合材料的制备方法研究进展［J］. 中国塑料, 2012,（6）：1-7.

［35］陈光明, 李强, 漆宗能, 等. 聚合物/层状硅酸盐纳米复合材料研究进展［J］. 高分子通报, 1999, 12.

［36］Yuan-Hsiang Yu, Ching-Yi Lin, Jui-Ming Yeh, et al. Preparation and properties of poly（vinyl alcohol）-clay nanocomposite materials［J］. Polymer, 2003, 44：3553-3560.

［37］Jeong Hyun Yeum. Novel Poly（vinyl alcohol）/Clay Nanocomposite Microspheres via Suspension Polymerization and Saponification［J］. Polymer, 2011, 50：1149-1160.

［38］Matsuyama H, Young JF. Intercalation of polymers in calcium silicate hydrate：a new synthetic approach to biocomposites［J］. Chem Mater, 1999, 11：16-19.

［39］Strawhecker KE, Manias E. Structure and properties of poly（vinyl alcohol）/Na$^+$-montmorillonite nanocomposites［J］. Chem Mater, 2000, 12：2943-2949.

［40］Lee JY, Baljon ARC, Loring RF, et al. Simulation of polymer melt intercalation in layered nanocomposites［J］. J Chem Phys, 1998, 109：10321-10330.

［41］Balazs AC, Singh C, Zhulina E. Modeling the interactions between the polymers and clay surfaces through self-consistent field theory［J］. Macromolecules, 1998, 31：8370-8381.

［42］Balazs A C, Singh C, Zhulina E, et al. Modeling the phase behavior of polymer-clay composites

[J]. Acc Chem Res, 1999, 32: 651-657.

[43] Vaia RA, Giannelis EP. Lattice of polymer melt intercalation in organically modified layered silicates [J]. Macromolecules, 1997, 30: 7990-7999.

[44] Chang JH, Jang TG, Ihn KJ, et al. Poly (vinyl alcohol) nanocomposites with different clays: pristine clays and organoclays [J]. J Appl Polym Sci, 2003, 90: 3204-3214.

[45] Zhao X, Urano K, Ogasawara S. Adsorption of poly (ethylene vinyl alcohol) from aqueous solution on montmorillonite clays [J]. Colloid Polym Sci, 1989, 267: 899-906.

[46] Vaia Richard A, Sauer Bryan B, Tse Oliver K, et al. Relaxations of confined chains in polymer nanocomposites: Glass transition properties of poly (ethylene oxide) intercalated in montmorillonite [J]. Journal of Polymer Science, 1997, 35, 59-70.

[47] 邹石龙, 何吉宇, 杨荣杰. 聚乙烯醇增塑体系的性能 [J]. 高分子材料科学与工程, 2008, 24: 5-13.

[48] 王茹, 王琪, 李莉. 改性聚乙烯醇热塑加工性能的研究 [J]. 高分子材料科学与工程, 2001, 17: 111-120.

[49] Xiancai Jiang, Bowen Tan, Xiaofei Zhang, et al. Studies on the Properties of Poly (vinyl alcohol) Film Plasticized by Urea/Ethanolamine Mixture [J]. Journal of Applied Polymer Science, 2012, 125: 697-708.

[50] Jyongsik Jang, Dong Kweon Lee. Plasticizer effect on the melting and crystallization behavior of polyvinyl alcohol [J]. Polymer, 2003, 44: 8139-8151.

[51] 王建超, 项爱民, 刘小建. 聚乙烯醇的热氧老化与稳定性研究 [J]. 中国塑料, 2008, 22: 9-16.

[52] 项爱民, 刘方蝉, 赵启辉, 等. 后处理对 PVA 吹塑薄膜性能的影响 [J]. 中国塑料, 2003, 17: 56-71.

[53] 李莉, 王琪, 王茹, 等. 聚乙烯醇吹塑薄膜的力学性能 [J]. 高分子材料科学与工程, 2003, 19: 1-9.

[54] 王婧, 苑会林. 聚乙烯醇/蒙脱土复合材料的结构与性能研究 [J]. 中国塑料, 2004, 18: 12-20.

[55] 王丽丽. 环境友好 PVA/OMMT 纳米复合材料的制备与性能研究 [D]. 哈尔滨: 哈尔滨工业大学, 市政环境工程学院, 2007.

[56] 张英杰. 聚乙烯醇/蒙脱土纳米复合材料的研究 [D]. 青岛: 青岛科技大学, 2005.

[57] Chun Chen Yanga, Ying Jeng Leea, Jen Ming Yang. Direct methanol fuel cell (DMFC) based on PVA/MMT composite polymer membranes [J]. Journal of Power Sources, 2009, 188: 30-42.

[58] Susheelkumar G Adoor, Malladi Sairam, Lata S Manjeshwar, et al. Sodium montmorillonite clay loaded novel mixed matrix membranes of poly (vinyl alcohol) for pervaporation dehydration of aqueous mixtures of isopropanol and 1, 4-dioxane [J]. Journal of Membrane Science, 2006, 285: 182-190.

[59] Jin Hae Chang, Tae Gab Jang, Kyo Jin Ihn, et al. Poly (vinyl alcohol) Nanocomposites with Different Clays: Pristine Clays and Organoclays [J]. Journal of Applied Polymer Science, 2003, 90: 3208-3217.